Klaus Schuster

Der Arsch
geht auch vorbei

Wie Sie sich gegen schlechte Chefs und andere
Zumutungen des Arbeitsalltags wehren können

REDLINE | VERLAG

Bibliografische Information der Deutschen Nationalbibliothek:
Die Deutsche Nationalbibliothek verzeichnet diese Publikation in der Deutschen Nationalbibliografie;
detaillierte bibliografische Daten sind im Internet über **http://d-nb.de** abrufbar.

Für Fragen und Anregungen:
info@redline-verlag.de

1. Auflage 2019
© 2018 by Redline Verlag, ein Imprint der Münchner Verlagsgruppe GmbH,
Nymphenburger Straße 86
D-80636 München
Tel.: 089 651285-0
Fax: 089 652096

Redaktion: Jordan T. A. Wegberg, Berlin
Umschlaggestaltung: Marc Fischer, München
Umschlagabbildung: shutterstock.com/Zmiter
Satz: ZeroSoft, Timisoara
Druck: GGP Media GmbH, Pößneck
Printed in Germany

ISBN Print 978-3-86881-86881-718-8
ISBN E-Book (PDF) 978-3-96267-047-4
ISBN E-Book (EPUB, Mobi) 978-96267-048-1

Weitere Informationen zum Verlag finden Sie unter

www.redline-verlag.de
Beachten Sie auch unsere weiteren Verlage unter www.m-vg.de

Inhalt

»Ein guter Trainer kann eine Mannschaft um 10 Prozent verbessern, ein schlechter macht sie 50 Prozent schlechter.«

Giovanni Trapattoni

Wie hältst du das bloß aus?

Hast du einen Chef?

Jede(r) hat einen Chef! Geht er dir auf die Nerven? Treibt er dich in den Wahnsinn? Gelegentlich? Häufig? Permanent?

Du bist nicht allein! Es geht Millionen Menschen wie dir: Chefs nerven. Und wenn es nicht der Chef ist, dann sind es die unkollegialen KollegInnen, die verkrustete Hierarchie, die überbordende Bürokratie im Unternehmen, der galoppierende Zeitdruck und Leistungsstress, die unerträglichen Arbeitsbedingungen oder bescheuerte Kunden. Wie hältst du das bloß aus?

Um zu Beginn einem Missverständnis vorzubeugen: Es gibt tadellose, hervorragende, exzellente Chefs! Wir alle kennen oder hatten einige davon. Über sie reden wir hier nicht. Sie sind nicht das Problem. Das Problem ist der Arschlochchef und sein weibliches Pendant.

Viele Leute glauben, nur die kleine Sachbearbeiterin oder der Packsklave im Online-Handelslager litten unter fiesen, miesen Chefs. Das stimmt nicht. Es ist viel schlimmer: Es trifft alle. Vom Regalauffüller über den Projektleiter, den Abteilungs-, Sparten- und Bereichsleiter bis hinauf zum Direktor und zum Vorstand. Neulich zum Beispiel erzählte mir der Spartenleiter eines Werkzeugbauers: »Unser Finanzvorstand ist ein Riesenarsch. Investitionsanträge über 1.000 Euro sitzt er generell sechs Wochen aus. Aber wenn ein Projekt wegen seiner Entscheidungsverweigerung drei Tage zu spät ins Ziel kommt, wer ist dann schuld? Nicht der Fettarsch, sondern ich!« Seit Monaten hat's der Spartenleiter am Magen. Kein Wunder!

Schlechte Chefs sind gesundheitsschädlich. Sie kommen gleich nach Alkohol und Drogen. Man braucht sich nur die aktuellen Zahlen zu Burnout und stressbedingten Erkrankungen anzuschauen: astronomisch! Fakt ist, dass kein Mensch während seines Arbeitslebens auf Dauer von schlechten Chefs, übergriffigen Kolleginnen, depperten Kunden, Hierarchierepressalien, Leistungsdruck, Bürokratiewahnsinn oder miesen Arbeitsbedingungen verschont bleibt.

Die meisten Menschen nehmen das hin: »So ist der Job halt!« Oder wie ein Vorstand mit immerhin siebenstelligem Gehalt sagt: »Die Hälfte meiner Bezüge sind kein Gehalt, sondern Schmerzensgeld dafür, dass ich mich mit den Tieffliegern vom Aufsichtsrat herumschlagen muss.« Weiter unten in der Hierarchie drücken es die Menschen direkter aus: »Unser Chef ist ein Arsch. Weiß jeder. Nix zu machen.« Das denken viele. Und genau das macht den blöden Chef glücklich: Er liebt nichts mehr als Schafe, die sich nicht wehren, sondern höchstens hin und wieder leise vor sich hin blöken. Weil man ja sowieso nichts ändern kann, denkt das Schaf. Und das ist gut so.

Denn ich verrate dir ein Geheimnis: Du bist kein Schaf. Du bist ein Mensch. Und solange du das bist, solange du dich selbst oder ich dich daran erinnere, so lange kannst du etwas tun.

Du kannst deinen Chef ändern!

Deshalb sind wir hier. Das ist der Sinn dieses Buches und unseres literarischen Treffens. Was du in der Hand hältst, ist eigentlich kein Buch, sondern die »Wie-ändere-ich-meinen-Chef«-Anleitung, dein Befreiungsschlag, deine Erlösung aus unzumutbaren oder einfach nur stressigen, lästigen und nervigen Verhältnissen.

Damit dein Chef sich endlich ändert, musst du ihm noch nicht mal ein russisches Killerkommando auf den Hals hetzen oder auf dem Firmenparkplatz die Niederquerschnittsreifen seines dicken Firmenwagens aufschlitzen. Rache ist keine (gute) Lösung. Die besten Lösungen für nervige Chefs und andere Störfaktoren sind gewaltfrei, einfach, geräuschlos und schnell. Das Beste an diesen Anti-Arschloch-Strategien: Es gibt jede Menge davon, sie sind einfach und wirken schnell. Selbst in deiner nächsten Umgebung findest du Kollegen und Kolleginnen, die mit der Arschlochchefin, dem Problemkunden oder dem Mobberkollegen besser oder sogar gut zurechtkommen – ohne ihnen hinten reinzukriechen. Wie machen die das?

Da ist zum Beispiel Ursula. Sie ist sechsunddreißig und Teamsekretärin in einem Büro voller großkopferter Architekten, die sie zehn Stunden am Tag am Rotieren halten. Ursula hat einen netten Mann und eine süße Tochter, die der Mutti an ihrem siebten Geburtstag um 17:15 Uhr ein Bild aufs Handy schickt.

Darauf bläst sie gerade mit vollen Pausbacken vor der versammelten Schar eingeladener Kinder, Verwandter und Familienmitglieder stolz die sieben kleinen Kerzen auf ihrer Torte aus. Unter das Bild hat sie getippt: »Mami, wo bist du?«

Natürlich noch im Büro. Wieder mal. Immer noch. Weil ihr deppertes Team großkopferter Architekten überraschend noch ganz dringende Aufgaben hereingegeben hat, die selbstverständlich erledigt werden müssen, »und zwar ASAP!«. Als Ursel die Nachricht ihrer kleinen Tochter liest, bricht sie in Tränen aus (man müsste ein Stein sein, um es nicht zu tun) und flucht auf ihre Scheißchefs. Mal wieder. Wie schon so oft. Wie schon seit Jahren. Böse Sackgasse, in der Ursula da steckt.

Bis zu diesem siebten Geburtstag ihrer Tochter. Und ein solcher Tag der Befreiung wird auch für dich kommen. Als nämlich der nächste Architekt mit einer selbstverständlich ebenfalls superdringenden Aufgabe hereinplatzt, sagt sie nicht: »Leck mich, Arschloch!« Das denkt sie. Was schon ein Fortschritt ist. Denn bislang dachte sie in den fünfzehn Jahren ihrer Berufstätigkeit: »Du Tarzan, ich Jane. Ich kleine Sekretärin kann gegen fünf studierte, schweinereiche und superwichtige Architekten ja doch nichts ausrichten. Außerdem brauchen wir den Job, um endlich aus der kleinen Wohnung rauszukommen!«

Heute sagt sie zum zeitvergessenen und scheinbar familienfeindlichen Architektenkollegen: »Das erledige ich natürlich gerne – nur jetzt nicht. Jetzt geh ich heim zu meiner Tochter, die feiert heute Nachmittag nämlich ihren siebten Geburtstag.«

Und der eben noch unverschämt fordernde Architekt sagt: »Oh, das wusste ich nicht! Warum hast du das nicht schon um drei gesagt? So dringend sind die Sachen dann auch wieder nicht.« Einfache Lösung. Klappt nicht immer, ist aber deutlich besser, als das Schaf zu machen und nichts zu sagen. Hinterher wundert sich Ursula: »Das ging ja einfach! Warum habe ich das nicht früher schon gemacht?«

Weil die meisten von uns sanfte Stupser – neuhochdeutsch: Nudges – brauchen, um die Schafswolle abzustreifen. Deshalb sind wir hier: Die folgenden Seiten sind voller sanfter und auch ein paar unsanfter Stupser. Damit du endlich in die Gänge kommst. Damit das Leiden ein Ende hat. Es leiden inzwischen viel zu viele.

Sie leiden still und leise und leisten ihre Arbeit. Jahre und Jahrzehnte. In der Hoffnung, dass vielleicht bald ein besserer Chef kommt, die verdammte Bürokratie in der Firma eingedämmt wird, der Mobber im Büro nebenan ein anderes Opfer findet oder auf dem Weg zur Arbeit von einem herabfallenden Klavier erschlagen wird. Das kann alles durchaus passieren! Aber eher selten.

Viel häufiger passiert, wenn du weiterhin still und heimlich leidest, dass du dir die Gesundheit ruinierst, deine Arbeitszufriedenheit rapide abnimmt und dein Familien- und Privatleben vor die Hunde geht. Wer sich nicht wehrt, lebt verkehrt. Du kannst deinen Chef ändern – und jeden anderen Querschläger. Es gibt dafür Dutzende schneller, einfacher und harmonischer Lösungen. Die besten davon findest du auf den folgenden Seiten.

Falls du meinst, das Buch beleidige Chefs und (die stets gleichermaßen angesprochenen) Chefinnen, vergiss es: Etliche Führungskräfte haben das Manuskript testgelesen, bevor du es in die Hände bekamst. Einige bedankten sich: »Hab selber einen Chef, den ich besser in den Griff kriegen muss.« Andere sagten: »Ich hab mich ein Dutzend Mal bei dem Gedanken ertappt: Mensch, so bin ich ja auch manchmal! Muss ich unbedingt abstellen – wer will schon ein Arschloch sein!«

» Es gibt sicher Banker, die narzisstisch schwer gestört sind. «

Der Psychotherapeut Hans-Joachim Maaz
in der *Süddeutschen Zeitung* (31.10.2013)

1. Feuer deinen Boss!

Das geht?

Natürlich geht das. Und es wird gemacht. Nicht ständig, aber relativ oft. Davon erfährst du bloß selten, weil darüber kaum einer spricht. Doch wenn man wie ich in den Unternehmen vieler Branchen unterwegs ist, kriegt man so was unter der Hand mit.

Da ist zum Beispiel das achtzehnköpfige Vertriebsteam eines Mittelständlers, das irgendwann die Faxen dicke hat und zum Boss vom Boss sagt: »Entweder der oder wir. Wenn Sie unseren Vorgesetzten nicht abberufen, kündigen wir geschlossen.« Das ist mal eine Ansage! Die trauen sich was! Wirklich?

Eigentlich nicht. Denn in Zeiten des galoppierenden Fachkräftemangels müssen Mitarbeitende nicht mehr buckeln, sich alles gefallen lassen oder sich gar prostituieren. Mittlerweile können sich viele ihren Job aussuchen. Natürlich nicht alle! Wenn du auf deinen Job angewiesen bist, lasse ich dich aber auch nicht im Regen stehen. Dazu später mehr. Zurück zum Beispiel.

Der Chef vom Chef glaubt zwar nicht, dass eine komplette Abteilung geschlossen kündigen würde, aber er weiß: Wenn auch nur die fünf Höchstleister dieses Teams das Unternehmen verlassen, bricht sein Umsatz um 40 Prozent ein – er kennt ja die personalisierten Umsatzzahlen. Er zögert noch einige Wochen, doch das Team bleibt hart und wiederholt bei jeder möglichen und unmöglichen Gelegenheit: »Dieser Arsch muss weg!« Also versetzt ihn sein Vorgesetzter schließlich in eine andere Sparte, an einen anderen Standort des Unternehmens.

> **Chef-Hack 1: Kündigt ihm!**
>
> Geht's bloß dir so? Oder halten alle oder zumindest die Mehrheit im Team, in deiner Abteilung, euren Chef für untragbar? Dann bringt das mit guten Gründen und wiederholt beim Chef vom Chef vor: Die Chancen stehen gut, dass er oder sie nach einigen Monaten (straf-) versetzt oder weggelobt wird.

Falls du mit dem Begriff »Hack« (Englisch, gesprochen: Häck) nicht vertraut bist: Das Internet ist voll von »Life Hacks«, also von tollen Tricks und Kniffen, mit denen man viel schneller und leichter als mit den üblichen, offiziellen Standard-Vorgehensweisen ans Ziel gelangt. Chef-Hacks leisten dasselbe mit unerträglichen Vorgesetzten: Sie schaffen schnell, wirksam und praxiserprobt Abhilfe und Besserung, oft sogar eine nachhaltige Lösung.

In unserem Beispiel ist der Chef vom Chef ein guter Chef. Als der alte Vorgesetzte endlich weg ist, gibt er gegenüber dem Team zu: »Dass das ein Arsch war, hab ich auch gesehen. Aber er brachte seine Zahlen, und ihr habt ja immer gespurt.« Bis sie es nicht mehr taten.

So was kriegt ihr nicht hin? Ihr schafft es nicht, geschlossen und glaubhaft mit Kündigung zu drohen? Das macht nichts. Es gibt andere Möglichkeiten, den Chef zu »feuern«: Setz ihn auf die Strafbank.

Setz den Chef auf die Strafbank!

Bei einem süddeutschen Medienunternehmen sagt ein siebenköpfiges Innendienstteam zum Chef des eigenen Teamleiters: »Zur Teambesprechung bei Ihnen kommen wir nur noch, wenn unser Teamleiter nicht dabei ist. Der hält mit seiner Haarspalterei doch nur das Meeting auf.« Der Abteilungsleiter nimmt das nicht ernst. Bis zum ersten Meeting nach dieser Ansage.

Als die aufrechten Sieben sehen, dass der Teamleiter hereinspaziert, stehen sie geschlossen auf und verlassen den Sitzungsraum (sie hatten diese Möglichkeit einkalkuliert und sich abgesprochen). Seither findet jede Wochenbesprechung ohne den Teamleiter statt. Die Ergebnisse bespricht der Abteilungsleiter danach immer unter vier Augen mit ihm. Für die Dauer des Jour fixe - im Schnitt zwei Stunden - haben die sieben also quasi dem eigenen Chef gekündigt.

Dass bei solchen Aufständen die betreffenden Vorgesetzten die Revolte tatsächlich verdient haben, setzen du und ich natürlich voraus. Wir würden Chef-Hacks niemals auf gute Chefs anwenden oder auf Chefs, die uns bloß fordern.

Chef-Hack 2: Schickt den Chef auf die Strafbank!
Sagt dem Chef vom Chef, dass ihr künftig ohne euren Chef zu seinen Besprechungen kommt. Wenn der Chef bei euren eigenen Meetings ebenfalls vorwiegend stört: Besprecht euch vor oder nach den offiziellen Meetings informell ohne ihn. In der Kaffeeküche, im Materiallager, in der hintersten Ecke des Hofes.

Geh einfach!

Bert ist Sachbearbeiter und ein echter Macher. Er arbeitet zur vollen Zufriedenheit seines Vorgesetzten. Was ist der Dank dafür?

Natürlich: keiner. Im Gegenteil. Weil Bert alles wegschafft, was ihm sein Chef reinbombt, bombt ihm der Chef ständig noch mehr rein. Selbstverständlich auch üppig an den Wochenenden – was der Chef absolut logisch erklärt: »Wenn der Bert das übers Wochenende bearbeitet, dann ist das immer schon fertig, wenn ich Montagmorgen ins Büro komme: Wir verlieren so keine Zeit!« Was heißt hier »wir«? Und was ist mit Berts Familien-, Wochenend- und Privatzeit, die dabei draufgeht? Interessiert den Chef nicht.

Bert arbeitet auf diese Weise seit gut drei Jahren. Also praktisch ohne Familienleben. Er hatte auch mal Freunde. Mit der Betonung auf »hatte«. Denn weil er ständig wegen seiner 24/7-Verfügbarkeit gemeinsame Termine absagen musste, melden sich seine Kumpels nicht mehr bei ihm. Er ist sozial isoliert, ausgebeutet, frustriert und seines Privatlebens verlustig. Aber er lässt das mit sich machen, weil er es gewohnt ist, und weil es halt schwer ist, aus der Scheiße rauszukommen, wenn man mal drinsteckt. Wie so oft in solchen Fällen kommt ihm ein Aha-Erlebnis zu Hilfe: Ein Schock im Alltag öffnet ihm die Augen.

Der Schock kommt, als er zwei Tage vor Weihnachten mit Fieber und Schüttelfrost im Bett liegt und der Chef – per Mail! – noch »was ganz Dringendes« von ihm will, ohne sich auch nur nach seiner Gesundheit zu erkundigen. *That's the straw that broke the camel's back,* sagen die Amerikaner. Das war der letzte Sargnagel. Nach den Feiertagen kündigt Bert. »Für mich«, sagt er, »war das, wie dem Chef endgültig den Stinkefinger zu zeigen. Das tat gut!« Jetzt steht der Chef da. So einen wie Bert kriegt er nie wieder. Bert dagegen hat alles richtig gemacht: Er ist jetzt an einem besseren Ort.

Chef-Hack 3: Geh einfach!

90 Prozent aller Chefopfer halten zu lange aus. Viele denken: »Aber ich brauche den Job!« Unterzieh diesen Gedanken einem Reality-Check: Wirklich? Diesen einen Job? Du hast null Chance auf einen anderen oder gar besseren? Hast du's schon mal ernsthaft mit Bewerbungen probiert? Und du willst diesen Blöd-Boss noch wie viele Jahre aushalten? Im Coaching oder do-it-yourself kommen die meisten nach dieser Überprüfung zum Schluss: Etwas Neues suchen quält nicht halb so schlimm wie dieser Chef …

Bert arbeitet jetzt in einem Unternehmen, in dem er – Schockschwerenot! – tatsächlich auch gelegentlich am Wochenende arbeiten muss. Wenn zum Beispiel ganz schnell eine Marktanalyse für eine überraschende Entwicklung erstellt werden muss, die sein Vorgesetzter dann Montag um acht gleich mit dem Vorstand bespricht. Der Unterschied: In diesem Unternehmen jammern die Granden von der Teppichetage nicht nur über den Fachkräftemangel; sie tun etwas dagegen. Sie haben die offizielle Regelung erlassen: »Wer am Wochenende für den Job arbeitet, braucht Montag erst um 13 Uhr ins Büro zu kommen!« Bert nutzt das. Bert mag das. Du auch? Aber du darfst das nicht? Wer sagt das? Genauer gefragt: Wer hat es dir verboten?

Das ist der Knüller, nicht? Verboten wird so was nämlich so gut wie nie, weil die meisten Chefs gar nicht darauf kommen. Aber zum Beispiel ich. Ich habe das mein ganzes Berufsleben lang so gemacht. Wann immer ich Wochenend- und daher Familienzeit für die Arbeit aufwenden musste, habe ich meinen Chef – natürlich aus meinem Wochenende in sein Wochenende – angerufen und gesagt: »Die Analyse haben Sie Montag um 8 Uhr auf dem Rechner. Ich komme dann erst am Nachmittag ins Büro. Wenn Sie noch was brauchen, rufen Sie mich an.«

Chef-Hack 4: Wochenendarbeit? Kurzer Montag!

Du hast am Wochenende X Stunden für die Firma geopfert? Dann komm am Montag X Stunden später. Kündige das vorab per Mail an und biete dem Chef an, dass er dich telefonisch erreichen kann, wenn er vorher etwas von dir braucht. Selbst wenn der Chef ein Blödmann ist und es dir verbietet: Du hast es probiert, du bist für dich selbst eingestanden. Das stärkt dein Selbstwertgefühl intensiver als ein Heckspoiler an deinem Auto oder ein Besuch beim Coiffeur.

Ich hatte viele Chefs, aber noch keinen, der auf die Ankündigung hin, montags später zu kommen, gesagt hätte: »Was fällt Ihnen ein!« Wenn mich KollegInnen gefragt haben, wie ich es mir leisten könne, nach einem Arbeitswochenende erst am Montagnachmittag im Büro zu erscheinen, hab ich ihnen den Chef-Hack verraten. Einige trauten sich, ihn anzuwenden. Andere nicht. Die sich nicht trauten, waren immer ganz frustriert: »Aber das muss der Chef mir doch von sich aus anbieten!« Muss er nicht. Tut er auch nur in den seltensten Fällen. Ich würde nicht darauf warten.

Chef-Hack 5: Trainier die Chefbehandlung!

Du hast Hemmungen, dem Chef zu sagen, dass du am Montag später kommst? Das ist normal! Das haben alle. Aber eines hilft bei allem, was neu ist: üben. Vor dem Spiegel. Oder mit deinem Partner. Mach ein Rollenspiel: »Chef, wenn ich am Wochenende für die Firma arbeite, dann komme ich Montag später!« So etwas würdest du nie sagen? Dann verändere die Formulierung so lange, bis sie für dich und dich

ganz allein »passt«. Und trainiere das laute, selbstbewusste Aussprechen so lange, bis die Formulierung dir flüssig und überzeugend
über die Lippen kommt. Übung macht den Chef-Hacker.

Wenn du den Chef-Hack 5 oft genug anwendest, gewährt dir der Chef
irgendwann schon bei Übergabe der Arbeit und von sich aus den kur-
zen Montag. Weil du ihn dazu erzogen hast. Weil er etwas dazugelernt
hat. Können Chefs das überhaupt? Sind schlechte Chefs lernfähig?
Kann aus einem notorischen Arsch ein normaler, guter Chef werden?
Ja. Ich sage das aus eigener Erfahrung.

Ich war mal ein Arsch

Als ich vor einiger Zeit aus Anlass unseres Hochzeitstages total ent-
spannt mit Jana, der besten Gattin von allen, am Thermenpool lag und
– natürlich – im Geiste dieses Buchkapitel durchging, fragte ich sie:
»Du, sag mal, du stehst ja auch lange genug im Beruf. Erinnerst du dich
an Begebenheiten, wo sich ein Vorgesetzter gegenüber seinen Mitarbeitenden völlig unmöglich gemacht hat?« Darauf sie: »Also, das größte Arschloch in unserer Bank warst damals ja du …«

Ich war geschockt. Denn diesen Teil meiner Vergangenheit hatte ich
natürlich schon vergessen. Sie frischte mein Gedächtnis auf: »Erinnerst du dich noch an Helmut? Du hast ihm damals gedroht: ›Wenn
Sie diese Papiere nicht übers Wochenende fertigstellen, können Sie
Montagmorgen direkt in die Personalabteilung marschieren und Ihre
Kündigung abholen!‹ Oder als du mir sagtest, dass es dir piepegal sei,
wer die Organisationsagenden übernimmt – und ab sofort hatte ich sie
dann am Hals. Nicht weil das meine Sache gewesen wäre, sondern weil
deine Assistentin keinen Bock mehr darauf hatte und mir den ganzen
Schlamassel einfach bei Nacht und Nebel auf den Schreibtisch gekippt
hat. Und damals hatte ich noch keinen in der Abteilung, der mir diese Zusatzaufgabe hätte abnehmen können. Damals waren wir noch per
Sie. Damals warst du unser Vorstand. Ich hätte dich trotzdem erwürgen
können!« Glücklicherweise hat sie das nicht getan, sondern mich stattdessen geheiratet.

Chef-Hack 6: Gib dem Arsch eine Chance!

Selbst wenn du es kaum glauben kannst: Auch ein schwacher Chef ist lernfähig. Gib ihm eine Lernchance! Oft fragen mich Coachees: »Wie viele Chancen muss ich ihm denn geben?« Die theoretische Antwort lautet: bis er es kapiert und besser macht. Die praktische lautet: Nach maximal zwanzig Versuchen in derselben Sache kannst du die Cheferziehung und ihn aufgeben. Dann bist du dir wenigstens sicher: Er/sie ist nicht zu retten. Es erleichtert ungemein, wenn man guten Gewissens die Illusion aufgeben kann, dass es mit diesem Arsch jemals besser wird …

Die tröstliche Wahrheit ist: Wir alle sind Ärsche. Irgendwann, irgendwo. Manche von uns sind es zeit ihres Lebens. Andere schaffen den Absprung. Auch Saulus war ein Riesenarsch, bevor ihn der Blitz traf und er Paulus wurde. Es besteht also noch Hoffnung. Selbst für den größten …

Schreib keine anonymen Briefe!

Als ich bei meinen Exkursionen in der Praxis durchsickern ließ, an welchem Buch ich aktuell arbeite, wurde ich mit Leidensgeschichten nur so zugeschüttet. Unfassbar viele Menschen leiden unter Bossmonstern. Die meisten jammern nicht nur und lästern hinter seinem Rücken über den Chef, sondern unternehmen etwas. Überraschend oft mit einem anonymen Brief an die Geschäftsführung. Ich rate davon ab.

Chef-Hack 7: Schreib keine anonymen Briefe!

Das geht leider meist nach hinten los.

Was logisch ist: Wenn die Geschäftsführung etwas taugte, hätte sie ihren Monsterboss schon vor langer Zeit an die Leine genommen. Hat sie aber nicht: Auch über dem Arsch sitzen Ärsche. Das Unternehmen ist weitgehend arschifiziert und müsste eigentlich vom Bundesgesundheitsamt in Quarantäne gesteckt werden. Diese Breitbandinfektion des Managements erklärt, warum viele Geschäftsleitungen selbst dann nichts gegen ihre schwachen Chefs unternehmen, wenn anonyme Brandbriefe eintrudeln.

Da ist zum Beispiel, um einen Fall herauszugreifen, der Brandbrief einer Konzernsparte, der Missstände offenbart, die nicht mal unter Kriegsrecht durchgehen würden. Ein Spartenleiter in diesem Konzern macht Management by Mobbing und brüllt ständig alles und jeden in der Lautstärke einer dauerfeuernden Panzerhaubitze an, terrorisiert Mitarbeitende und schreit sogar schwangere Kolleginnen an, sodass sie sich krankmelden. Also schicken die Mitarbeitenden einen Brief los, der auf siebzehn Seiten vierunddreißig Beispiele von verbalen Misshandlungen und Drangsalierungen enthält, die jedem anständigen Menschen die Zornesröte ins Gesicht treiben. Was macht die Geschäftsleitung?

Sie stellt die Missstände nicht ab. Sie bestellt den Chef, der für alle Chefs eine Schande ist, noch nicht einmal zur Gardinenpredigt ein. Nein, sie schickt ihm den anonymen Brief mit der lapidaren Bemerkung: »Was ist bei Ihnen los? Kriegen Sie Ihren Laden schnellstmöglich wieder in den Griff!« Das tut er.

Anhand der detailliert im Brief geschilderten Missstände kann er trotz Anonymisierung problemlos die Opfer seiner Misshandlungen identifizieren – und feuert sie. Zur Misshandlung kommt noch die Kündigung. Ergo: Anonymität ist kein Schutz für dich. Anonymität schützt in einem arschifizierten Unternehmen (Amt, Ministerium, Verein …) nur einen: den und die Täter. So schlimm dieser Fall ist – und er ist nicht der einzige: Die Überlebenden haben etwas daraus gelernt.

Sie schreiben keine anonymen Briefe mehr. Wenn der Chef jetzt wieder brüllend auf ein Opfer zustürmt und es in die Ecke treibt, ziehen zwei, drei KollegInnen das Feuer auf sich. Sie lenken den Chef ab. Allein, indem sie auch etwas sagen. Das reicht schon. Dann brüllt der Chef zwar immer noch, aber dann verteilt sich seine Tirade auf mehrere KollegInnen. Das ist für jede(n) leichter zu ertragen. Das Opfer merkt: Ich bin nicht allein! Die andern halten zu mir! Solidarität verhindert zwar den Biss des tollwütigen Hundes nicht, wirkt aber therapeutisch: Die Wunde verheilt schneller und tut längst nicht mehr so weh.

Chef-Hack 8: Verbündet euch!

Dieser Hack erfordert anfangs etwas Mut, gibt danach aber ein umso besseres Gefühl: Wenn der Chef eine(n) von euch zur Sau macht – spring ihm/ihr sofort bei! Nicht, indem du ihn/sie verteidigst. Das regt Choleriker noch mehr auf. Sondern indem du dich sachlich an der »Diskussion« beteiligst. Je mehr das tun, desto weniger allein ist das Opfer – und desto schneller verliert der Choleriker die Lust an seinen Anfällen.

Aufstand gegen Chefcholeriker

Man könnte in so einem Fall natürlich die Rolle des Betriebsrates diskutieren. Aber ehrlich: Welcher vernünftige Mensch könnte hier dem Betriebsrat einen Vorwurf machen? Der hat ja selbst Angst vor dem tollwütigen Berserker und will sich nicht zur Zielscheibe seiner Wutausbrüche machen. Klar: Der Betriebsrat könnte klagen. Doch die Anwälte sind im Zweifel: Kann man Chefs wegen seelischer Grausamkeit belangen? Solange die Juristen daraus keine wasserdichte Anklage basteln können, lässt der Betriebsrat lieber die Finger davon.

Außerdem herrschen in diesem Konzern inzwischen Zustände wie bei der Mafia: Kein Opfer traut sich mehr, gegen die Bossmonster auszusagen. Nicht einmal vor Gericht, nicht einmal unter Zeugenschutz, weil die Bosse mächtiger als Anwälte, Polizei und Gerichte sind. Das ist nicht das Ende der Welt. Es gibt andere Mittel. Eines davon kennen wir aus der Traumatherapie: Kontaktabbruch.

Chef-Hack 9: Geh raus!

Wenn der Chef übergriffig, persönlich beleidigend oder gar handgreiflich wird: Sofort wortlos und ohne Blickkontakt den Raum verlassen!

Seit der Organisationspsychologe des Konzerns dieses Rezept unter der Hand durchsickern ließ und den Opfern auch dessen Anwendung erklärte, praktizieren es viele in der Sparte. Sobald der Berufscholeriker wieder zu brüllen anfängt, verlassen sie den Raum: Kontaktabbruch. Viele befürchteten anfangs: »Aber dann wird er noch wütender und verfolgt mich!« Der Psychologe wusste: Nein, tut er nicht. Denn ein cholerischer Anfall ist eine Affekthandlung. Wird der Affekt unterbrochen, wird die Handlung unterbrochen – in den meisten Fällen. Jedenfalls öfter, als wenn man es über sich ergehen lässt.

Deshalb schützt Kontaktabbruch die Opfer und wirkt auf Täter als Separator, als Musterunterbrecher. Außerdem empfiehlt es sich, in eine Gruppe von KollegInnen zu flüchten: Choleriker toben am liebsten unter vier Augen. Sobald sie in der Minderzahl sind, setzt meist ihr gesunder Menschenverstand wieder ein. Dieses Rezept funktioniert nicht immer. Aber sehr viel häufiger, als sich wehrlos, grundlos, unangemessen und unverhältnismäßig anbrüllen zu lassen.

Chef-Hack 10: Geh an deinen »sicheren Ort«!

Viele Menschen betreiben den Kontaktabbruch innerlich. Sobald der Chef herumbrüllt, schalten sie geistig auf Durchzug und begeben sich in ihrer Vorstellung an ihren »sicheren Ort«. Also an jene imaginäre Stelle, zu der sie in Gedanken immer dann gehen, wenn die Realität gar zu unverschämt wird.

Der »sichere Ort« funktioniert immer dann zuverlässig, wenn du ihn in aller Ruhe vor der nächsten Stresssituation anlegst, ausformst und die Reise dorthin zwei Dutzend Mal trainierst. Dann bist du hier auch in Sicherheit, wenn das Donnerwetter losbricht – mein Wort darauf. Innere Sicherheit ist eine reine Trainingsfrage.

Die kalte Rückdelegation

Diese Art der Delegation kennt jede(r). Der Haken ist: Jene, die sie kennen und praktizieren, sind meist nicht jene, die sie am dringendsten bräuchten. Wer vor Arbeit nicht mehr aus noch ein weiß und dann auch noch vom Vorgesetzten drangsaliert wird, denkt vor lauter Überlastung selten darüber nach, wie er oder sie den Chef sozusagen zum eigenen Sachbearbeiter degradieren könnte.

Streng genommen ist die kalte Rückdelegation eine informelle, aber äußerst wirksame Änderungskündigung auf Zeit. Du kündigst deinem Chef und stellst ihn gleichzeitig befristet als deinen Sachbearbeiter ein.

Sabine macht das. Obwohl sie völlig überlastet ist und seit Wochen abends erst um sieben aus dem Büro kommt (ihr Mann bringt die Kleinen dann ins Bett), gibt ihr der Chef eine Aufgabe, die für die nächsten drei Monate locker nochmals zehn Wochenstunden erfordert – die sie nicht hat. Zum Glück ist es eine recht technische Aufgabe: Sabines Chef ist Ingenieur und hat ein Faible für alles Technische. Was macht Sabine also?

> **Chef-Hack 11: Lass den Chef für dich arbeiten!**
>
> Jammer nicht, dass du völlig überlastet bist: Das will kein Chef hören. Stell dich lieber dumm und frag so lange wegen trivialer Details nach, bis der Chef dir die Arbeit abnimmt. Bei 10 bis 20 Prozent der Aufgaben funktioniert das. Wende diesen Hack nicht häufiger als bei diesen 20 Prozent an, damit der Chef dich nicht tatsächlich für dumm hält.

Sabine stellt sich schusselig. Sie geht zwei-, dreimal zum Chef und »holt sich Rat« für Dinge, die sie gut und gerne selbst weiß und kann. Irgendwann springt der Chef darauf an und sagt: »Sie kriegen das einfach nicht gebacken! Geben Sie schon her, dann mach ich das eben selbst!« Was das Ziel der Übung war. Der Chef hat sich selbst als Sachbearbeiter eingestellt; als Sachbearbeiter von und für Sabine.

Du möchtest aber nicht als »schusselig« gelten? Sabine auch nicht. Deshalb sagt sie: »Dass ich was draufhabe, sieht er ja bei allen anderen Aufgaben. Und die sind klar in der Mehrzahl.« Sie wendet die Methode des Rückdelegierens nicht immer an. Nur dann, wenn es nötig ist.

Gib dem Chef, was er will!

Eine besonders elegante Art, den Chef zu entmachten, ist: Wenn er etwas Bescheuertes von dir will – gib es ihm!

Auf der ersten Mitarbeiterkonferenz nach ihrer Machtübernahme sagt zum Beispiel die neue Ressortleiterin zu ihren bass erstaunten MitarbeiterInnen: »Was Sie bislang zustande gebracht haben, war ja nicht berühmt. Aber das ändert sich jetzt! Ab sofort machen wir Umsatz, Umsatz, Umsatz!« Und sie gibt Ziele vor, die man selbst bei einer Verdoppelung des Teams nicht erreichen könnte. Die Belegschaft ist völlig verzweifelt: »Das schaffen wir nie!«

> **Chef-Hack 12: Schütz den Chef nicht vor der eigenen Dummheit!**
>
> Wenn er etwas Bescheuertes von dir will und uneinsichtig ist: Gib's ihm! Und lass ihn die Konsequenzen tragen. Du musst noch nicht einmal sagen: »Ich hab's Ihnen ja gesagt!«

Es herrscht Untergangsstimmung im Ressort, bis eine clevere Kollegin eine Idee hat: »Genug zahlungskräftige Kunden für unser Produkt gibt es gar nicht in unserer Region. Also müssen wir viele Aufträge über unsere Firmenbank kreditfinanzieren. Und die Kreditanträge lassen wir einfach die neue Chefin abzeichnen!«

In der Folge karrt das Team tatsächlich so viele Aufträge an, dass die Mondziele erreicht werden. Doch die neue Chefin unterschreibt dabei unzählige wackelige Kreditverträge, die in den Folgemonaten »underperformen« (also platzen). Nach zwei Jahren verliert sie ihren Job. Zwar kommuniziert die Geschäftsleitung die Entlassung mit: »Wir haben uns einvernehmlich getrennt«, doch de facto hat ihr eigenes Team die Chefin entmachtet und rausgeworfen, weil sie ein zu hohes Risiko eingegangen ist. Schlechte Chefs sind unkündbar? Von wegen!

Nix-Blicker-Chefs

Trudi hat einen KABA-Chef: Kompetentes Auftreten bei Ahnungslosigkeit. Ständig muss sie ihm sagen, was er zu tun hat; zum Beispiel: »Sie haben am Dienstag das Treffen mit dem Leiter des Liegenschaftsamtes der Gemeinde wegen der Umwidmung einiger unserer Liegenschaften. Hat unser Jurist Sie entsprechend gebrieft?« Und der Chef darauf: »Ach, Mist, gut dass Sie das sagen. Den muss ich ja auch noch anrufen!« Im Klartext: Er hat es immer noch nicht getan! Obwohl Trudi ihn seit Wochen daran erinnert. Deshalb kommt er natürlich auch jetzt nicht dazu und verpatzt die Verhandlung mit dem Amtsleiter. Dieser setzt alle seine Forderungen durch, der Chef keine einzige. Und wer ist schuld? Natürlich Trudi!

»Warum haben Sie mich nicht besser auf das Gespräch vorbereitet?«, quengelt der Chef – und nicht nur heute. Wann immer er etwas verbockt, ist Trudi schuld: »Ihre Entscheidungsvorlage war unbrauchbar!« Also feuert Trudi ihren Boss – nicht aus dem Arbeitsverhältnis, sondern aus einigen Chefsachen. Sie beraumt zum Beispiel eigenmächtig einen neuen Termin mit dem Amtsleiter an, lässt sich vorher von einem ehemaligen Studienkollegen juristisch fit machen (weil sie natürlich keinen Zugriff auf den Juristen der Firma und des Chefs hat) und handelt den Leiter des Liegenschaftsamtes auf 50 Prozent seiner ursprünglichen Forderungen herunter.

Chef-Hack 13: Kapere Chefaufgaben!

Wenn der Chef es ständig vermasselt und du es einfach besser kannst: Nimm ihm die Aufgabe ab – wenn du möchtest. Schwache Chefs sind dankbar dafür, und du ersparst dir die Arbeit, das Chaos des Chefs aufräumen zu müssen.

Trudi ist dank dieses Hacks bei Verhandlungen erfolgreicher als ihr Vorgesetzter. Weil sie ihn regelmäßig feuert, wenn er sich wieder als Chefverhandler versucht. Die Frau traut sich was! Tatsächlich?

Nicht unbedingt. Sie selbst sagt: »Es ist besser, um Verzeihung als um Erlaubnis zu bitten. Aber bei schwachen Chefs musst du praktisch nie um Verzeihung bitten. Die sind im Grunde froh, wenn du ihnen die dicken Dinger abnimmst.«

Kann man mit Chefs vernünftig reden?

Der Leiter und Eigner einer Werbe- und PR-Agentur ist ein Chef, über den 90 Prozent seiner achtunddreißig Mitarbeiter am Sonntagabend mit Bauchweh klagen: »Oje, morgen muss ich dem Arsch wieder in die Augen schauen!« Übrigens ein schönes Wortspiel. Was sagen die anderen 10 Prozent?

Die sagen das nicht, denn die sind Papas Lieblinge. Egal, welchen Mist sie auch bauen, sie können in den Augen des Chefs nichts falsch machen, während die anderen vierunddreißig Mitarbeitenden nie ein Lob hören, auch wenn sie sich alle Beine für die Agentur ausreißen. Der Chef bevorzugt klar seine vier Favoriten und scheißt auf den Rest der Belegschaft. Alle finden das empörend.

Immer wieder sagen wohlmeinende Ehe- und Beziehungspartner der Chefopfer: »Redet doch mal mit ihm!« Worauf die Opfer regelmäßig antworten: »Geht nicht. Er ist ein Arsch. Mit dem kann man nicht vernünftig reden!« Dieser Eindruck ist glaubhaft und nachvollziehbar. Wer möchte schon mit einem Kerl reden, der sich derart fies verhält?

Der Clou ist: Auch dieser Eindruck ist lediglich ein Eindruck und keine Tatsache. Und: Steter Tropfen höhlt den Stein. Steter und vernünftiger Tropfen. Natürlich lernt der Chef nichts, wenn einem Opfer der Kragen platzt und es sich an ihm auslässt. Das haben einige in der Belegschaft mittlerweile erkannt. Also melden sie sich sachlich und vorwurfsfrei, wenn einer von Chefs Lieblingen mal wieder Mist gebaut hat: »Chef, der Kollege hat eben Schaden für 5.000 Euro angerichtet und kriegt nicht ein einziges böses Wort zu hören. Wenn mir so was passiert, möchte ich bitte ebenfalls keine Strafpredigt bekommen.«

Chef-Hack 14: Sag's dem Chef!

Wenn Chefs Mist bauen, schweigen ihre Opfer meist: »Hat ja doch keinen Wert! Er ist und bleibt halt ein Arsch.« Ja – wenn du weiter schweigst. Wenn du ihm dagegen vorwurfsfrei und klar sagst, was du von ihm erwartest, lernt er es irgendwann.

Chef-Hack 15: Einmal ist keinmal!

Es reicht nicht, wenn du es dem Chef einmal sagst. Sag es ihm immer und immer wieder. So lange, bis er es sich merken kann und es macht.

Seit Mitarbeitende immer mal wieder auf die herrschende Ungleichbehandlung in der Agentur hingewiesen haben, ist sie nicht verschwunden. Aber sie hat deutlich abgenommen. Dasselbe gilt für den umgekehrten Fall: positives Feedback.

Wenn jemand, der nicht Chefs Liebling ist, etwas gut gemacht hat und wie immer keine Anerkennung bekommt, fordert der Betroffene sie einfach ein: »Chef, wie fanden Sie das? Also, ich finde bemerkenswert, dass wir dabei 20 Prozent Kosten eingespart haben. Was halten Sie davon?«

Zuerst mürrisch, aber dann immer fließender lernt der Chef auf diese Weise, positives Feedback zu geben. Eigentlich gehört das zum Anforderungsprofil von Führungskräften. Schaffen Chefs das nicht, kann man sie kurzzeitig als Führungskraft entmachten, sich quasi selbst zum Chef machen und den Chef indirekt anweisen: »Alter, lob mich mal!«

Überraschung: geniale Chefs

Nachdem wir so viel über schwache Chefs geredet haben, stehen dir und mir die Ärsche bis hier oben. Man fragt sich, ob alle Chefs so sind. Sind sie nicht! Es gibt etliche miese Chefs und viele gute Chefs. Aber es gibt auch einige geniale Chefs.

Wie genial ist zum Beispiel ein Chef, den du abwählen kannst, wenn er dir nicht passt? Gibt es nicht?

Gibt es doch! Er heißt Marc Stoffel und ist CEO von Haufe-Umantis; das ist ein Softwareunternehmen in der Schweiz. Am Ende jeder Wahlperiode stellt er sich seinen Mitarbeitern zur Wahl. Wird er nicht gewählt, wird er nicht Chef. Er sagt sinngemäß, dass er sich dann eben anstrengen muss, wenn er wiedergewählt werden will. Sonst wählen seine Leute ihn ab und wählen einen besseren Chef. Diese Wahlfreiheit bringt auch eine ganz neue Meinungsfreiheit mit sich. Im *Handelsblatt*-Interview mit Carina Kontio sagt Stoffel: »Da gibt es natürlich auch Situationen, wo mir meine Leute sagen: Das ist absoluter Blödsinn, was du hier gemacht hast, wir sind enttäuscht!« Bei einem herausragenden Chef traut man sich das. Und Stoffel ist nicht der einzige herausragende Chef.

> **Chef-Hack 16: Arbeite für gute Chefs!**
>
> Es gibt nicht viele, aber genügend gute Chefs. Wer suchet, der findet. Oft bringt es dich schon weiter, wenn du innerhalb der Firma wechselst.

Bei der Hamburger Agentur »Elbdudler« bestimmen die Mitarbeiter ihr eigenes Gehalt und stellen ihre KollegInnen selbst ein. Agenturchef Vester erzählt in der *Süddeutschen Zeitung*: »Anfangs bekam jeder ein kommunistisches Einheitsgehalt. Doch dann haben wir festgestellt, dass gleich nicht gerecht ist.« Seither herrscht Gehaltsdifferenzierung – die in jedem Einzelfall von den KollegInnen genehmigt werden muss.

Armin Steuernagel, vielfacher Junggründer, hat »Appstimmung.de« entwickelt. Das ist ein Votinginstrument, mit dem er die Mitarbeitenden seiner Unternehmen bei der Firmenführung mitreden lässt.

Und Richard Branson – kennen wir alle, »Virgin«-Gründer und -Eigner – stellt seinen Beschäftigten frei, wie viel Urlaub sie nehmen. Deshalb wird in seinen Unternehmen paradoxerweise weniger Urlaub genommen als vor Einführung dieser Regelung. Weil die Leute so gern arbeiten? Oder weil sie in den Augen der KollegInnen nicht als erholungsbedürftig gelten wollen?

Fazit: Dass wir hier viel über miese Chefs reden, heißt nicht, dass alle Chefs so sind. Bei Weitem nicht! Es gibt auch gute und es gibt herausragende Chefs. Das ist übrigens ein Mittel, auf das viele, die in der Chef-Scheiße stecken, nicht kommen: Deine Eltern kannst du dir nicht aussuchen. Aber deinen Chef. Wenn dein Chef ein Arsch ist und du etwas Qualifikation mitbringst, such dir einen neuen, einen besseren Chef! Qualifizierte Leute werden überall händeringend gesucht. Falls du das nicht glaubst, hast du vielleicht noch nicht den inneren Punkt erreicht, an dem du auf den Tisch haust und sagst: »Jetzt ist's genug!«

Jetzt ist's genug!

Jedes Chefopfer weiß im Grunde seines gequälten Herzens: So geht das nicht weiter! Der Chef macht mich und die Familie kaputt! Ich muss was unternehmen! Das wissen wir alle – und trotzdem handeln wir meist viel zu lange nicht oder lediglich halbherzig. Warum?

Weil es im Herzen und im Bauch noch nicht »klick« gemacht hat. Angst vor dem Chef ist auch ein Affekt; leider einer, der zur Passivität verdammt. Damit sich Wut und Empörung einstellen können (aktivierende Affekte), bedarf es entweder einer heroischen Fähigkeit zur Selbstreflexion, eines akademischen Grades in Change Management, eines Coachings (erstaunlich viele lassen sich bei Chefproblemen coachen – leider oft nicht die Problemchefs) oder aber eines Aha-Moments, in dem es einem wie Schuppen von den Augen fällt. Selina hat so einen Moment.

Ihr Gatte ist im Ausland auf Dienstreise und ihre Eltern im Urlaub. Deshalb liegt es an ihr, den Kleinen um 16:30 Uhr vom Kindergarten abzuholen: »Ich muss spätestens um vier hier raus!« Das sagt sie ihrem Chef morgens um neun. Der Chef nickt und bestellt sie um 15:30 Uhr zu einer unangekündigten Besprechung zu sich ins Büro. Selina sitzt wie auf glühenden Kohlen, vor allem, da die Besprechung keinen erkennbar aktuellen oder dringlichen Grund hat. Um fünf kommt sie endlich im Kindergarten an.

Die Erzieherin, die extra wegen ihr länger bleiben musste, funkelt sie böse an. Der Kleine hat seit einer halben Stunde nur noch geheult: »Die Mama hat mich vergessen!« Für Kinder ist das Verlassenwerden durch eine primäre Bezugsperson ein sogenanntes Big-T-Trauma. Viele haben danach einen diagnostizierbaren Schaden.

Selina schwört bis heute Stein und Bein, dass der Arsch das absichtlich macht und seine Wut auf die eigene Mutter auf diese Weise an anderen Müttern abreagiert. Er hat so etwas Ähnliches schon öfter getan. Doch als die Sache mit dem Kindergarten passiert, ist für Selina die rote Linie überschritten: »Jetzt ist's genug! Hier ist Ende Gelände!«

Als der Chef einige Wochen später tatsächlich die niedere Stirn hat, dieselbe Sauerei noch einmal anzetteln zu wollen, steht Selina auf und sagt freundlich, aber bestimmt lächelnd: »Danke für die produktive Besprechung. Die noch ausstehenden Punkte können wir gerne morgen besprechen. Passt es gleich um 8 Uhr? Jetzt hole ich meinen Kleinen vom Kindergarten ab. Er wartet sicher schon auf mich.« Ich würde gern den Chef sehen, der daraufhin sagt: »Nein, Sie bleiben jetzt hier!« Kennst du einen? Ehrlich: Meldungen herzlich willkommen. Ich glaube nicht, dass jemand so unverfroren ist. Und wenn, dann kannst du mit ruhigem Gewissen kündigen – oder den Blödmann/die Blödfrau ignorieren.

Von außen betrachtet können wir sagen: Selbst Menschen, die viel zu lange die Quälereien ihres Chefs erduldet haben, schmeißen die Brocken hin oder fangen an, sich ernsthaft zu wehren, sobald die Grenze erreicht, die rote Linie überschritten, das Maß voll ist, der Tropfen fällt, der das Fass zum Überlaufen bringt. Du kannst jetzt natürlich auf diesen Tropfen warten. Du kannst sein Fallen aber auch beschleunigen, indem du dir diesen meist unbewussten Prozess bewusst machst und dir sagst:

Chef-Hack 17: Jetzt ist's genug!

Du erreichst den Point of no Return, den Wendepunkt schneller, indem du dich, ruhig auch wiederholt, fragst:

Wie lange will ich mir das noch antun?

Ist eigentlich nicht schon lange Schicht im Schacht, wenn ich ehrlich mit mir selbst bin?

Ist es das alles noch wert?

Ist die Chance auf etwas Besseres wirklich so klein?

Stehen das Ausmaß meines Leidens und meine gesundheitlichen Einbußen noch in einem tragbaren Verhältnis zu dem, was ich für die ganze Quälerei bekomme?

Warum überhaupt lasse ich mich denn derart quälen?

Wer fragt, der führt. Auch sich selbst. Kluge Fragen ermöglichen und beschleunigen kluge Aktionen. Wer richtig fragt, handelt auch richtig.

360-Grad-Feedback

Wer beim Thema »Moderne Unternehmensführung« aufgepasst oder das Schlagwort schon mal irgendwo gelesen oder gehört hat, könnte jetzt sagen: »Dann führt doch einfach 360-Grad-Feedback ein! Dann ist Schluss mit Mobber-Bossen!« Bei dieser Art des Feedbacks beurteilen nämlich die Mitarbeitenden regelmäßig auch ihren Chef; natürlich anonym (reihum, also 360 Grad, gibt jeder jedem Feedback). Manchmal werde ich von Klienten gebeten, dieses Instrument in ihrem Unternehmen einzuführen. Das mache ich dann – kein Problem. Das Problem ist nicht das 360-Grad-Feedback, sondern was man daraus macht.

> In vielen Fällen ist das Feedback »von unten« so abstrakt, dass keiner etwas damit anfangen kann: »Die Chefin ist immer so launisch!« Was soll das heißen? »Sie ist halt eine Zicke!« Was bedeutet das? Welches konkrete Verhalten soll sie ändern? Ist das Verhalten überhaupt unangemessen? Oder ist es situationsangepasst und der Feedbackgeber überempfindlich?

> Selbst wenn klar ist, wo und wie Führungskräfte danebenliegen und welches Verhalten sie ändern müssen: Man lässt sie meist damit im Regen stehen. Es wird ihnen kein entsprechendes Führungstraining oder Coaching angeboten. Damit bleibt alles beim Alten, denn wenn der Chef sich von alleine ändern könnte, hätte er das längst getan. Einen Unterschied bewirkt das Edel-Feedback dann aber doch: Der Chef hat jetzt auch noch ein schlechtes Gewissen wegen der negativen Bewertung und lässt es erst recht an seinen Mitarbeitenden aus.

> Was wie ein Versäumnis anmutet, hat oft Methode: Häufig wird 360-Grad-Feedback nicht eingeführt, um Führungskräfte besser zu machen, sondern weil es auf der Firmenhomepage steht oder um die Stakeholder des Unternehmens (Investoren, Eigner, Aktienbesitzer, Medien, Aufsichtsrat …) zu beruhigen.

Also vergessen wir das 360-Grad-Feedback?

Nein! Wenn ihr es noch nicht eingeführt habt, dann fordere es freundlich und so lange und wiederholt, bis dir die Zunge blutet! Denn so eine Forderung ist fürs Management akzeptabel. Selbst schwache Manager haben inzwischen erkannt, dass man moderne Methoden wie das 360-Grad-Feedback heutzutage braucht, um nicht als völlig veraltet dazustehen. Animiere deinen Betriebsrat, sich dafür einzusetzen! Steck den Vorschlag in den Vorschlagskasten! Löchere deine Personalabteilung damit!

Und wenn ihr es schon eingeführt habt und es nichts bringt? Dann schlag ebenso beharrlich Verbesserungsmaßnahmen vor: Verhaltenstraining für Führungskräfte, einen Coaching-Pool, Action-Learning-Gruppen, KVP-Arbeitszirkel (Zirkel für Kontinuierliche Verbesserung), ein Update eures Leadership-Leitbildes, Führungskraft als Coach, Supervision, Shadow Coaching, Chef-Mentoring ... Es gibt mehr Optimierungsmaßnahmen, als du, der Chef und eure P-Abteilung sich vorstellen können.

> **Chef-Hack 18: Mach klare Ansagen!**
>
> Egal, ob im 360-Grad- oder beim persönlichen Feedback: Sag klar, was Sache ist! Also nicht: »Sie sind immer so direkt!« Was heißt »immer«? Was »direkt«? Sondern: »Sie sagten letzten Montag vor dem Kunden Müller, dass meine Kostenschätzung ›absurd‹ sei. Das fand ich persönlich beleidigend. Das hat mir für einen Abschluss beim Kunden nicht geholfen. Ich schätze Ihr Feedback sehr – aber bitte das nächste Mal nicht vor dem Kunden, sondern unter vier Augen.«

So flüssig und mit goldener Zunge redest du aber nicht aus dem Stand? Ich verrate dir ein Geheimnis: Niemand tut das. Nicht einmal die besten Rhetoriker. Die üben das vorher zig Mal vor dem Spiegel, im Rollenspiel, mit dem Partner oder im Coaching. Auch du?

Sei mein Che Guevara!

Oft ist vom »Aufstand gegen schlechte Chefs« die Rede. »Aufstand« impliziert eine Gruppe Aufständischer, die von einem Revolutionär geleitet wird. Leider haftet diesem Anti-Arsch-Modell der Geruch der Viktimologie an: Opfer denken so.

Im Unterbewussten des passiven Chefopfers wabert der Gedanke: »Ich kann oder will mich nicht selbst gegen den Mobberboss wehren – also delegiere ich das an den Karl, der hat sowieso immer so eine große Klappe, der soll mich und uns aus der Scheiße ziehen!« Das ist die Convenience-Variante der Rebellion: Lass andere machen!

Diese Variante übersieht die Episode V von *Star Wars*: »Das Imperium schlägt zurück«. Denn der einfachste Gegenzug eines Arschlochchefs oder eines arschifizierten Betriebs ist es, den »Aufstand« niederzu-schlagen und den Rädelsführer kaltzustellen. Also ihn/sie rauszuwer-fen, strafzuversetzen oder mit der Androhung dieser und anderer Maß-nahmen so einzuschüchtern, dass er/sie keinen Mucks mehr macht. Diesen Gegenzug machen Ärsche ständig, wöchentlich, reflexhaft. Wir kennen doch alle Chefsprüche wie: »Machen Sie ruhig so weiter – vor der Tür stehen zwanzig Bewerber, die scharf sind auf Ihren Job!«

Deshalb ist die Hoffnung auf einen Che Guevara sinnlos und kontra-produktiv – solange es eine Hoffnung ist. Wenn es jedoch bereits ei-nen Che in der Abteilung, Sparte, Projekt- oder Arbeitsgruppe gibt, der dem Arsch regelmäßig Kontra gibt, dann pflege die Beziehung zu ihm und erzähl ihm von deinen Sorgen und Nöten. Ganz oft – wenn er oder sie gut ist – wird er dir die Arbeit des Aufstands nicht abnehmen, son-dern dir Tipps geben, wie du dich gegen Arschattacken wehren kannst (so wie er und andere das auch schon machen). Denn das ist immer noch das wirksamste Mittel gegen übergriffige Chefs. Es nützt dir wäh-rend einer Chefattacke wenig, wenn du dich zwanzig Minuten zur Sau machen lässt und dir dabei vorstellst, wie du das alles hinterher brüh-warm deinem Che erzählst. Das hilft dir nicht, dich besser zu wehren! Im Gegenteil.

Wenn Che dann zu deinem Boss geht und ihm einbläut: »So kannst du nicht mit … reden!«, dann denkt der Arsch bloß: »Wow, der/die kann sich nicht selbst wehren – perfektes Opfer!«

Also koordinier dich mit deinem Revolutionsführer, aber lerne auch, dich selbst zu wehren; zum Beispiel mit der »Chefkündigung«, wie wir sie in diesem Kapitel besprochen haben. Eine persönliche Chefat-tacke sollte man immer auch persönlich abwehren, kontern und ide-alerweise abstellen können.

Chef-Hack 19: Frag deinen Che – vorher!

Du hast bald ein Gespräch mit dem Monsterboss, in dem er dich ab-sehbar wieder zur Sau macht? Frag deinen Revolutionär! Nein, nicht danach. Sondern davor:»Was rätst du mir: Wie schütze ich mich am besten vor seinen Angriffen? Was funktioniert? Was nicht?«

Sympathy for the Devil

Das sangen die Stones. Sympathie für den Teufel? Das ginge vielleicht etwas zu weit, doch Verständnis ist sehr nützlich für eine konstruktive und nachhaltige Problemlösung. Ich unterstelle mal, dass du nicht nur wie Conan der Barbar am blutigsten Rachefeldzug aller Zeiten, sondern auch an einer etwas harmonischeren Lösung interessiert bist, und dafür gilt eben: Verständnis hilft.

Wer seinen Mobberboss besser versteht, lässt sich von ihm nicht mehr so tief ins Bockshorn jagen, reagiert weniger gestresst (und traumatisiert) auf ihn, handelt damit überlegter und wirksamer und fühlt sich weniger als Opfer.

Zu diesem heil- und wirksamen Verständnis trägt zum Beispiel das Wissen bei: Als fieser Vorgesetzter wird man(ager) nicht geboren. Wenn wir ManagerInnen über die Jahre in ihrer beruflichen Karriere beobachten, stellen wir vielmehr fest, dass die fiesen Tendenzen irgendwann schwach auftauchen und dann immer stärker werden, bis wir ein ausgewachsenes Arschloch vor uns haben. Das ist bedauerlich, aber auch ein Systemfehler.

Wo waren die Vorgesetzten des Vorgesetzten in der Zeit, als er/sie noch beeinflussbar war und die Arschlochanzeichen nur schwach ausgeprägt? Warum hat niemand dem Mann, der Frau schonend beigebracht, dass man so mit Menschen nicht umgehen kann und darf? Im Endeffekt kriegen wir alle die Vorgesetzten, die wir verdienen.

In einem kleinen mittelständischen Betrieb haben sie diesen unheilvollen Systemfehler erkannt und geben seither ihrer Marketingleiterin selbst dann Rückmeldung, wenn sie bloß »schwach« rumzickt. Weil die Belegschaft weiß: Wehret den Anfängen! Man kriegt Problemchefs umso leichter in den Griff, je kleiner sie noch sind. Wer wartet, bis der Chef ein Vollpfosten ist, hat ein Riesenproblem.

Die Marketingleiterin ist dankbar für vorwurfsfreie und respektvolle Rückmeldungen zu ihren kleinen Zickereien – was in diesem Anfangsstadium der Erkrankung eher die Regel als die Ausnahme ist. Sie ist froh, wenn in der Besprechung jemand die Hand hebt und sagt: »Frau

Schmitz-Berkenried, ich verstehe Ihre Aufregung – aber sollen wir kurz eine Pinkelpause machen?«

Wohlgemerkt sagt niemand: »Gute Frau, hören Sie auf, hier rumzuzikken!« Obwohl das natürlich jede(r) denkt. Das Problem an problematischen ChefInnen ist nämlich nicht nur, dass sie problematisch sind, sondern dass wir nicht wissen, wie man mit diesem Problem umgehen soll. Wenn wir uns melden, dann meist mit Vorwürfen und persönlichen Angriffen. Das hilft nicht. Das eskaliert. Doch deeskalative Kommunikation hat keiner von uns je gelernt. Nicht im Elternhaus, nicht in der Schule und erst recht nicht in der Ausbildung oder an der Uni (deshalb lernen wir das jetzt und hier). Wird die manchmal jähzornige und xanthippenhafte Marketingleiterin

➤ frühzeitig,

➤ vorwurfsfrei und

➤ sachlich angesprochen,

dann sagt sie oft ganz souverän: »Danke für den Hinweis.« Oder: »Sie haben recht, machen wir fünf Minuten Pause.« Oder: »Sorry, gerade ist der Gaul mit mir durchgegangen, ich krieg mich gleich wieder ein, danke für den Hinweis!« Wie gesagt: Wenn man den wildgewordenen Chef auch nur marginal versteht, fängt man ihn eher wieder ein.

Zu diesem erweiterten Chefverständnis gehört auch ein geläutertes Verständnis seiner persönlichen beruflichen Situation.

Der Sandwich-Chef

Chefs stehen mächtig unter Druck. Von unten wie von oben. Vor allem Chefs auf den unteren Ebenen: Abteilungsleiter, Gruppenleiter, Schichtleiter, Projektleiter, eventuell Ressortleiter. Sie bilden praktisch die Wurstscheibe zwischen den beiden Brötchenhälften. Deshalb wird das auch »Sandwich-Problematik« genannt. Diese Problematik führt zur »Radlertaktik«: Nach oben buckeln, nach unten treten. Druck von oben wird meist 1:1 oder 1:x (wobei x > 1) nach unten weitergegeben. Druck, der sich auf Ziele und Vorgaben bezieht. Kein Chef will absichtlich und sadistisch »Druck machen«! Aber wenn du ständig unmenschlichen Druck von oben kriegst und selbst schon auf dem Zahnfleisch gehst, erfordert es übermenschliche Anstrengung, diesen nicht irgendwann nach unten weiterzugeben.

Dass exzellente Chefs der Versuchung widerstehen, berechtigt uns nicht, dies auch von weniger guten Chefs zu erwarten. Es wäre schön, aber erwarten können wir das nicht: Wir könnten ja selbst auch nicht immer so einer Versuchung widerstehen. Diese Erkenntnis führt übrigens zu etwas, was in der Psychologie (auch die Psychologen beschäftigen sich mit Arschlöchern) »Reappraisal« genannt wird.

Robert zum Beispiel reappraist, er bewertet also das Verhalten seines Chefs bei jeder Attacke neu. Die alte Bewertung, die Robert bislang immer auf die Palme trieb, lautete: »Was für ein arrogantes Arschloch! Was bildet sich der Wichser eigentlich ein? Ich bin Diplom-Ingenieur und nicht sein Handlanger!« In der Psychologie heißt das auch »Denial«, Verdrängung/Verleugnung von Stressoren: »Das darf nicht wahr sein! Das darf der Chef nicht!« In vielen Stresstests haben Psychologen nachgewiesen, dass nach so einer Verdrängung/Verleugnung der subjektiv erlittene Stress weitaus größer ausfällt als nach einem Reappraisal. Robert wertet deshalb solche Chefausraster neu: »Der Chef meint das nicht so. Der meint nicht mich. Der steht bloß wieder selbst mächtig unter Druck von ganz oben und braucht jetzt einen Blitzableiter – hey, ich bin Ingenieur! Blitzableiter mach ich doch mit links!«

Chef-Hack 20: Persönlich ist es nie!

Auch wenn ein Mobberchef dich persönlich angreift: Du darfst das nie persönlich nehmen! Bewerte sein Verhalten stets neu und so, dass es depersonalisiert wird. Eine Laborleiterin in der Chemieindustrie sagt sich dann zum Beispiel: »Sie meint nicht mich. Sie hat sicher heute Morgen in den Spiegel geschaut und festgestellt, dass sie immer älter, verhärmter und faltiger wird und braucht jetzt lediglich ein Ventil für ihren Altersfrust.« Eine Chefsekretärin sagt: »Ich rege mich nie über ihn auf, wenn er mich anpflaumt. Ich denke dann immer: Deine arme Mutter! Wie die sich für dich schämen muss! Mit so einem Sohn ist man echt geschlagen.«

Wenn Robert ein, zwei Stunden nach dem aktuellen Anfall mit dem Chef redet (»Sie haben grad mächtig Druck, stimmt's?«), bestätigt dieser oft: »Sie haben ja keine Ahnung!« Manchmal sagt er auch: »Ich weiß, ich hab vorhin ein paar Sachen zu Ihnen gesagt – die waren nicht in Ordnung. Aber danke, dass Sie mir immer so geduldig zuhören. Außer Ihnen versteht ja keiner, was ich hier alles durchmachen muss!« Merke: Niemand ist 24/7 ein Arsch. Wenn du den Arsch in der Stunde seines Kollers zu nehmen weißt, lohnt sich das – für euch beide. Dann hast du natürlich mehr Selfmanagementkompetenz und bessere Nerven als er/sie. Aber das ist ja auch etwas Gutes, oder?

Wer sich nicht wehrt, lebt verkehrt

Weil die erste und dominante Reaktion von Chefopfern leider oft genug Wut, Hilflosigkeit, Frust und Resignation ist, ist es mir wichtig, die Botschaft dieses Kapitels noch einmal herauszustreichen:

Du hast einen Scheißchef?

Du bist ihm nicht hilflos ausgeliefert!

Du kannst etwas dagegen tun!

In diesem Kapitel hast du eine pragmatische Gegenwehr anhand von vielen Abwehrmaßnahmen kennengelernt oder, falls du sie bereits kanntest, vertieft:

➤ Du kannst deinen Chef zeitweilig »feuern«.

➤ Oder ihn auf die Strafbank setzen.

➤ Du kannst selbst kündigen und dir was Besseres suchen.

➤ Du kannst bei Übergriffen kurzfristig den Kontakt abbrechen.

➤ Oder möchtest du ihm eine unzumutbare Aufgabe kalt rückdelegieren?

➤ Wenn er was Bescheuertes von dir will: Gib es ihm! Aber sorg dafür, dass er die Konsequenzen trägt.

➤ Wenn er's nicht blickt: Nimm's ihm aus der Hand!

➤ Mach so lange Verbesserungsvorschläge, bis euer 360-Grad-Feedback Führungskräfte tatsächlich besser macht.

➤ Pfleg euren Che Guevara!

➤ Je besser du die seelische Notlage deines Mobberbosses verstehst, desto besser kommst du mit ihm klar.

Schlechte Chefs sind schlimm – aber kein Schicksal. Wir können etwas dagegen unternehmen. Nur wenige Vorgesetzte sind echte Psychopathen oder Hochleistungsneurotiker. Die meisten sind erziehbar: *Educate your boss!*

*»Die Hauptquelle von Frust, Verzweiflung und
Ineffektivität am Arbeitsplatz sind unfähige Chefs.«*

Jürgen Hesse, Hans Christian Schrader:
Die Neurosen der Chefs

2. Der Arschloch-Index

Wie übel ist dein Chef?

Als ich Klienten, Coachees, Seminarteilnehmern, Vortragsbesuchern, Bekannten, Verwandten und Netzwerkmitgliedern davon erzählte, dass ich ein Buch über Problemchefs schreibe, konnte ich mich der Flut von Anekdoten und Lamentos kaum erwehren. Sobald es um schlechte Chefs geht, haben wir alle viel zu erzählen.

Wenn fünf, sechs, acht Leute beisammensaßen, entspann sich oft ein Wettstreit: »Mein Chef ist schlimmer als deiner!« Am Anfang nahm ich noch an, dass es keinen Sieger in diesem Wettstreit geben könne: Jede(r) schlimme Vorgesetzte ist auf seine oder ihre Weise schlimm. Doch je mehr Chefmängelbeschwerden einliefen, desto klarer wurde: Es gibt tatsächlich den Vater, die Mutter aller Arschlöcher. Manche üblen Chefs sind übler als andere. Man kann schlimm von schlimmer unterscheiden.

Eine pragmatische Art, diese Rangfolge des/r Unsäglichen herzustellen, ist zum Beispiel die Anzahl der Macken, die ein/e Vorgesetzte/r an den Tag legt: der Arschloch-Index. Relativ einfach zu ermitteln: Mach einfach deine Kreuzchen oder Häkchen bei all jenen Beschwerden, die auf deinen Vorgesetzten zutreffen, und zähl am Ende durch. Je mehr Kreuze, desto schlimmer ist dein(e) Vorgesetzte(r).

Da die Beschwerden alle aus der Praxis kommen, findest du sie nachfolgend im Wortlaut der Beschwerdeführer, paritätisch auf beide Geschlechter verteilt, selbstverständlich anonymisiert. An dieser Stelle meinen ausdrücklichen Dank an die unzähligen Zitatgeber und Beschwerdeführer beiderlei Geschlechts – und gute Besserung! Ich helfe dir dabei.

Die Macken der Chefs

☐ »Wir bekommen selten klare Anweisungen. Häufig heißt es bloß: >Macht mal!< Wir machen dann, kriegen aber am Ende oft zu hören: >So hab ich mir das nicht vorgestellt!< Warum sagt er dann nicht gleich zu Beginn, wie er es sich vorgestellt hat?«

☐ »Für sie gibt es keinen Feierabend. Sie hat keine Hemmungen, mich auch noch abends um halb acht anzurufen oder anzutexten. Selbst wenn sie im Hintergrund die Kinder lärmen hört: Noch nicht einmal eine Höflichkeitsfloskel habe ich je von ihr gehört.«

☐ »Er hat schlicht fachlich zu wenig Ahnung von dem, was wir auf der operativen Ebene tun. Deshalb weist er oft Unfug an – und wir müssen es dann wieder richten.«

☐ »Ständig fordert sie, wir sollen kreativer und innovativer sein und Vorschläge machen. Schlagen wir dann was vor, kritisiert sie uns oder macht die Vorschläge lächerlich.«

☐ »Er streicht uns hinten und vorne die Budgets, fährt aber selbst einen neuen, teuren Firmenwagen.«

☐ »Mitten im Projekt zieht sie Leute ab – macht uns aber verantwortlich, wenn wir deshalb die Termine nicht mehr halten können.«

☐ »Er ist ein Sexist. Erzählt Blondinenwitze und grapscht.«

☐ »Sie ist eine Männerhasserin. Oft höre ich bei der Aufgabenübernahme: >Oder brauchen Sie als Mann eine Extraerklärung?<«

☐ »Er macht den Kunden Versprechungen, die wir unmöglich halten können – und wir dürfen das dann ausbaden. Gegenüber den wütenden Kunden und gegenüber ihm.«

☐ »Sie verkauft den Kunden Produkte und Leistungen, die es gar nicht gibt, und die wir in der Kürze der Zeit auch nicht auf die Beine stellen können.«

☐ »Er gibt den Kunden ständig Rabatte von oben herab, macht uns aber Vorwürfe, wenn unsere Margen, Deckungsbeiträge und Gewinne wegschrumpfen!«

☐ »Sie spaltet jedes Haar, gibt null Freiraum, sagt uns auch noch, wann wir aufs Klo gehen sollen und wie viel Blatt Klopapier wir benützen dürfen.«

☐ »Heut sagt er so – morgen so. Ich glaub, er weiß selbst nicht, was er will.«

☐ »Scheißt den Kollegen vor versammelter Kundschaft zusammen – so was macht man einfach nicht.«

☐ »Ständig wirft sie uns mangelnde Motivation vor. Dass sie der größte Demotivationsfaktor ist, merkt sie nicht.«

☐ »Er wird halt schnell persönlich beleidigend und verbal übergriffig.«

☐ »Sie ist eine Quartalscholerikerin.«

☐ »Alles, was er macht und sagt, ist das Größte und Beste. Was von anderen kommt, ist von vornherein nichts wert.«

☐ »Den externen Beratern glaubt sie alles – uns nichts. Dabei wissen wir es besser, weil wir schließlich jeden Tag damit zu tun haben.«

☐ »Jahrelang weisen wir auf einen konkreten Missstand hin, jahrelang heißt es: ›Nicht so schlimm. Arbeitet halt drumherum.‹ Wenn es dann nicht mehr anders geht und die Sache behoben werden muss, behauptet der Chef natürlich, dass die Idee von ihm stammt und dass er der große Heilsbringer ist.«

☐ »Wir haben zu wenig Personal, Budget, Zeit und Ressourcen. Aber anstatt uns Abhilfe zu verschaffen, sagt sie immer nur: ›Das muss auch so gehen!‹«

☐ »Er hat mich einfach für acht Wochen an eine andere Abteilung ausgeliehen – ohne dass ich dafür die nötige Qualifikation hätte,

ohne Änderungskündigung und ohne dass das in meinem Arbeitsvertrag steht.«

☐ »Sie hält sich nicht an Absprachen und behauptet dann, dass sich
die Gegebenheiten geändert hätten.«

☐ »Er kann nicht reden wie ein normaler Mensch. Er kann nur rum-
brüllen.«

☐ »Ich habe sie seit Tagen nicht mehr gesehen. Wer führt uns eigentlich?«

☐ »Wenn wir ganz dringend schnelle Entscheidungen brauchen, sitzt
er die erst mal zwei Wochen lang aus.«

☐ »Verantwortung ist für sie ein Fremdwort. Wenn etwas schiefläuft,
sind immer wir schuldig, nie sie.«

☐ »Anstatt sich in schwierigen Zeiten auch mal vor uns zu stellen,
lässt sie uns oft im Regen stehen.«

☐ »Er ist ein ganz schlechter Krisenmanager. Wenn es brennt, macht
er Stress und Hektik, anstatt in aller Ruhe zu konstruktiven Lösungen zu kommen.«

☐ »Lob hören wir nie. Immer nur Kritik.«

☐ »Wenn wir positives Feedback einfordern, heißt es nur: ›Dafür
werden Sie schließlich bezahlt!‹«

☐ »Wenn es eine schlechte Idee war, kam sie von uns. Wenn es eine
gute war, von ihm.«

☐ »Egal, was wir auch tun: Es ist nie gut genug. Sie findet immer was
zu mäkeln.«

☐ »Er hat keine Ahnung, wie hoch der Aufwand ist für die Aufgaben,
die er uns delegiert. Er sagt immer nur: ›Ach, das kriegen Sie doch
schnell hin!‹«

☐ »Sie dreht krumme Dinger und verlangt von uns, dass wir sie dabei decken.«

☐ »Die Ziele, die er uns vorgibt, sind schlicht unrealistisch. Aber wenn wir das sagen, würgt er jede sinnvolle Diskussion ab.«

- [ ] »Selbst wenn ein Arbeitspaket im Projekt gelb (also bedroht) ist, dürfen wir das nicht sagen. Er akzeptiert in der Projektbesprechung nur grüne Statusmeldungen.«

- [ ] »Sie spielt *Kill the messenger:* Sobald jemand einen bestehenden Missstand anspricht, ist er bei ihr unten durch.«

- [ ] »Er hat keine Zeit, unsere Abteilung zu führen. Seine gesamte Arbeitszeit geht für seine politischen Spielchen und seine Karriereplanung drauf.«

- [ ] »Sie kennt alle Zahlen – hat aber keine Ahnung, wie sie zustande kommen.«

- [ ] »Ständig heißt es immer nur: ›Kosten senken!‹ Dass die Qualität dabei vor die Hunde geht, interessiert keinen da oben.«

- [ ] »Sie verlangt von uns, dass wir die Kunden belügen.«

- [ ] »Als die Kollegin in der vierten Überstundenwoche dann einen Nervenzusammenbruch hatte, sagte er bloß: ›Die Meier ist auch nicht besonders stressfest!‹«

- [ ] »Sie gibt uns unmögliche Ziele vor. Erreichen wir sie mit äußerster Kraft, gibt sie uns noch unmöglichere Ziele vor. Wie es uns dabei geht, wie hoch der Krankenstand ist, wie sehr unser Familienleben leidet, das ist ihr alles egal.«

- [ ] »Vom Fachlichen hat er keine Ahnung. Er gibt uns Aufträge, deren einzelne Elemente sich gegenseitig widersprechen.«

- [ ] »Jede Woche kommt sie mit vier, fünf neuen Ideen, für die wir weder Zeit, Geld noch Manpower haben, weil wir mit ihren Ideen aus den Vorwochen schon völlig ausgelastet sind.«

- [ ] »Ständig ist alles ›superdringend‹ und ›hochwichtig‹ bei ihm. Aber das kriegen wir alles unmöglich unter!«

- [ ] »Wenn sich im Unternehmen was tut, erfahren wir das über die Zeitung. Von denen da oben hören wir nie was.«

☐ »Die ganze Zeit faselt sie von ›Digitalisierung‹, ›Workflow-Opti-mierung‹ und anderen abstrakten Schlagwörtern. Was das konkret für unsere Arbeit bedeutet, kann sie uns nicht sagen.«

☐ »Er kann nicht delegieren. Ständig übernimmt er Aufgaben, die er gar nicht stemmen kann, fährt sie gegen die Wand, und wir müssen dann unter den Konsequenzen leiden.«

☐ »Wir sind bloß die Bauernopfer, die für ihre Karriere verheizt wer-den.«

☐ »Je stressiger es wird, desto unausstehlicher wird er. Für jeden Frust sind wir sein Ventil.«

☐ »Wie sie morgens schon reinkommt: mies gelaunt, grüßt nicht, meckert rum – da verliert man jede Lust an der Arbeit.«

☐ »Leider ist er Berufsoptimist. Risiken, berechtigte Einwände, Hin-dernisse – kennt er nicht, will er nix von hören, wischt er mit einem dummen Spruch vom Tisch.«

☐ »Sie kann nicht führen. Sie kann bloß Druck machen.«

Welche Macken fehlen? Welche fallen dir darüber hinaus ein? Schreib sie dazu!

Wie groß ist dein Arschloch-Chef?

Wie viele Punkte auf dem Index erreicht dein Chef, deine Vorgesetzte? Im Prinzip gilt: Je mehr Kreuze, desto schlimmer. Also schon mal vor-auseilend: herzliches Beileid!

0 bis 5 Punkte: im Ernst?

Du hast einen Chef, der »bloß« fünf Macken hat? Gratuliere! Wo ar-beitest du? Schick doch mal die Adresse deiner Firma – nächste Woche laufen die Bewerbungen waschkörbeweise bei euch ein. Jetzt ernsthaft: Eine Handvoll Macken haben wir alle. So eine geringe Anzahl könnte man fast tolerieren. Natürlich brauchst du auch für diese Macken eine Lösung: siehe unten.

6 bis 20 Punkte: kleines Arschloch

Klein, aber immerhin: So ein Vorgesetzter ist schwer erträglich, stressig, gesundheitsschädlich, effizienzgefährdend und kaum auszuhalten. Und genau das sollte man nicht mit ihm/ihr machen: aushalten. Sondern von unten führen. Dazu gleich mehr.

21 bis 40 Punkte: Vollarsch

Wie hältst du das bloß aus? Du bist entweder der Meister der Masochisten oder der Champion der Chef-Hacker: mehr dazu unten.

40 Punkte und mehr: Riesenarschloch

Dazu bloß eines: Kündige! So schnell wie möglich. Bevor er/sie dich völlig fertigmacht. Oder spielst du auf ihm/ihr bereits virtuos? So erstaunlich das klingt: Auch das ist möglich. Dazu kommen wir jetzt.

Turbo-Chef-Hacking

Wir behandeln in allen anderen Kapiteln die Anti-Arschloch-Taktiken ausführlicher. In diesem Kapitel machen wir das nicht. Das hat einen simplen Grund: Wann immer ich den Arschloch-Index austeile, füllen die Menschen ihn zwar begeistert aus. Es hat schon etwas Kathartisches, Befreiendes, schwarz auf weiß zu erfahren, wie schlimm der eigene Chef tatsächlich ist. Doch in Begeisterung und Befreiung mischen sich oft auch Frust und Ratlosigkeit: Sich durch die schiere Masse von über fünfzig Chefmacken zu kreuzeln, zieht einen unheimlich runter.

Ohne Gegenmittel hält man das kaum aus. Deshalb kommt jetzt das Gegenmittel in Form von schnellen, kompakten, pragmatischen Lösungen. Der Knüller: Auch diese Lösungen kommen aus der Praxis. Entweder von jenen, die unter solchen Bossen leiden, oder von anderen, die das Problem schon gelöst haben. Wie gesagt: Normalerweise diskutieren wir die Lösungen ausführlicher. Doch um den akuten Leidensdruck nach Ermittlung des Index zu beseitigen, hier die Turbolösungen aus der Praxis; wieder im Wortlaut jener, die das Rezept, den Chef-Hack, die Taktik bereits erfolgreich anwenden.

»Wir kriegen selten klare Anweisungen. Häufig heißt es bloß: >Macht mal!< Wir machen dann, kriegen aber am Ende zu hören: >So hab ich mir das nicht vorgestellt!< Warum sagt er dann nicht gleich zu Beginn, wie er es sich vorgestellt hat?«

➤ »Weil er es nicht kann. Er hat keine Ahnung, was er sich konkret vorstellen soll. Weil er sich viel zu wenig damit beschäftigt hat und sich auch die verschiedenen Optionen mangels Kenntnis nicht vorstellen kann. Also geben wir ihm diese Vorstellung.«

➤ Und zwar in Form von drei (oder mehr) alternativen Optionen. Wenn man ihm bloß eine gäbe, würde er sich gegängelt fühlen.

➤ Alle Optionen sind nach Kosten, Dauer, Aufwand und Ergebnis spezifiziert. Dazu spricht der Chefbändiger noch eine begründete Empfehlung für eine der drei Optionen aus. Wenn der Vorgesetzte sich für eine Option entscheidet, ist die Vor-/Aufgabe klar – viel klarer als bei »Machen Sie mal«.

»Für sie gibt es keinen Feierabend. Sie hat keine Hemmungen, mich auch noch abends um halb acht anzurufen oder anzutexten. Selbst wenn sie im Hintergrund die Kinder lärmen hört: Noch nicht einmal eine Höflichkeitsfloskel habe ich je von ihr gehört.«

➤ »Ich rufe dann immer in den lärmenden Hintergrund: >Kinder, sagt mal alle hallo zu Tante Hilde, die gerade aus dem Büro anruft!< Und die Kinder rufen alle: >Hallo, Tante Hilde!< Der Brüller! Wenn sie dann nicht merkt, dass sie stört, tut sie mir leid.«

➤ »Ich sage meist: >Ich kümmere mich gerne darum – geben Sie mir fünf Minuten, das Abendessen für die Familie auf den Tisch zu bringen. Ich rufe Sie zurück!< Und dann lasse ich ihn zwanzig Minuten warten.«

➤ »Ich gehe grundsätzlich nicht ran nach Feierabend, wenn ich ihre Nummer im Display sehe und gerade von der Familie vereinnahmt werde. Wenn sie mir dann am nächsten Tag Vorhaltungen macht, sage ich, ich sei bei einer Veranstaltung gewesen.«

➤ »Ich unterbreche ihn nach wenigen Sekunden und sage: >So, wie ich das verstehe, ist das hochwichtig, aber nicht dringend. Deshalb werde ich mich als Erstes darum kümmern – als Erstes morgen früh.‹ Dann bedanke ich mich für den Anruf, verabschiede mich und lege auf. Insgeheim erwarte ich jedes Mal dabei seinen Widerspruch – aber es kommt keiner. Schwache Chefs widersprechen selten, wenn man sie mit fester Hand führt.«

»Er hat schlicht zu wenig fachliche Ahnung von dem, was wir auf der operativen Ebene tun. Deshalb weist er Unfug an – und wir müssen es dann wieder richten.«

➤ »Wenn er Unfug anweist, sagen wir es ihm sofort. Natürlich nicht mit: ›Das ist Unfug!‹, sondern indem wir die Konsequenzen ansprechen: ›Wenn wir das machen, bricht die Motorleistung ein. Könnten wir deshalb nicht auch …?‹ Meist korrigiert er sich dann. Falls er uneinsichtig ist, lassen wir ihn ins Messer laufen: ›Bitte schön, so haben Sie das angewiesen!‹«

➤ »Uns glaubt sie kein Wort. Sie leidet unter dem *Invented-here*-Syndrom (frei übersetzt: wenn es von den eigenen Leuten kommt, kann es ja nichts taugen). Deshalb zitieren wir meist Branchengrößen, Uniprofessoren oder andere Koryphäen, gut belegt mit Fachartikeln oder Ausdrucken aus dem Internet. Dann lenkt sie meist ein.«

➤ »Ich verweise in so einem Fall auf Anweisungen aus der Vergangenheit, mit denen er schon mal voll ins Klo gegriffen hat, und sage: ›Das könnte wieder wie damals ausgehen!‹ Wenn ich das begründen kann, schwenkt er meist um. Denn er ist zwar fachinkompetent, aber kein Karriereselbstmörder.«

»Ständig fordert sie, wir sollen kreativer und innovativer sein und Vorschläge machen. Schlagen wir dann was vor, kritisiert sie uns oder macht die Vorschläge lächerlich.«

➤ Metakommunikation (darüber reden, wie geredet wird): »Sie sagen uns oft, wir sollen Vorschläge machen. Wenn wir aber welche machen, kriegen wir Kritik zu hören!«

»Ja, wenn ihr auch so bescheuerte Vorschläge macht!«

»Was heißt bescheuert?«

»Die sind alle technisch doch gar nicht machbar!«

»Dann werden wir künftig jedem Vorschlag eine technische Machbarkeitsabwägung beilegen.«

»Ja, machen Sie das mal!«

➤ Falls der Vorgesetzte Narzisst ist, also ausschließlich die eigenen Vorschläge gut findet, hat sich folgende Taktik bewährt: »Wir ignorieren seine Aufforderungen, innovativer zu sein, weil wir wissen, dass er es nicht ernst meint.«

➤ Alternative Narzisstentaktik: »Wir reden vage über eine Idee, bis die Chefin sie von sich aus aufnimmt und als die eigene verkauft. Sie denkt dann, dass sie selbst darauf gekommen ist. Dabei haben wir sie wie eine Martinsgans angefüttert. Es ist uns egal, dass sie den Ruhm dafür einstreicht – denn ohne Innovationen verlieren wir alle unsere Jobs.«

»Er streicht uns hinten und vorne die Budgets, fährt aber selbst einen neuen, teuren Firmenwagen.«

Viele Geplagte reagieren darauf, indem sie sich selbst bedienen – vom Kopierpapier über Büromaterial bis zu Produkten oder Geldbeträgen. Das würde ich nicht empfehlen. Denn wenn man erwischt wird, hängt man die Kleinen – die Großen lässt man laufen. Besser ist:

➤ Feedback: »Chef, Sie fahren einen neuen Wagen, und wir müssen hier mit dreißig Jahre altem Werkzeug arbeiten.« Das juckt den Egoistenchef nicht, was schlimm ist. Schlimmer ist: zu schweigen. Dann geht nämlich auch noch dein Selbstwertgefühl baden.

➤ Diplomatischer und erfolgsträchtiger ist: »Chef, Sie kriegen einen neuen Wagen – wann kriegen wir neue Werkzeugsätze?«

»Dafür ist kein Geld da!«

»Das wollten wir nicht wissen. Wir wollen wissen: Wann kriegen wir neues Werkzeug?«

»Ich sagte doch: kein Budget!«

»Ja, schon klar. Also eher Mai oder doch Juni?«

»Lest meine Lippen: Wir haben das Geld nicht!«

»Und kriegt dann jeder von uns einen neuen Satz oder die Meister und Schichtführer zuerst?«

Man nennt dies auch die Taktik der kaputten Schallplatte: bleibt in einer Rille hängen und wiederholt sich ständig. Ist leicht verrückt und treibt leicht verrückte, egozentrische Chefs in den Wahnsinn – oder zum Nachgeben.

»Mitten im Projekt zieht sie Leute ab – macht uns aber verantwortlich, wenn wir deshalb Termine nicht halten können.«

Die meisten nehmen das mit Schaum vorm Mund hin – passiv und schweigend. Besser ist:

➤ Konsequenzen aufzeigen: »Wir verstehen, dass Sie den Kollegen brauchen. Wenn er uns fehlt, verschiebt sich der Endtermin um zwei Wochen.«

»Das darf nicht sein. Sie müssen trotzdem pünktlich abliefern!«

»Wenn wir gleichwertigen Ersatz bekommen. Besorgen Sie uns doch den Meier oder die Schulze.«

»Die krieg ich aber nicht!«

»Dann brauchen wir 10.000 Euro für einen externen Spezialisten.«

»Kriegt ihr nicht.«

»Okay, dann passen wir die Spezifikationen an.«

Und: Ende der Diskussion.

➤ Viele machen das auch ohne große Diskussion: Der Chef zieht Manpower aus dem Projekt ab? Dann werden eben entsprechend die Zielvorgaben gekürzt. Der Knüller: Oft merken schwache Chefs das nicht einmal.

➤ Wenn doch: Was will er/sie machen? Außer toben natürlich. Aber das machen schwache Chefs ja sowieso.

»Er ist ein Sexist. Erzählt Blondinenwitze und grapscht.«

➤ Geht gar nicht! Null Toleranz! Niemals still leidend hinnehmen, sondern sich immer abgrenzen: »Bitte lassen Sie das, das ist frauenfeindlich.«

➤ Immer informieren: den Betriebsrat (falls vorhanden), die Gleichstellungsbeauftragte (dito), die Compliance-Abteilung (dito), möglichst viele Kolleginnen *und* Kollegen: Fraktionsbildung; gemeinsam ist frau stärker.

➤ Falls der Chef vom Chef nicht ebenfalls ein Sexist ist: Steck es ihm durch!

»Sie ist eine Männerhasserin. Oft höre ich bei der Aufgabenübernahme: >Oder brauchen Sie als Mann eine Extraerklärung?<«

➤ »Könnten Sie als Frau mir denn eine geben?«

➤ »Von einer Frau? Da frag ich lieber einen Mann.«

➤ »Bitte unterlassen Sie solche Anspielungen.«

➤ Einfach überhören und sachlich weiterreden, als wäre nichts gewesen. Wenn du dich wiederholt nicht aufregst, auch nicht mimisch, dann kriegt sich die Chefzicke mit der Zeit wieder ein. Provokateure provozieren nur, wenn du dich provozieren lässt.

➤ »Bleiben wir lieber bei der Sache.«

➤ »Ich hätte da noch eine Frage: … « Und dann ganz sachlich das erfragen, was noch unklar ist.

»Er macht den Kunden Versprechungen, die wir unmöglich halten können – und wir dürfen das dann ausbaden. Gegenüber den wütenden Kunden und gegenüber ihm.«

➤ Beim ersten Kundenkontakt die überzogenen Erwartungen sofort korrigieren. Der Kunde ist meist sauer, aber nicht so sauer, als wenn du ihn so belügst, wie der Chef ihn belogen hat.

➤ Gegenüber dem Chef bitte nicht jammern und klagen: »Wie können Sie so was zusagen?« Dass er Unfug erzählt hat, weiß er selbst.

➤ Besser ist ganz sachlich: »Sie haben hundert für den Monatsersten zugesagt, die Produktion schafft aber nur achtzig am Zehnten.« Dieser Hinweis genügt, sich auf keine Diskussion einlassen und dann wieder den Kunden informieren (seinen Zorn entgegennehmen und nachverhandeln).

➤ »Ich sag ihm dann immer: ›Geht in Ordnung, wir halten Ihr Versprechen dem Kunden gegenüber – ich sag bloß schnell der Produktion Bescheid, dass sie ihr Programm umschmeißt.‹ Wenn die Produktion sich dann an die Stirn tippt und sich weigert, ist das nicht mein Problem, und wenn sie es umschmeißt, ebenfalls nicht. Beide Male bin ich aus dem Schneider. Eigentlich ganz einfach.«

»Sie verkauft den Kunden Produkte und Leistungen, die es gar nicht gibt und die wir in der Kürze der Zeit auch nicht auf die Beine stellen können.«

➤ »Für die falschen Versprechungen der Chefin sind wir nicht verantwortlich. Wir liefern, was geht. Nicht mehr, aber auch nicht weniger.«

➤ »Wir verhandeln nach. Mit ihr und dann mit dem Kunden. Wir sind es nicht anders gewohnt. Es ist irgendwie auch ein gutes Gefühl, so viel kompetenter als die Chefin zu sein.«

➤ »Sie meint es ja nur gut! Sie will die Aufträge. Auch, um unsere Jobs zu sichern. Also machen wir das Beste daraus und kommunizieren ständig mit ihr und dem Kunden. Meist findet sich ein Kompromiss. Wenn nicht, geht die Sache dann einfach an die Rechtsabteilung, und wir sind aus dem Schneider.«

»Er gibt den Kunden ständig Rabatte von oben herab, macht uns aber Vorwürfe, wenn unsere Margen, Deckungsbeiträge und Gewinne wegschrumpfen!«

➤ »Wir sagen ihm klipp und klar: Wenn Sie aufhören, wilde Rabatte zu geben, liefern wir einen höheren DB!«

➤ »Ich hab ihm mal unter vier Augen gesagt: ›Schimpfen Sie nicht mit mir! Fassen Sie sich an die eigene Nase!‹ Er war kurz perplex, dass ihm mal jemand widerspricht, sagte dann aber: ›Sie haben ja recht! Trotzdem müssen wir mehr Rendite einfahren!‹«

➤ »Wir haben ihm vorgeschlagen und uns darauf geeinigt: Niemand von uns, einschließlich ihm, darf in Summe mehr als 30 Prozent geben. Er hält sich nicht immer daran. Aber öfter als vor der Absprache.«

➤ »Ganz einfache Lösung: Ich lasse ihn am Monatsende die Rabatte abzeichnen. Dann sieht er, was ihn seine Nachgiebigkeit kostet. Entweder er diszipliniert sich dann – oder er unterzeichnet das. Dann ist es nicht mehr mein Problem.«

»Sie spaltet jedes Haar, gibt null Freiraum, sagt uns auch noch, wann wir aufs Klo gehen sollen, und wie viel Blatt Klopapier wir benützen dürfen.«

➤ »Sie kann uns nicht alles vorschreiben – obwohl sie sich alle Mühe gibt. In zehn Stunden Arbeitstag gibt es immer noch genügend Freiräume. Die nutzen wir und bauen sie beständig aus.«

➤ »Wir haben den Spieß umgedreht und schreiben ihr auch Sachen vor. Zum Beispiel, wie sie die Tagesordnung von Meetings und die Urlaubskoordination zu gestalten hat. Seit sie sieht, wie übel so eine Gängelei ist, wird es besser mit ihr.«

➤ »Ich habe zu ihr gesagt: ›Was ich abliefern muss, bestimmen Sie. Bis auf die dritte Stelle hinterm Komma. Wie ich das erreiche, bestimme ich. Einverstanden?‹ Sie war erst baff, aber dann einverstanden. Sie hält sich nicht immer daran, aber öfter als ohne Absprache. Vor allem, wenn ich sie daran erinnere.«

➤ »Ich hab im Internet gelesen, dass solche Leute unter OCPD leiden; Obsessive-Compulsive Personality Disorder. Früher hieß das ›Zwangsneurose‹. Seit ich weiß, dass sie im Grunde krank ist und nichts dafür kann, juckt es mich kaum noch. Hat ja auch sein Gutes, wenn jemand peinlich genau auf Arbeitsergebnisse achtet.«

»Heut sagt er so – morgen so. Ich glaub, er weiß selbst nicht, was er will.«

➤ »Dann machen wir es heute so und morgen so – und scheiß auf die Effizienz! Ist ja sein Ergebnis und seine Schuld, nicht unsere.«

➤ »Weil ich das weiß, warte ich erst mal ein paar Tage und lasse ihn wie eine Sinuskurve hin und her oszillieren. Ich fang erst mit der

Arbeit an, wenn er weiß, was er will. Manchmal sag ich ihm das auch.«

➤ »Wenn er nicht weiß, was er will, liegt das meist an unzureichender Information. Also versorge ich ihn mit den relevanten Daten. Ist zwar nicht mein Job, erspart mir aber eine Menge Arbeit, vergebene Liebesmüh und Hickhack.«

»Scheißt den Kollegen vor versammelter Kundschaft zusammen – so was macht man einfach nicht.«

➤ »Es geht immer eine oder einer von uns zu den Betroffenen und sagt klipp und klar: ›Mach dir keine Gedanken. Er hat sich schlecht benommen – nicht du.‹«

➤ »Jedes Mal, wenn das passiert, geht unser informeller Meinungsführer zu ihm und sagt: ›Erinnern Sie sich? Wir hatten uns darauf geeinigt, dass Kritikgespräche immer unter vier Augen geführt werden.‹«

»Ach, das bisschen! Das war doch keine Kritik!«

»Doch, das war sie. Kommunikation entsteht beim Empfänger. Und wenn der Kollege sich vor dem Kunden bloßgestellt fühlt, dann geht das einfach nicht.«

»Herrje, seien Sie doch keine solche Mimose!«

»Darum geht es nicht. Es geht darum, dass wir uns alle an Absprachen halten. Sie wären auch nicht glücklich, wenn wir uns nicht an Absprachen hielten.«

»Ständig wirft sie uns mangelnde Motivation vor. Dass sie der größte Demotivationsfaktor ist, merkt sie nicht.«

➤ »Sie merkt noch nicht mal, wenn sie uns demotiviert. Also sagen wir es ihr von Fall zu Fall: ›Das war jetzt nicht sehr motivierend.‹«

➤ »Da sie offensichtlich von Motivation wenig Ahnung hat, geben wir ihr oft und gerne Starthilfe: ›Wie finden Sie unsere Entscheidungsvorbereitung? Sagen Sie doch mal was Motivierendes dazu. Das würde uns freuen.‹«

➤ Jedes Mal, wenn ihr Motivation gelingt, was selten genug ist, loben wir sie: ›Das haben Sie aber schön gesagt. Das ist so richtig motivierend.‹ Gemacht wird, was gelobt wird. Langsam hat sie den Bogen raus. Wenn wir unsere Kinder erziehen können, können wir auch unsere Chefin erziehen.«

»Er wird halt schnell persönlich beleidigend und verbal übergriffig.«

➤ »Das ignoriere ich konsequent. Ich lasse mich nur von Menschen beleidigen.«

➤ »Nimmt das jemand ernst, was so ein Querschläger im Zorn von sich gibt? Noch nicht mal er selbst.«

➤ »Ach, so heikel sind wir nicht. Was schert es eine Eiche, wenn ein Schwein sich an ihr kratzt?«

➤ »Ich bleibe dann betont höflich und absolut sachlich. Wenn er merkt, dass er mich nicht provozieren kann, kriegt er sich wieder ein.«

➤ »Ich hab auch schon mal zurückgegiftet und hab ihn dabei mit geballten Fäusten angefunkelt. Wenn er weitergemacht hätte, hätte ich ihm eine gescheuert. Ich glaube, das hat er gespürt. Er ist wie der Pausenhoftyrann in der Grundschule: bellt nur, beißt aber nicht. Sobald man mit voller Wucht Kontra gibt, lässt er von einem ab.«

Es gibt für jeden Problemchef (mindestens) eine Lösung

Du hast sicher bemerkt: Wir müssen nicht die ganze Litanei der Chefmängel durchdeklinieren. Schon an diesen wenigen diskutierten Problem-Lösung-Kombinationen erkennen wir:

➤ Gegen jeden schwierigen Chef ist ein Kraut gewachsen! Meist sogar mehrere Kräuter.

➤ Diese Anti-Arschloch-Interventionen sind so einfach wie pragmatisch.

➤ Meist kommst du sogar selbst drauf, wie man einen Problemchef behandeln müsste, damit er sich wieder einkriegt oder du nicht mehr als nötig unter ihm leidest.

➤ Oder du schaust dich in deinem Umfeld um und erkennst diese Techniken am Beispiel von KollegInnen, die besser oder sogar gut mit dem/der problematischen Vorgesetzten zurechtkommen.

➤ Wenn du ein paar dieser Lösungen angeschaut, gelesen oder selbst ausgetüftelt hast, kommst du auch auf pragmatische Lösungen für andere, neue, ungewohnte Chefmängel.

Da ganz viele von uns sowohl einen Chef haben als auch selbst Chefs sind, bekomme ich beim Ausfüllen des Index häufig die Rückmeldung: »Ich hab den Index ein zweites Mal ausgefüllt. Beim zweiten Mal hab ich nur angekreuzt, *was ich selbst falsch mache* – ist eine ganz schöne Ladung. So krass war mir das vorher nicht klar! Also danke für den Augenöffner. Und: Ich arbeite jetzt meine Minusliste ab. Das muss besser werden! Ich will schließlich kein Arschloch bleiben.«

Was hält dich zurück?

Bleiben wir noch ein wenig beim Feedback, das ich bekomme, wenn Menschen wie du den Index ausgefüllt haben. Viele sagen: »Beim Ausfüllen habe ich gemerkt: Ich jammere zu viel über den Chef. Eigentlich weiß ich, dass ich mehr tun müsste. Ich weiß auch meist, *was* ich tun müsste. Theoretisch. Bloß praktisch traue ich mich nicht oder nicht oft genug!« Das ist ehrlich.

Zu dieser Ehrlichkeit gratuliere ich dir. Denn die meisten Betroffenen sind nicht so ehrlich. Sie sagen nicht: »Ich müsste schon, aber ich trau mich nicht.« Sie sagen: »Wieso muss ich das jetzt ausbaden? Wieso muss ich was dagegen unternehmen? Das ist doch Sache vom Chef. Der muss sich doch ordentlich benehmen!« Oder: »Ich weiß, dass ich von mir aus mehr machen könnte – aber mit diesem Arschloch kann man einfach nicht vernünftig reden.« Es tut mir leid, aber: Das sind Ausreden. Sie zementieren die Opferrolle. Sie reiten dich tiefer rein in die Scheiße. Sie fesseln dich in der Passivität, der Untätigkeit und Hilflosigkeit. Alle diese Ausreden sagen im Grunde lediglich: »Nur der Chef kann etwas an der Situation ändern. Ich nicht. Denn ich bin bloß ein armes, altes, krankes Schaf und werde es immer bleiben!« Leider stimmt das dann meist auch: Menschen, die so was sagen und denken, beklagen sich seit zwanzig Jahren über ihren Chef – und ändern nichts.

Deshalb sind mir Menschen lieber, die klipp und klar sagen: »Ja, ich könnte sehr viel mehr für eine Verbesserung der Situation tun. Wie schaffe ich es, dass ich mir mehr zutraue?«

Gute Frage. Die Antwort findest du im nächsten Kapitel.

»Warum empfinden Täter keine Scham? Denn das tun sie nicht. Sie empfinden ihre furchtbaren Taten offenbar nicht als furchtbar.«

Josef Aldenhoff, ehemaliger Leiter der Universitätsklinik für Psychiatrie und Psychotherapie in Kiel, im Interview mit der *Süddeutschen Zeitung* (10.3.2018)

3. Rebellion der Deppen

Der Depp vom Dienst

Angelika hat Ärger mit dem Chef. Schon seit Monaten. Ständig bombt er ihr »absolute Deppenjobs« auf den Schreibtisch. Sie soll zum Beispiel das Catering für eine überraschend anberaumte Sitzung mit Externen organisieren: »Das ist nicht mein Job! Ich bin Webdesignerin. Für so was Banales und Zeitraubendes, das mit meinen Aufgaben nichts zu tun hat und mir bloß die Zeit für meine eigentliche Arbeit stiehlt, ist unser Sekretariat zuständig!«

Ich frage sie, ob der Chef der Einzige ist, der sie mit »Deppenjobs« eindeckt. Sie überlegt kurz, scheint überrascht zu sein von der Frage. Ich finde die Frage nicht überraschend – du sicher auch nicht. Denn in so einer Situation drängt sich förmlich der DvD-Verdacht (wir kommen gleich dazu) auf.

Angelika überlegt kurz und sagt dann: »Nee, eigentlich versorgen mich auch Kollegen und Kolleginnen damit. ›Angelika, weißt du, welches Formular man für Investitionsanträge über 5.000 Euro braucht?‹, ›Angelika, wie gebe ich diese Daten ins System ein?‹, ›Angelika, ich hab mein Passwort verloren. Wen muss ich anrufen?‹«

Und Angelika sucht das passende Formular heraus, hilft der Kollegin bei der Dateneingabe und ruft den Administrator an, damit Thomas ein neues Passwort bekommt. Nachdem sie dieses und ein halbes Dutzend weiterer Beispiele geschildert hat, kommt auch Angelika zur Schlussfolgerung, die du und ich bereits gezogen haben: Angelika ist der DvD, der Depp vom Dienst.

Lass dich nicht zum Deppen machen!

Warum macht Angelika sich zum Deppen? »Ich mach mich doch nicht dazu!«, empört sie sich im Coaching. »Die andern sind schuld! Die sind es doch, die bei mir den ganzen Müll abladen!« Warum sagt sie dann nicht einfach »Nein«? Wer sagt zu Müll schon »Ja«? Warum sagt sie nicht »Nein«?

Weil sie das nicht gut kann. Sie kann, wie viele von uns, nicht »Nein« sagen. »Mangelnde Abgrenzungsfähigkeit« nennen Psychologen das und verschreiben (wenn sie noch nicht völlig mit *Mindfulness* weichgespült sind) »Assertiveness-Training« (mehr dazu in Kapitel 11). Ohne Witz, das heißt so: Durchsetzungstraining. Nun könnte man meinen, dass man für die Artikulation simpler vier Buchstaben eigentlich kein Training braucht. Doch das stimmt nicht. Denn gegen den Gebrauch dieser vier Buchstaben spricht, subjektiv empfunden, so unendlich viel. Von Menschen, die unter problematischen Chefs, KollegInnen, Kunden, Haustieren, Kindern, Behörden, Politessen oder Beziehungspartnern leiden, höre ich immer wieder:

➤ »Ich will den Kollegen nicht vergraulen.«

➤ »Wer mich um Hilfe bittet, den kann ich doch nicht abweisen!«

➤ »Nachher gelte ich noch als zickig.«

➤ »Ich möchte ein guter Teamplayer sein.«

➤ »Was, wenn ich dann mal was von ihr benötige?«

➤ »Bis der sich durchs Haus gesucht hat, wer ihm das neue Passwort gibt, hab ich das doch dreimal erledigt!«

➤ »Ich kann ihr das nicht abschlagen so kurz vor Feierabend. Wenn sie das selbst macht, kommt sie womöglich zu spät zu ihrem abendlichen Lauftreff!«

➤ »Aber der Chef hat mir das doch delegiert! Also muss ich das doch machen!«

Viele Menschen genießen es, von anderen Menschen gebraucht zu werden. Und das ist auch gut so. Wer anderen hilft, macht die Welt zu einer besseren – und fühlt sich gut dabei! Everybody's Darling zu sein, vermittelt ein gutes Gefühl. So lange, bis die Sache kippt. Und das tut sie zuverlässig, sobald das Umfeld bemerkt, dass man hier jemanden nach Belieben ausnutzen kann. Dann wird das selbst dem besten Samariter schnell zu viel. Ausgenutzt und überstrapaziert zu werden, tut keinem gut.

Chef-Hack 21: Lass dich nicht zum Deppen machen!

Ob Chefs, KollegInnen oder Kunden Hilfe benötigen: Hilf ihnen! Aber lass dich nicht ausnutzen oder überfordern. Setz klare Grenzen. Sag auch mal »Nein«!

Auch mal »Nein« sagen? Das fällt erstaunlich vielen Menschen erstaunlich schwer. Menschen auf allen Hierarchiestufen. Ich kenne sogar Vorstände, die von ihren Vorstandskollegen ständig Aufgaben »aufs Auge gedrückt« bekommen, weil sie viel zu gutmütig sind und Sachen machen, die sie eigentlich nicht machen müssten. Weil es ihnen so schwerfällt, »Nein« zu sagen. Andere können es besser: Neinsagen ist eine Fähigkeit. Es ist eine wichtige Fähigkeit schon im ganz normalen Leben. Wenn du einen miesen Chef, blöde KollegInnen oder Kunden hast, die dich zum Affen machen wollen, dann ist es eine überragend wichtige Fähigkeit. Du solltest diese Fähigkeit wie ein Profi beherrschen. Damit du sie beherrschst, behandeln wir sie ausführlich in Kapitel 11.

An dieser Stelle meldet sich bei Vorträgen, in Workshops oder im Coaching immer eine(r) mit der smarten Frage: »Warum muss denn ich Neinsagen lernen? Warum kann mein Chef nicht von sich aus einsehen, dass er mich total überfordert? Warum muss ich Grenzen setzen? Warum kann mein Chef diese Grenzen nicht von sich aus respektieren?«

Weil er ein Vampir ist.

Vampirchefs

Wie es der Zufall will, kennen sich Angelikas Mutter und die Gattin von Angelikas Chef. Sie laufen sich im Golfclub über den Weg und trinken nach ihren jeweiligen Spielrunden einen Espresso. Hinterher kommt die Frau des Chefs heim und sagt zum Gatten: »Was hast du gegen die Angelika? Ihre Mutter sagt, die Angelika kommt auf dem Zahnfleisch daher und ist nur noch zum Schlafen, Duschen und Umziehen bei ihrem Mann und ihren Kindern zu Hause. Du kannst die Arme doch nicht ständig mit so viel Arbeit zuschütten!«

Und ihr Gatte: »Doch. Kann ich. Muss ich sogar. Denn wenn ich Angelika eine Aufgabe gebe, weiß ich: Das wird unter Garantie tipptopp erledigt.« Deshalb wächst ihr Stapel von Tag zu Tag. Wie geht Angelika damit um?

Je mehr kommt, desto mehr arbeitet sie. Zuerst eine Überstunde am Tag, dann zwei, dann ist sie samstags einen halben Morgen im Büro, bald auch noch Sonntagnachmittag – und so weiter. Bis zum Burnout oder zur Scheidung oder bis eines ihrer Kinder ein »Bürowaisensyndrom« entwickelt.

»Du bist ja ein richtiger Vampir!«, entfährt es der Chefgattin. »Du saugst die Arme aus!«

»Nein«, erwidert er. »Ich muss bei der Arbeit meine Ergebnisse und Leistungszahlen bringen, von denen wir unsere Hypothek bezahlen. Ich brauche Angelika, sonst ist unser Jahresbonus futsch.«

Das heißt: Wenn der Chef logisch denkt, wird er Angelika nicht von sich aus schonen, ihre Grenzen respektieren oder gar setzen (helfen). Damit würde er seine Ergebnisse gefährden, und seine Vorgesetzten würden ihm den Kopf abreißen. Ich habe das nicht erfunden! Ich weiß das bloß. Seit Angelika das ebenfalls weiß, sagt sie nicht mehr: »Der Chef und all die anderen können mir doch nicht immer so viel Zeug auf den Tisch kippen!«

Sie sagt: »Chef, wir müssen da was umorganisieren!« Und dann wartet sie nicht, bis der Chef ihr einen Vorschlag macht. Sie macht selbst einen oder drei. Sie sagt: »Ab sofort schreibt das Sekretariat alle Sitzungsprotokolle – ist schon abgesprochen, die warten nur noch auf Ihre Anweisung. Den Kontakt mit den A-Kunden halten von nun an unsere Kundenkontakter, damit ich mehr Zeit für meine eigentliche Arbeit habe. Und das Büromaterial verwaltet ab heute Max – auch der wartet bloß auf Ihren Zuschlag.« Wow, die traut sich ja plötzlich was! Sie grenzt sich ab, setzt klare Grenzen, gibt ihren Deppenstatus ab. Woher nimmt sie den Mut?

Die Mutter aller Mutmacher

Anderen zu helfen, ist ein schönes Motiv. Dafür im Gegenzug von den anderen Anerkennung, Zugehörigkeit und Gegenleistungen zu erfahren, sind drei weitere schöne Motive. Diese Motive (und einige andere) sorgen dafür, dass du anderen hilfst. Wenn dir diese Hilfe zu viel wird, wenn du dir wie der Depp vom Dienst vorkommst, kannst du darauf wetten, dass ein anderes deiner Motive verletzt wurde. Welches? Sobald du das herausfindest, nimmt deine Fähigkeit, Nein zu sagen, dramatisch zu. Dein Mut zum Nein wächst in dem Maße, wie du deine zu kurz gekommenen Motive, Interessen und Bedürfnisse aufdeckst:

> **Chef-Hack 22: Finde dein vergessenes Motiv!**
>
> Es stinkt dir manchmal/oft, wie dich Chef, Kunden, Kollegen, Eltern, Verwandtschaft, Kinder und Familie überbeanspruchen oder gar ausnutzen? Was genau stinkt dir dabei? Warum belastet dich das? Welches deiner Motive wird verletzt?

Bei Angelika ist es ein Motiv, das viele Menschen teilen: Geld. Also nicht nur die harte Währung, sondern Geld als Leistungsäquivalent und Symbol der Anerkennung, als Zeichen für Fairness und Gerechtigkeit.

Im Coaching rechnet sie vor: »Ich kriege rund 2.800 Euro im Monat. Für, sagen wir, vierzig vertragliche Wochenstunden. Mal ohne Urlaub oder Krankenstand gerechnet. Ich rackere mich inzwischen aber sechzig Stunden die Woche ab! Das sind 50 Prozent mehr! Ich müsste also, wenn es fair und gerecht zuginge, 4.200 Euro verdienen! Verdiene ich aber nicht! Das lass ich nicht länger mit mir machen. Das ist einfach ungerecht!« Endlich fällt bei ihr der Groschen. Und der Groschen, das Motiv, das verletzte Bedürfnis heißt: Gerechtigkeit, Fairness, leistungsgerechte Entlohnung und Anerkennung. Angelika kommt jetzt richtig in Fahrt: »Das hat meine Großmutter schon gesagt: Jede Leistung ist ihren gerechten Lohn wert. Fair ist fair!« Hört sich mutig an. Sehr viel mutiger als noch vor Wochen.

Das Erste, was Angelika nach diesem Mutmachermoment tut: Sie sagt dem Chef, dass sie eine Gehaltserhöhung möchte. Der druckst erst herum. Doch weil Angelika von dieser Leistungsungerechtigkeit derart angefressen und auf hundertachtzig ist, sieht er schnell ein: Mit der ist nicht zu spaßen! Also rückt er mehr Kohle heraus.

Chef-Hack 23: Verlang eine Gegenleistung!

Wenn der Chef oder Kollegen eine Extraleistung von dir wollen, wünsch dir eine Gegenleistung! Das ist das sogenannte Reziprozitätsprinzip. Du kriegst die Gegenleistung nicht immer. Aber sehr viel häufiger, als wenn du keine wünschst.

Im Umgang mit den KollegInnen kriegt Angelika das inzwischen ganz gut hin. Sie fordert nicht immer eine Gegenleistung ein. Manchmal macht sie es weiterhin »gratis«. Aber immer dann, wenn sie das Gefühl hat, ausgenutzt zu werden oder ihre eigene Arbeit (oder ihre Familie) dafür zu vernachlässigen oder – vor allem – unfair behandelt zu werden, wünscht sie sich eine Gegenleistung. Erstaunlich: Manche KollegInnen ziehen ihr Hilfegesuch dann zurück. Wenn es nicht umsonst ist, wollen sie es lieber selbst tun. Angelika: »Ich bin froh, dass ich diese Nassauer los bin. Denn wenn ihnen das, was ich ihnen Gutes tue, nicht einmal ein bisschen Gegenleistung wert ist, können sie mir gestohlen bleiben, dann wollten sie mich nur ausnutzen – und das lasse ich verdammte Hacke nicht mehr mit mir machen.« Wow. Wenn Angelika im Coaching derart aufdreht, dann lehne selbst ich mich sicherheitshalber etwas weiter im Sessel zurück. Was für eine Furie! Ich frage sie, ob der Ausdruck »Furie« sie verletzt.

»Aber keineswegs! Endlich stehe ich für mich selbst ein! Geiles Gefühl. Furie passt super. Die wollen mich für dumm verkaufen, ausnutzen? Die haben sich geschnitten. Aber so was von!« Klingt wütend? Ist es. Mut ist gut; Wut ist gut – wenn sie verhindert, dass du dich zum DvD machst.

Im Umgang mit dem Chef verlangt das Reziprozitätsprinzip schon etwas mehr Mut. Aber auch diesen bringt Angelika inzwischen auf, zum Beispiel, wenn sie zum Chef sagt: »Ich übernehme gerne weiter die Facebook-Pflege für unsere Firma – auch wenn das klar nicht meine Aufgabe ist. Aber nicht mit dieser vorsintflutlichen Hardware. Ich hol mir über den Einkauf ein Notebook für 3.000 Euro. Damit kann ich unser technisch anspruchsvolles Webdesign von überall aus pflegen und updaten.« Der Chef knirscht zwar mit den Zähnen, genehmigt das neue Notebook aber. Weil er weiß: Damit kommt er noch billig weg. Wenn Angelika nämlich hinschmeißt, kommt ihn das zehnmal so teuer.

Angelika kommt jetzt auch früher in den Feierabend. Mit dem Termintrick.

Der Termintrick

Angelika schiebt ihren halbjährlichen Zahnarzttermin seit Wochen vor sich her: keine Zeit vor lauter Überstunden! Als der Zahnarzt droht, dass sie ohne jährlichen Kontrolltermin von der Krankenkasse sanktioniert wird, vereinbart sie endlich einen Termin: an einem Dienstag um 17 Uhr.

Als sie an besagtem Dienstag um halb fünf im Büro den Mantel anzieht und einige Kollegen schief schauen, während andere »noch ganz schnell was ganz Dringendes« von ihr brauchen, sagt sie freundlich lächelnd: »Sorry, ich hab einen Arzttermin.« Augenblicklich verstummt jeder kollegiale Einwand: Kein normaler Mensch hat an einem Arzttermin etwas auszusetzen. Und wenn, dann »hat er das Problem und nicht ich!«, sagt Angelika. Auch das ist gesunde Abgrenzung: Das Problem dort lassen, wo es entstanden ist und hingehört.

Auch Angelika hat keinen inneren Einwand gegen einen Arzttermin. Das ist der weitaus wichtigere Faktor einer starken Abgrenzungsfähigkeit. Denn früher stimmten ihre Prioritäten nicht: Alle anderen kamen vor ihr. Alles andere war wichtiger als ihr eigener Kram. Vor lauter Hilfe für alle anderen, vor lauter gutem Samaritertum kamen ihre eigenen Belange zu oft zu kurz: Weil sie ihnen nicht die genügend hohe Priorität verlieh. Bei einem Arzttermin fällt ihr das leichter. Arzttermine haben immer Top-Priorität. Über so einen Termin kann Angelika sagen, denken und fühlen: »Der ist jetzt wichtiger als alles andere. Ich opfere doch nicht meine Gesundheit dem Peter, der ausgerechnet jetzt ›was ganz Dringendes‹ von mir will!« So denkt jemand, der unter Garantie kein Depp ist.

Das ist aber egoistisch (denkt und fühlt der DvD oft)? Ja. Ohne Scherz: Das nennt man »gesunden Egoismus«. Das ist der Grund, weshalb man im Flugzeug bei einem Notfall zunächst sich selbst die Atemmaske aufsetzen muss und erst danach seinem Kind: Wenn du erstickt bist, kannst du auch dein Kind nicht mehr retten. Der Depp vom Dienst zeichnet sich dadurch aus, dass er diesen nötigsten aller Instinkte, den Überlebenstrieb, gedanklich blockiert (ein zentrales Symptom der sogenannten Kodependenz – falls du die Hintergründe bei Google vertiefen möchtest).

Angelika ist von der Wirkung des Termintricks beeindruckt. Sie legt seither auch externe Kundentermine so in den Nachmittag, dass sie spätestens um 17:30 Uhr zu Hause ist. Behördengänge und Besuche bei Lieferanten funktionieren ähnlich gut. Für Angelika ist die vermehrte Anwendung des Termintricks schon sehr mutig. Doch so mutig wie Markus ist sie noch nicht: Markus geht sogar während der Arbeitszeit zum Friseur!

Als er durch einen dummen Zufall beim Verlassen des Friseurs ausgerechnet dem Bereichsleiter über den Weg läuft, stellt dieser ihn – natürlich, typisch schwacher Chef – erbost zur Rede: »Was erlauben Sie sich, sich während der Arbeitszeit die Haare schneiden zu lassen?« Worauf Markus erwidert: »Wieso? Die Haare sind doch auch während der Arbeitszeit gewachsen.« Und Abgang – ohne auf eine Erwiderung zu warten.

Der Bereichsleiter – typisch schwacher Chef – beschwert sich daraufhin bei Markus Abteilungsleiter und verlangt, dass dieser Markus die Leviten liest. Das macht er. Er sagt zu Markus: »Dass Sie beim Friseur waren, dazu sagt er was. Dass Sie letzten Monat in Rekordzeit unser Abwassermodul von Grund auf neu konstruiert haben, damit das Produkt in den USA nicht von der Behörde aus dem Regal genommen wird – dazu sagt er natürlich nichts.« Typisch guter Chef. Heult wegen eines banalen Friseurbesuchs nicht rum wie ein Zwergpinscher, dem man den Kauknochen weggenommen hat. Sondern weiß, was wichtig ist und was nicht. Haare sind nicht wichtig. Neukonstruktionen sind es. Markus sagt: »Für so einen Chef leg ich mich natürlich gern ins Zeug!« Alles, was dagegen vom Bereichsleiter kommt, lässt Markus erst mal drei Tage auf dem Schreibtisch liegen.

Merken schwache Chefs eigentlich nicht, wie viele Eigentore sie sich täglich selbst schießen?

Eine weitere Variante des Termintricks ist: »Ach, tut mir leid – da hab ich schon einen Termin!« Als das vor vielen Jahren mal ein Kollege im Meeting sagte, sprach ich ihn beim Rausgehen an: »Ich dachte, du hättest vorhin gesagt, dass du an diesem Tag noch frei bist!«

»Bin ich auch. Aber das muss der Chef ja nicht wissen. Denn wenn er mir diesen Termin reinbombt, dann komm ich an diesem Tag zu gar nichts mehr. Wenn ich sowieso auf Achse bin, passt es besser.«

Also sag einfach, wenn dir ein Termin nicht passt: »Da hab ich schon einen Termin!« Das hinterfragt selten jemand. Viel seltener jedenfalls als: »Och, muss das auch noch sein?«

Und: Ja, auch der Termintrick kostet Mut. Anfänglich. Wenn du ihn jedoch drei- bis fünfmal angewendet hast, musst du dich nicht mehr dafür überwinden. Dann macht er große Freude und vermittelt das gute Gefühl: »Ich lass mich nicht länger ausnutzen!«

Der innere Saboteur

Es ist kein Rezept so einfach, dass man es nicht doch falsch anwenden könnte. Wenn ich den Termintrick verrate, schaffen es einige Coachees beiderlei Geschlechts tatsächlich, zwar pünktlich Feierabend zu machen, sich dann aber noch Arbeit für zu Hause mitzunehmen, damit sie kein schlechtes Gewissen bekommen, wenn sie wie alle anderen auch zeitig in den Feierabend gehen.

Resultat dieser Mitnahme ist dann aber oft nicht die erledigte Aufgabe, sondern ein innerer Konflikt zwischen: »Ich muss auch mal an mich selbst denken und an die Familie! Ich muss mich auch mal erholen, ausspannen und neue Kraft sammeln!« und: »Aber ich muss doch auch die Gehaltsabrechnungsunterlagen möglichst bis morgen fertig haben!« Dieser Konflikt tobt häufig unentschieden den ganzen Feierabend und die Nacht über bis zum Morgen, an dem man sich dann mit drei Dingen wieder ins Büro zurückquält: mit den nach Hause mitgenommenen, aber unerledigten Unterlagen, mit einem schlechten Gewissen und mit schwacher Energie, weil ein schlechtes Gewissen kein gutes Ruhekissen ist.

> **Chef-Hack 24: ohne Arbeit nach Hause!**
>
> Wenn du schon rechtzeitig in den Feierabend gehst, dann mach es dir zur Regel: immer ohne Arbeit nach Hause!

Was heute nicht erledigt wird, wird eben morgen erledigt. Morgen ist auch noch ein Tag. Das ist normalerweise der Spruch von Leuten, die Arbeit notorisch aufschieben. Für Deppen vom Dienst, die sich chronisch überfordern, ist es dagegen die Erlösung. Lass dich erlösen!

Ist das wirklich so dringend?

Mittlerweile traut sich Angelika viel mehr zu als noch vor Wochen. Sie sagt:

➤ »Wenn früher der Chef oder die Kollegen mit etwas ›ganz Dringendem‹ kamen, hab ich das sofort gemacht – weil es ja ›ganz dringend‹ war. Heute frage ich mich innerlich: Dass es dir, lieber Chef/KollegIn, dringend erscheint, sehe ich dir an. Aber vielleicht ist es das gar nicht. Was für meine Arbeitskraft dringend ist, bestimme immer noch ich.«

➤ »Ich frage mich auch: Ist das rein sachlich betrachtet wirklich so dringend? Verlieren wir Geld, Kunden, andere Vorteile oder Ressourcen, wenn ich das erst morgen mache? Meist lautet die Antwort: nein.«

➤ »Also sage ich: Gerne, erledige ich. Sie haben das spätestens morgen Nachmittag auf dem Tisch.« Und eben nicht: morgen früh schon.

Chef-Hack 25: Renn nicht gleich los!

Ganz gleich, wer dir eine hochwichtige, superdringliche Aufgabe mit siebenundzwanzig Spezifikationen gibt: Du musst weder Wichtigkeit noch Dringlichkeit noch sämtliche Spezifikationen wie ein dressierter Seelöwe blind übernehmen! Du kannst alles verhandeln – oder die Aufgabe nach deiner Einschätzung von Angemessenheit und Verhältnismäßigkeit erledigen.

Angelika dazu: »Der Chef wollte vorige Woche drei valide Quellenangaben und vier repräsentative Studien zum Dunning-Kruger-Effekt. Ich hab ihm zwei Quellen und eine Studie geliefert, weil ich sonst noch mal eine Stunde mit der Recherche verloren hätte. Hätte er sich beschwert, hätte ich ihn gefragt, ob ihm das eine weitere Stunde meiner Zeit wert wäre. Meist winkt er dann ab. Wenn nicht, frage ich ihn ganz unschuldig, ob ich diese Stunde dann von einer top-priorisierten Aufgabe wegnehmen kann. Spätestens dann merkt er, dass der Tag nur vierundzwanzig Stunden hat: Für sechzig Minuten für eine neue Aufgabe muss ich sechzig Minuten von einer alten Aufgabe wegnehmen.«

Reorganisier dich!

Bei einem meiner früheren Arbeitgeber, einer kleinen, lokalen Bank, ging es mir wie dir womöglich heute: Ich war total überlastet. Jeder bombte mir was rein. Alles musste ich selbst machen: Kreditprüfung, Eintreibung, Reporting, Kreditüberwachung, Kundenbesuche, Finanzpläne. Ich kam mir vor wie der Depp vom Dienst.

Irgendwann sagte mein Chef so im Vorübergehen zu mir: »Klaus, du arbeitest auch rund um die Uhr, nicht wahr?« Ich dachte nur: »Du Hirsch! Von wem krieg ich denn die ganze Arbeit aufgebrummt?« Ich hätte schwören können, dass ich einen bösen Chef habe, der es auf mich abgesehen hat und mich in den Burnout treiben möchte und sich dann auch noch über mich lustig macht! Kurz danach wechselte ich das Unternehmen, weil ich ein attraktives Angebot bekommen hatte.

Einige Zeit später traf ich zufällig meinen Nachfolger beim alten Unternehmen und sprach mit ihm. Erstaunt stellte ich fest, dass dieser nicht völlig überlastet, gramgebeugt und kurz vor dem Burnout, sondern im Gegenteil total motiviert war und eine Riesenfreude an seinem neuen und meinem alten Job hatte. Ich war perplex. Er löste das Rätsel auf, indem er freudestrahlend berichtete: »Ich hab alles umorganisiert! Die Finanzpläne machen jetzt die Kollegen und Kolleginnen von der Bonitätsprüfung. Das Reporting hab ich ins Controlling ausgelagert. Deshalb schaffe ich die Kreditanträge in der Hälfte der Zeit von früher.« Mir fiel es wie Schuppen von den Augen. Ich war damals ja nicht mal auf die Idee gekommen!

Ich hatte doch überhaupt keine Zeit gehabt, mir Gedanken zu machen, wie man meine ganze Arbeit sinnvoller und effizienter organisieren könnte, weil ich so viel zu tun hatte! Schlimmer noch: Ich kompensierte mein mangelndes Organisationstalent, indem ich noch mehr arbeitete und noch weniger über eine sinnvolle Organisation nachdachte. Wie der Hamster im Rad.

> **Chef-Hack 26: Reorganisiere deine Arbeit!**
>
> Das meint der Spruch: *Work smarter, not harder!* Wann immer du dich auch nur ein wenig als Depp vom Dienst fühlst: Identifiziere und aktiviere deine Organisationsreserven! Es gibt immer welche. Denk scharf nach. Und frag alte Hasen danach. Oder einen Mentor, Coach, besten Freund, den Effizienzkönig der Abteilung …

Manchmal fragen mich überlastete Menschen: »Aber das ist doch die Sache des Chefs, meine Arbeit so zu organisieren, dass ich nicht total überlastet bin!« Ja, das könnte man meinen. Aber was meint der Chef?

Wenn der Chef das ebenfalls fände, hätte er deine Arbeit längst neu organisiert. Da er es nicht getan hat, liegt die Vermutung nahe, dass er etwas ganz anderes meint, zum Beispiel: »Er/sie kann sich nicht mal die eigene Arbeit sauber einteilen? Hat keine Kompetenz in Arbeits-, Selbstorganisation und Selfmanagement? Dann ist er/sie wohl der/die Falsche für den Job.« Das ist hart, ich weiß. Aber das Leben ist kein Ponyhof. Bin ich wirklich der Erste, der dir das verrät? Das glaube ich nicht. Außerdem: Wer kann deine Arbeit denn am besten einschätzen und neu organisieren? Sicher nicht der Chef. Denn er erledigt sie ja nicht. Er ist viel zu weit weg von dem, was du täglich machst. Du kennst dich doch wohl am besten damit aus! Also reorganisiere dich selbst!

Ich wünschte nur, das hätte mir damals jemand gesagt. Es hätte mir Jahre der Überlastung und des Ärgers erspart.

Manchmal sagen mir überlastete Menschen auch: »Hab ich ja versucht! Ich habe versucht, mehr Arbeit auf andere zu verteilen! Aber die wollen das nicht!« Was für eine Überraschung! Menschen, die dich vorher zugemüllt haben mit Arbeit, weil du so ein braves Muli bist, fallen vor Begeisterung nicht vom Hocker, wenn du ihnen den Scheiß, den sie dir aufgehalst haben, zurückdelegierst? Angelika findet das mittlerweile zum Kichern. Weil sie sich entsprechende Erwiderungen ausgedacht hat, die überzeugen:

➤ »Ich kann verstehen, dass dich das nicht begeistert – mich übrigens auch nicht. Und meine Aufgabe ist es eher nicht … «

➤ »Ich habe das jetzt lange genug für dich übernommen. Jetzt kannst du das auch allmählich selbst machen. Ich helfe dir in der ersten Zeit dabei.«

➤ »Wenn du dich weiter querstellst, dann delegier ich dir auch noch die Ablage und das Contract Management. Willst du die auch noch? Nein? Dachte ich mir.«

➤ »Ich kann das ruhig weiter für dich machen. Aber wenn du dann mal was ganz Dringendes hast, hab ich deshalb keine Zeit für dich. Möchtest du sicher nicht.«

Chef-Hack 27: Antizipiere Widerstand!

Überleg dir vorausschauend überzeugende Gegenargumente für die Einwände deiner KollegInnen und Vorgesetzten. Was könnten sie einwenden? Was würdest du an ihrer Stelle einwenden? Tu mal so, als seist du der Chef! Übe deine Gegenargumente vor dem Spiegel, zu Hause oder gedanklich so lange ein, bis du sie fließend und überzeugend aussprechen kannst.

Abgrenzungsfähigkeit ist eine Fähigkeit wie jede andere auch: Erst wenn du sie trainierst, beherrschst du sie.

Sorry, nicht mein Job!

Traut sich Angelika, das zu sagen? Traust du dich? Neun von zehn überlasteten Menschen, die ich kenne, trauen es sich leider nicht. Und die, die sich trauen, sind so unklug, es genau in diesem Wortlaut zu sagen – dem Chef! Das Donnerwetter, das daraufhin so sicher wie das Amen in der Kirche losbricht, kannst du dir vorstellen. Sehr viel klüger, wirksamer und ohne unerwünschte Nebenwirkungen sind Formulierungen wie:

➤ »Ich geb das gleich der Julia weiter. Die hat das schon beim letzten Mal recht flott erledigt.«

➤ »Geht klar, Chef! Ich mach die Kalkulation, Richard soll sich um die Erläuterungen kümmern, und den Hospitanten von der ersten Etage bitten wir, die Unterlagen für alle Sitzungsteilnehmer zu kopieren.«

Das ist Reorganisation sozusagen en passant, im Vorübergehen. Noch während der Chef dir eine neue Aufgabe hereinreicht, verteilst du sie auf andere KollegInnen, damit die auch was davon haben. Vor allem dann, wenn sie sich mit den jeweiligen Teilaufgaben tatsächlich besser auskennen und sie deshalb sehr viel schneller erledigen können als du. Warum weiß das der Chef nicht? Warum kennt er seine eigenen Mitarbeitenden so schlecht, dass er nicht einmal die am besten für bestimmte Aufgaben geeigneten KandidatInnen erkennen und auswählen kann? Äh, hallo? Weil wir in einem Buch über schwache Chefs sind. Gute Chefs können das natürlich. Aber die sind nicht das Problem.

Angelika wendet dieselben Formulierungen übrigens auch dann an, wenn KollegInnen oder Kunden etwas von ihr wollen, das sie nicht unbedingt auch noch erledigen möchte, weil es andere genauso gut oder besser können.

Du musst es dem Chef oder anderen gar nicht unbedingt sagen, wenn du dir angetragene Aufgaben auf andere Menschen verteilst. Mach es einfach! Deinen Auftraggebern kommt es darauf an, dass es gemacht wird, nicht wer es macht. Und je größer und besser dein Netzwerk, desto weniger müsst ihr alle arbeiten, weil alle Arbeiten auf die bestgeeigneten Personen im Netzwerk verteilt werden: Die Systemeffizienz macht Quantensprünge. Es gibt übrigens Vorgesetzte, die organisieren die anfallende Arbeit von sich aus auf diese optimal effiziente Weise.

Effizient ist nicht asozial

An dieser Stelle hebt immer jemand die Hand und sagt: »Das ist aber ganz schön unkollegial, die eigene Arbeit auf andere zu verteilen! Man darf sich doch nicht auf Kosten anderer und der Abteilung schonen!« Das ist gleich aus zwei Gründen falsch.

Natürlich erheben manche diesen Einwand nicht, weil er sachlich richtig wäre, sondern weil sie sich schlicht nicht trauen, Teile ihrer Aufgaben an andere zu vergeben, die das viel besser und schneller erledigen können. Der Mut dazu kommt manchmal, wenn ich darlege, aus welchen beiden Gründen die Ausrede nicht zieht.

Zum einen »schone« ich mich nicht, wenn ich an KollegInnen delegiere – denn diese »revanchieren« sich ja auch. Nämlich immer dann, wenn ich (Teil-)Aufgaben besser und schneller erledigen kann als sie. Zum anderen sinkt dadurch die Effizienz meiner Abteilung nicht, im Gegenteil: sie steigt. Das ist logisch, wenn immer jene die Aufgaben erledigen, die sie am besten und schnellsten erledigen.

Chef-Hack 28: die kollegiale Delegation

Delegier (Teil-)Aufgaben nicht nach dem Heiße-Kartoffel-Prinzip
(»Hauptsache, ich bin das los!«), sondern nach dem Effizienzprinzip:
Wer das am besten und schnellsten kann, soll es übernehmen!

Das ist übrigens ein ehernes Prinzip von Organisation und Unternehmensführung: Aufgaben sollten generell von jenen übernommen werden, die sie am schnellsten und besten erledigen können – und das bist nicht notwendigerweise immer du für alles, was dir KollegInnen, KundInnen, EhepartnerInnen und Vorgesetzte reinbomben.

Schatz, bleib doch noch eine Stunde im Büro!

Wen haben wir vergessen? Die Familie, den Ehe- oder Beziehungspartner, die Kinder, die Freunde. Sie leiden oft am meisten darunter, dass der oder die Liebste ein DvD-Schild um den Hals trägt. Warum leiden sie mehr als der DvD, der doch ausgenutzt wird und am Rande seiner Kräfte ist?

Weil sie sich hilf- und hoffnungslos fühlen, total ohnmächtig. Weil sie nichts machen können und zusehen müssen, wie sich ihr(e) DvD-Liebste(r) gesundheitlich, geistig und sozial ruiniert. DvDs sind am drastischen Ende des Spektrums wie Süchtige. Kein gutes Zureden hilft, keine Vorhaltung, keine Drohung. Das DvD-Syndrom ist dann wie eine Sucht: Man kommt nicht davon los, auch wenn der/die Betroffene sieht und erlebt, wie es den Familienfrieden, die Arbeitszufriedenheit, die Leistungsbeurteilung, die Gesundheit und das Privatleben zerstört. Genau dafür gibt es die paradoxe Intervention:

Wenn du etwas total Vernünftiges von jemand total Unvernünftigem möchtest – erbitte das Gegenteil!

Der Gatte, Manager in einem mittelständischen Betrieb, ruft zum Beispiel um 18 Uhr zu Hause an und sagt: »Schatz, es wird heute leider wieder etwas später. Nur noch dieser eine Brief an unseren Firmenanwalt, versprochen!« Und anstatt sich berechtigterweise und wie üblich zu beschweren, sagt die Gattin heute: »Och, bleib ruhig noch etwas länger im Büro!«

Da sie eine taktisch versierte Gattin ist, hat sie Varianten/Ergänzungen in petto:

➤ »Wir kommen hier auch ganz gut ohne dich klar.«

➤ »Wir vermissen dich nicht.«

➤ »Vor 20 Uhr brauchst du nicht heimzukommen.«

➤ »Die Kinder und ich spielen gerade so schön miteinander – das stört dich doch bloß, also bleib ruhig im Büro.«

➤ »Ehrlich gesagt erwarten wir dich nicht in den nächsten zwei Stunden.«

➤ Oder, völlig übertrieben: »Wie? Du wolltest heute noch nach Hause kommen? Das kommt mir jetzt etwas ungelegen. Ich ging davon aus, dass du wieder auswärts übernachtest.«

Ich gebe zu: Das ist eine Intervention für Fortgeschrittene. Sie folgt dem Prinzip: You gotta be cruel to be kind. Manchmal muss man brutal sein, um jemandem zu helfen. Ich hätte diese Brutalo-Intervention nie von mir aus hier beschrieben. Doch die Managergattinnen, die sie anwenden, haben einen Riesenspaß damit und setzen sie häufig, zuverlässig und ohne (relevante) negative Nebenwirkung ein. Als ich einige der mit der Intervention »gemanagten« Manager und Managerinnen danach fragte, sagten diese:

➤ »Das hat mich schneller in einen frühen Feierabend gebracht als ihre übliche Jammerei, dass ich nie zu Hause bei ihr und den Kindern sei. Denn dieser Freibrief für spätes Nach-Hause-Kommen war völlig unerwartet.«

➤ »Erst dachte ich: Hat er ein Verhältnis? Ist seine Liebschaft gerade da, dass er mich nicht im Haus haben will?«

➤ »Sie spielt grad so schön mit den Kindern? Und ich reiß mir hier den Arsch auf? Erstens ist das ungerecht, und zweitens will ich doch auch etwas von den Kindern haben. Das war mir nach ihrer provokanten Aufforderung, doch im Büro zu bleiben, klarer, als wenn sie mir Vorwürfe gemacht hätte.«

Diese Intervention funktioniert auch prophylaktisch, bereits am Morgen eines Arbeitstages, zum Beispiel in der Form: »Schatz, lass dir heute Abend ruhig Zeit im Büro und komm so spät heim, wie du willst. Die Kinder und ich planen einen Spieleabend mit einem schönen Film, vielen lustigen Spielen und leckerem Essen. So was interessiert dich doch ohnehin nicht. Außerdem fragen die Kinder schon lange nicht mehr nach dir bei Familienabenden.« Rate mal, wer heute Abend pünktlich zum Essen kommt?

Erschieß den Hund nicht!

Dein Hund will dir einfach nicht die Zeitung oder die Pantoffeln apportieren? Dann erschießt du ihn ja auch nicht! Wie erziehst du ihn dann?

> **Chef-Hack 29: Catch them being good!**
>
> Beobachte wie ein Scharfschütze, ob dein Hund, dein Chef oder dein im Büro kampierender Beziehungspartner auch nur ein Prozent Besserung zeigen – und belohne diese kleine Besserung überproportional.

Als der Chef tatsächlich mal die Endabnahme eines Projektes hinkriegt, ohne zwanzig Minuten lang über angeblich »unzumutbare Zielverfehlungen« zu fluchen – er flucht nur siebzehn Minuten –, sagt ein Teammitglied zu ihm: »Heute waren Sie ja richtig nett und sachlich! Also, das motiviert uns doch, uns im nächsten Projekt noch mehr reinzuhängen!« Der Dumpfbackenchef, der bislang meinte, dass »Zusammenscheißen« ein Führungsinstrument sei, vernimmt das mit Verwunderung – und hält sich tatsächlich künftig etwas zurück beim Fluchen und Herumtoben. Das ist (psycho-)logisch, denn: What gets rewarded, gets done. Was belohnt wird, wird gemacht. Das ist kein Kalenderspruch, sondern das Wirkungsprinzip der positiven Verstärkung aus der operanten Konditionierung – eine der am besten erforschten und belegten wissenschaftlichen Methoden. Damit trainiert man übrigens die Seelöwen im Zirkus.

Auf diese Weise werden weltweit täglich auch DvDs kuriert: Kommt der DvD-Gatte statt wie üblich nicht um acht, sondern »schon« um Viertel vor acht nach Hause, dann loben ihn Gattin und Kinder, was das Zeug hält. Das wirkt, weil man sich Bestrafung zwar gedanklich entziehen kann (indem man die Ohren auf Durchzug schaltet), Belohnungen dagegen nur selten. Übernimmt die DvD-Kollegin nicht die ganze Dokumentation für ein Projekt – sondern »bloß« 90 Prozent –, dann belohnt sie der besorgte Kollege mit: »Du machst nicht wie üblich den ganzen Scheiß selbst? Wow, du wirst im Alter ja noch ganz vernünftig. Endlich denkst du auch mal an dich und an deine Gesundheit!«

Du musst übrigens nicht warten, bis das jemand zu dir sagt. Du kannst dir die positive Verstärkung, die Anerkennung für einen kleinen Schritt, das Lob für eine minimale Verbesserung auch selbst geben. Das nennt man Selfmanagement, innere Führung oder auch gesunden Menschenverstand.

Dazu fällt mir eine Anekdote über den früheren österreichischen Bundeskanzler Bruno Kreisky und den legendären bayerischen Ministerpräsidenten Franz Josef Strauß ein. In einer Laudatio für den Bundeskanzler anlässlich einer feierlichen Gala sparte der Ministerpräsident nicht mit Lob und Anerkennung für Kreisky, was einige Gäste der Zeremonie schon ein wenig übertrieben fanden. Der Bundeskanzler sagte jedoch in seiner Erwiderung auf die Laudatio: »Ich habe Ihre Rede sehr genossen, Herr Ministerpräsident! Ich möchte dazu zwei Feststellungen treffen. Erstens: Sie haben mit jedem Wort recht gehabt. Und zweitens: Sie glauben gar nicht, wie viel Lob ein Mensch verträgt.«

Du wirst fürs Warten bezahlt?

Henry muss seine Teilnahme am heutigen Meeting leider absagen, telefonisch: »Sorry, aber der Chef hat mich auf 10 Uhr einbestellt!«

»Äh, Henry, es ist inzwischen halb elf!«

»Ja, ich weiß, aber ich warte hier immer noch auf den Chef, er bespricht sich mit einem Lieferanten, das zieht sich hin.«

Dieser Chef lässt buchstäblich auf sich warten. Ständig. Und häufig lässt er eben Henry warten, der im Schnitt jeden Tag eine Stunde damit verbringt. Trotzdem wirft ihm der Chef ständig vor: »Das dauert alles viel zu lang! Können Sie nicht schneller?«

»Ich könnte. Wenn ich nicht ständig auf dich warten müsste!« Das denkt Henry. Er sagt es nicht. Lange nicht.

Bis ihm der Kragen platzt – was ich jedem Chefgeplagten sehr empfehlen möchte: Mach kaputt, was dich kaputt macht!

Als das Maß voll ist, tobt er sich nicht am Chef aus, weil das immer unklug ist. Nein, er macht es ganz sachlich. Er sagt: »Jetzt habe ich wieder eine Stunde auf Sie gewartet. Sie kennen sicher meinen kalkulatorischen Stundensatz (kennt er nicht, aber jetzt schlägt er ihn nach). Sie wissen auch, dass übers Jahr auf diese Weise eine fünfstellige Summe zusammenkommt (wusste er nicht, aber ist jetzt beeindruckt, was Sinn der Übung ist). Das sind unproduktive Kosten. Die Firma bezahlt mich praktisch fürs Sitzen, Warten und Däumchendrehen. Wenn das Controlling oder der Vorstand das mitkriegen, haben wir hier mächtig Ärger.« Der Chef reagiert daraufhin zwar unwirsch, reißt sich aber mit seinen Einbestellungen künftig am Riemen. Leider nicht oft genug.

Also macht Henry ihm einen »Vorschlag zur Güte: Ich sitze für Sie auf Abruf bereit. Aber ich sitze in meinem Büro – nicht in Ihrem Vorzimmer. Wenn Sie durch sind mit Ihrem Termin, dann rufen Sie kurz bei mir an – in zwei Minuten habe ich die Wegstrecke zwischen meinem und Ihrem Büro zurückgelegt.«

Wenn er ganz mutig ist, sagt Henry: »Chef, gerne, Sie wissen das. Ich versorge nur schnell unseren A-Kunden Müller mit einer Analyse, auf die er schon lange wartet. Dann bin ich sofort bei Ihnen. Also circa in zwanzig Minuten.« Wenn er eine gewichtige Arbeit anführt, ist der Chef immer damit einverstanden – er will ja nicht die eigene Firma sabotieren.

Die Mutter der Abteilung

Manchmal sagt man mir, dass ich den Menschen den einzigen Spaß bei der Arbeit wegnehmen will. Francesca zum Beispiel warf mir das vor.

Karl hat bald Geburtstag. Wer läuft mit dem Klingelbeutel durch die Abteilung? Francesca. Wer pflegt den Geburtstagskalender aller KollegInnen in der Abteilung? Francesca. Wer steht morgens um sieben beim Bäcker, um Schoko-Vanille-Plunder und Buttercroissants für die Geburtstagsfeier im Büro zu besorgen? Francesca.

Und so weiter. Francesca ist empört: »Ich bin doch nicht der Depp vom Dienst! Ich bin die gute Seele der Abteilung!« Stimmt. Habe ich nie bezweifelt. Kein Mensch würde das bezweifeln! Dass sie die Mutter der Abteilung ist, ist nicht das Problem. Dass sie wegen all dieser sozialen Dienste, die sie unentgeltlich leistet, dann oft abends bis acht arbeiten muss, um die verlorene Zeit wieder reinzuholen, während die derart gepamperten KollegInnen schon lange die Füße hochlegen und sich durchs TV-Programm zappen – das ist das Problem.

Wenn es denn eines wäre. Für viele ist es das. Sie sind innerlich zerrissen: Auf der einen Seite fühlt sich das Prädikat »Mutter/Vater der Abteilung« saugeil an. Auf der anderen Seite: Wer arbeitet schon gerne bis abends um acht? Francesca zum Beispiel. Sie ist Single, auf sie wartet zu Hause niemand – und selbst wenn: »Keine Beziehung könnte so lohnend sein, wie sich um eine große Abteilungsfamilie zu kümmern!«, sagt Francesca. Wo kein Problem ist, brauchen wir keines zu lösen.

Problematisch wird es immer nur dann, wenn man einerseits auf Privatleben nicht verzichten möchte, die Bemutterung/Bevaterung seiner KollegInnen andererseits aber nicht sein lassen oder nicht einschränken kann – weil sie zur Sucht geworden ist. Die amtliche Bezeichnung dafür lautet Kodependenz, Co-Abhängigkeit; das nur nebenbei. Viele Süchtige wollen ihre Sucht buchstäblich ums Verrecken nicht loslassen – genau das macht Süchte ja so schlimm. Wer nicht loslassen möchte, dem hilft eine Therapie. Wer loslassen möchte, aber das nicht schafft, dem kann ich helfen.

Chef-Hack 30: Wie gut ist das wirklich?

Sich für Chefs, KollegInnen und quengelnde Familienmitglieder auf-zuopfern, fühlt sich gut an. Aber das tut das siebte Pils auch – vorher. Nachher nicht mehr. Also frag dich: Das fühlt sich gut an – aber tut es mir auch gut?

Was sich gut anfühlt, muss uns nicht immer guttun. Das ist ein Lern-prozess, der bei vernünftigen, normalen Menschen ein ganzes Leben dauert. Wir alle können (und wollen?) lernen, auf Dinge zu verzichten, die sich zwar gut anfühlen, aber nicht gut für uns sind. Manchmal üben wir das in Seminaren:

➤ Den Feuerlöscher für fremde Projekte zu spielen und sich von den KollegInnen bejubeln zu lassen, obwohl das eigene Projekt leidet? Fühlt sich gut an? Ja. Ist es gut für dich und dein eigenes Projekt? Nein!

➤ Dem Chef fünf Minuten vor Feierabend noch eine Dreißig-Minu-ten-Aufgabe abzunehmen, obwohl das Date im Restaurant schon auf dich wartet – fühlt sich gut an? Ja. Ist es gut für dich? Und jetzt alle: nein!

Du kannst das auch alleine üben. Stell dir all die schönen Situationen vor, in denen du dich zum Depp machst/machen lässt:

Fühlt sich gut an?

Aber hallo!

Und ist gut für dich?

Du kennst die Antwort. Sag sie laut! So laut, dass du dich selbst damit überzeugst. Jedes Mal aufs Neue.

Du bist kein Depp!

Der Regelfall der Kommunikation ist das Missverständnis. Deshalb werde ich regelmäßig missverstanden, wenn ich über den DvD-Effekt spreche.

Tina zum Beispiel beklagte sich bei mir: »Ich arbeite gerne nach Feierabend und an Wochenenden! Denn nur dann kann ich ganz ungestört die besten Ideen entwickeln und die tollsten Konzepte aufstellen. Das macht mich doch nicht zum Deppen vom Dienst!« Nein, Tina. Das hat auch niemand behauptet.

Marcel meinte wütend: »Wenn ich beim Joggen eine gute Idee hab, dann setz ich mich zu Hause gleich ans Notebook und halte die fest. Deshalb bin ich doch nicht der Depp vom Dienst!« Ebenfalls richtig. Auch das behauptet niemand. Was ist der Unterschied?

Der Unterschied ist der zwischen extrinsischer und intrinsischer Motivation. Der Depp vom Dienst reißt sich ein Bein für Chef, KollegInnen, Kunden und Familie aus, hechelt deren Anerkennung hinterher – und wird mit Peanuts abgespeist (Sucht nach extrinsischer Motivation). Tina und Marcel dagegen belohnen sich für gute Ideen und Konzepte quasi selbst: intrinsische Motivation. Sie machen sich nicht abhängig vom Lob anderer, von dem ein Süchtiger nie genug bekommen kann.

Ein weiterer Unterschied ist: Tina und Marcel schädigen sich mit ihrem Verhalten nicht selbst. Der Depp vom Dienst dagegen schädigt sich selbst, weil er sich von extrinsischer Motivation abhängig macht, sich verausgabt und damit seine Gesundheit ruiniert, seine eigentliche Arbeit vernachlässigt oder schlicht sehr viel mehr reinsteckt, als er zurückbekommt. Die Extrameile für die Extrabelohnung hat noch keinem geschadet. Sich zum Deppen zu machen und zwanzig zurückzubekommen, wenn man hundert gibt – das schadet jedem und jeder.

Eine Selbstständige, die bisher berüchtigt dafür war, dass sie streng nach dem »Prinzip der Selbstausbeutung Selbstständiger« rund um die Uhr arbeitet, sagte mir: »Ich bremse mich jetzt ein wenig, arbeite nicht mehr so lange und so viel, weil ich noch mit achtzig arbeiten möchte. Es macht mir einfach so viel Spaß. Aber wenn ich mich jetzt zu Tode arbeite, erlebe ich das nicht mehr.« Ich beglückwünschte sie dazu, war aber neugierig: »Wie schaffst du das? Wie ich dich einschätze, bist du doch schwer arbeitssüchtig und hechelst jedem kleinen Auftrag hinterher!«

»Ja, eben deshalb habe ich mir einen munteren vierbeinigen Begleiter ins Haus geholt. Der will regelmäßig raus und möchte viel Auslauf – für ihn und für mich. Und habe wieder mit Klavierspielen angefangen, und mein Lehrer findet es gar nicht gut, wenn ich nicht regelmäßig übe.« Zwei prima Ideen. Seither ist sie nicht mehr der DvD für jeden, den der Hafer sticht.

Was ist das Gegenteil vom Depp?

Einfach: der Netzwerker, die Netzwerkerin. Wir haben den Gedanken bereits vorher kurz angespielt. Jetzt vertiefen wir ihn, weil er eine so überragende Erlösung vom Deppendasein darstellt.

In aller Bescheidenheit möchte ich ein Beispiel aus meinem eigenen Berufsleben anführen. Nicht um damit anzugeben (na gut, ein bisschen schon). Sondern um zu zeigen, dass ich selbst mache, was ich predige: Practice what you preach!

Ich erinnere mich zum Beispiel mit Grauen an jene Momente, in denen mir mein Vorgesetzter sagte: »Können Sie den Vertragsentwurf auf Fehler und Ungereimtheiten durchgehen?« »Vertragsentwurf« heißt ins Deutsche übersetzt: ein dicker Stapel Juristendeutsch, das kein Mensch versteht. Mehrere Stunden sind da locker schon mal futsch mit sämtlichen Recherchen und Expertenbefragungen.

Wann immer meine KollegInnen so eine Aufgabe traf, machten sie sich – und anfangs natürlich auch ich mich – zum Deppen:

➤ Wir gingen den Vertrag mühsam und schweißgebadet durch.

➤ Wir kotzten uns in der WhatsApp-Jammergruppe über den Deppenjob und den blöden Chef aus.

➤ Wir zögerten die Aufgabe hinaus, in der Hoffnung, dass der Kelch irgendwie an uns vorübergehe.

➤ Wir gingen es an, surften aber ständig im Internet, um uns von der Quälerei abzulenken.

Ja, alles nicht besonders intelligent. Aber schließlich machten wir uns auch zu Deppen, und die sind nicht intelligent. Inzwischen hacke ich auch das:

Chef-Hack 31: Wer kann das besser als ich?

Es gibt immer jemanden, der/die eine Aufgabe auch oder sogar besser oder flotter erledigen kann. Suche und finde ihn/sie, nimm sie alle in dein Netzwerk auf und pflege sie!

Damals fiel mir spontan Christine ein, die junge Kollegin aus der Rechtsabteilung. Die war immer ganz wild darauf zu zeigen, was sie juristisch so alles draufhat (heute hat sie es weit gebracht damit). Mein Vertragsentwurf war für sie keine lästige Zusatzaufgabe, sondern: »Was für ein schönes Spielzeug! Komm, den stell ich auf den Kopf und schüttle ihn so lange, bis ihm die falschen Fuffziger aus den Hostentaschen fallen!«

»Danke, Christine, du rettest mir das Leben. Du hast was gut bei mir!«

Das hat immer funktioniert und funktioniert, mit anderen KollegInnen und Chefs, auch heute noch. Warum? Worauf tippst du? Was ist das Geheimnis erfolgreichen Networkings? Nein, nicht die richtigen Leute zu finden. Das schafft (fast) jeder. Aber warum hat mir Christine nie etwas abgesagt? Weil ich sie immer mit »Spielzeug« und nie mit Langweilern versorgte. Das ist das eherne Organisationsprinzip, das heute leider kaum jemand mehr kennt: die richtige Aufgabe für den richtigen Menschen.

Vieles, was man mir aufbürdete, war einfach nur eine Last für mich. Ich schaute mich um: Für mich ist das eine Last – für wen nicht? Für wen ist das eine lustige oder interessante oder unterhaltsame oder abwechslungsreiche oder herausfordernde Aufgabe? Der/die kriegt sie! Und glaub mir: Jede lästige Aufgabe für dich ist eine interessante Aufgabe für jemand anderen. Du musst ihn/sie nur finden. Und dann pflegen. »Pflege« bedeutet:

> Sei ehrlich! Ich hab Christine nie irgendwelchen Mist als »total interessant« verkauft. Das ist plump und geht nach hinten los.

> Ich habe Christine immer Feedback gegeben, zum Beispiel: »Der Vorstand ist von der Vertragsprüfung total begeistert! Er sagte, dass wir damit bares Geld sparen.« Deine HelferInnen, deine Netzwerkmitglieder wollen wissen, was ihr Input bewirkt, Gutes gebracht hat.

> Du solltest alle Termine und Ergebnisse deines Netzwerks koordinieren und immer schön den Überblick wahren. Ob mit Netzplan,

Orgachart oder reinem Organisationstalent, ist egal. Aber du solltest zu jedem Zeitpunkt wissen, wer was gerade bis wann und mit welchem Ergebnis für dich macht.

➤ Auch ganz wichtig: Promote deine Leute! Der Chef oder der Kunde sollten wissen, wer welche (deiner) Aufgaben so toll für sie erledigt hat. Erstens ist das ehrlich, offen und transparent, und zweitens kriegen das die Erwähnten ja auch mit – und werden dadurch immens motiviert. Solche Erwähnungen sind eines der wirksamsten Motivationsmittel.

Und noch ein Pflegepunkt, ganz wichtig: Halt dein Netzwerk bei Laune und bei der Stange. In schlechten Netzwerken sagen die »HelferInnen« oft: »Am Ende muss ich noch für ihn/sie den Kaffee holen, wenn er mir weiter so viel aufhalst!« Solche Netzwerkmitglieder springen bald ab oder liefern minderwertige Ergebnisse. Ich habe den Spieß immer umgedreht: Zur Not hole ich meinen HelferInnen auch den Kaffee an den Schreibtisch, wenn sie sich für mich gerade reinhängen. Ich frage auch regelmäßig: »Was brauchst du, damit du das sauber erledigen kannst?« Hilf deinen Helfern, dann helfen sie dir! Für Christine mal eben Kaffee zu kochen, während sie »meinen« Vertragsentwurf prüft – das ist ein echt guter Deal!

Manchmal höre ich, dass meine Chef-Hacks nur was für ManagerInnen seien, denn nur die können delegieren und netzwerken. Das ist Unfug. Ich wage sogar zu behaupten, dass die Menschen auf der operativen Ebene oft besser netzwerken können als viele ManagerInnen. Da ist zum Beispiel ein Lagerarbeiter in einem Großhandelslager für Baubedarf, der praktisch nicht mehr im Lager arbeitet. Wenn es Artikellisten ins komplizierte System einzugeben gilt, dann gibt er das Ruth, die nichts lieber macht, als am Terminal mit dem Keyboard zu klackern. Falls dabei ihre Arbeit, das Bestücken von Sonderbestellungen, liegenbleibt, übergibt er sie jenem Kollegen, der nie genug kriegt von Sonderbestellungen, weil die so abwechslungsreich sind.

Inzwischen hat dieser »ganz normale« Arbeiter für fast alle Aufgaben »seine Leute«. Aber keiner nennt ihn »den Paten«. Denn alle sind hochzufrieden mit ihm. Es ist eine Win-win-Situation: Alle bekommen von ihm jene Arbeiten, die sie besonders gerne machen. Er ist praktisch der große Distributor und Organisator im Lager. Selbst der Lagerleiter weiß das zu würdigen: »Unsere Effizienz ist um 27 Prozent raufgegangen, seit der Kollege das macht.«

Ein (funktionierendes) Netzwerk ist die effizienteste und effektivste Organisationsart, die es gibt. Warum netzwerken dann nicht längst alle?

Die üblichen Ausreden

Der Stein der Weisen wurde längst entdeckt. Warum arbeiten dann nicht alle Menschen längst damit? Weil viele sagen: »Bäh, mit so einem dreckigen Stein arbeite ich doch nicht!« Menschen sind unheimlich erfinderisch dabei, sich in misslichen Lagen festzusetzen. Wenn ich über das kollegiale Netzwerk rede, dann höre ich oft die DvD-Einwände:

DvD-Einwand	Gesunder Menschenverstand
»Aber einem Kollegen darf ich doch nichts delegieren!«	Äh, hallo? Dass du dich ständig zum Depp machen lässt, ist doch auch nichts anderes als eine kollegiale Delegation. Außerdem: Wo steht, dass du nicht kollegial delegieren darfst? Im Grundgesetz? In deinem Arbeitsvertrag? Es steht nirgends!
»Wenn ich es selbst mache, geht's schneller. Bis ich ihm das erklärt habe – das dauert mir einfach zu lange!«	Du sollst dir ja auch keinen Kollegen aussuchen, dem du das ABC beibringen musst. Such dir einen aus, der die Aufgabe gleich gut oder besser und schneller bewältigen kann als du.
»Wer soll mir dabei schon helfen können?«	Lass mich raten: Du bist introvertiert? Dann komm raus aus deinem Schneckenhaus! Deine Firma, ja deine eigene Abteilung ist voll mit hochtalentierten Leuten. Lern sie und ihre Talente endlich kennen!
»Am Ende bin ich doch selbst dafür verantwortlich. Also mache ich es lieber gleich selbst.«	Noch einmal: Du sollst natürlich keine verantwortungslosen Hallodris wählen, sondern zuverlässige, kompetente und interessierte Menschen, denen du vertraust.

Und jetzt du!

Die Rebellion der Deppen gelingt nicht über Nacht. Niemand wacht morgens auf und lässt sich fortan nie wieder ausnutzen. Radfahren, Federballspielen oder jede andere Fähigkeit hast du ja auch nicht durch göttliche Eingebung erworben. Du hast das geübt und trainiert, bis du es konntest. Das ist wie im Sportverein, im Fitnessstudio oder in der Bundesliga: Wer trainiert, gewinnt. Wer übt, wird belohnt. Hier schon mal zwei Übungen. Notier deine Antwort in Stichworten dazu, wenn du möchtest:

Der Chef gibt dir eine Aufgabe: wahnsinnig zeitaufwändig, nervtötend und langweilig. Was machst du?

Eine Kollegin möchte was von dir. Du bist immens geschmeichelt, dass sie dich braucht, hast aber gerade genug mit deinem eigenen Kram zu tun. Was sagst du?

Solche Übungen auf dem Papier sind wichtig. Wichtiger sind die Übungen im wirklichen Leben: Übe smart! Also nicht gleich mit dem Chef und der dicksten Aufgabe beginnen. Sondern?

> **Chef-Hack 32: Fang mit der kleinstmöglichen Aufgabe an!**
>
> Trainiere deine Abgrenzungsfähigkeit zuerst an der kleinsten denkbaren Aufgabe! Und steigere dich langsam! Wenn es nicht klappt: noch kleiner, noch langsamer.

Diesen Fehler machen wirklich alle, die sich zum Deppen machen lassen: Sie fangen zu groß an. Sie denken: Ich muss sofort damit aufhören! Nur der Big Change ist der echte Change! Das wollen uns die Gurus und Ratgeber auch einreden. Dabei wusste schon Aristoteles: Die Natur macht keine Sprünge. Auch die menschliche Natur nicht. Kleine Schritte sind besser als keine Schritte. Small is beautiful – und effektiv.

Angelika hat zum Beispiel mit einem winzigen USB-Stick angefangen. Ohne Witz. Als sie ins Büromateriallager ging, sagte der Kollege: »Oh, bring mir doch rasch auch einen neuen Stick mit!« Erst erschrak Angelika, weil sie fühlte: Gleich mach ich mich wieder zum Depp und tue etwas, was ich eigentlich nicht möchte und was der liebe Kollege gut und gerne auch selbst tun könnte, der faule Kerl, der mir noch nie was aus dem Lager mitgebracht hat!

Also lächelte sie den Kollegen freundlich an und sagte: »Sorry, die Sticks liegen ganz hinten, ich brauch was von ganz vorne und bin fürchterlich in Eile! Das nächste Mal gerne wieder!« Das war Mumpitz. Angelika war nicht pressiert. Sie wollte lediglich am kleinstmöglichen Beispiel üben, wie man sich nicht länger zum Deppen macht, wie man »Nein« sagt, ohne dafür bestraft zu werden. Sie war total erstaunt, erfreut und bestätigt, als der Kollege sagte: »Kein Problem! Ist auch nicht so dringend. Kann ich nachher selbst machen.« Na also. Und was Angelika schafft, schaffst du auch.

»Wie schön, dass bald Wochenende ist!
Dann kann ich endlich in Ruhe arbeiten.«

Tanja S., Mitarbeiterin im Zentrallager eines Discounters

4. Die Papa-Revolte (auch für Mamas)

Wer ist hier der Arsch?

Beate hat einen üblen Chef, sagt ihr Verlobter: »Mindestens zweimal die Woche muss sie abends länger arbeiten. Und manchmal sogar samstags!« Was für ein gemeiner Chef und Sklaventreiber! Zufällig kenne ich den Sklaventreiber und frage ihn bei Gelegenheit: »Sag mal, seit wann hat Beate eine derart verantwortungsvolle Position, dass sie zweimal die Woche abends und manchmal auch samstags arbeiten muss?« Der »Sklaventreiber« grinst über beide Ohren und sagt: »Seit sie mich angefleht hat: ›Bitte schicken Sie mich nicht nach Hause, wenn mein Verlobter mit seiner Band bei uns im Keller probt! Den Krach hält kein Mensch aus!‹«

Ihr Chef ist natürlich damit einverstanden und behält sie an den entsprechenden Tagen im Büro, wo es schön ruhig ist und keine bierdosenschlürfenden Vokuhila-Proleten damit prahlen, in grauer Vorzeit fast mal Vorgruppe der Scorpions gewesen zu sein. Auch außerhalb der Bandproben sucht Beate im Büro Schutz und Ruhe, wenn ihr die traute Zweisamkeit daheim zu viel wird oder wenn ihre bessere Hälfte mal wieder auf Sauftour mit den Kumpels ist und ihr daheim bloß die Decke auf den Kopf fallen würde. Sie könnte auch zum Sport oder zum Mädelsabend gehen, aber Beate geht lieber ins Büro, denn sie liebt ihre Arbeit und ist gut darin.

Wenn sich Verlobter, Freundinnen und Familie dann aber gelegentlich über Beates Chef beklagen und dass Beate »so viel arbeiten muss«, widerspricht sie natürlich nicht und lästert nolens volens mit über den Chef, damit sie nicht zugeben muss: »Es ist nicht mein Chef! Ich flüchte bloß vor meinem Verlobten!« Beates Chef ist nicht der Arsch, sondern der Sündenbock. Beate ist kein Einzelfall. Oder kennst du jemanden, der offen zugibt, dass er nur so viel und so gerne arbeitet, weil er oder sie vor der eigenen Familie oder Partnerschaft flüchtet? Das Problem ist weit verbreitet. Vor allem bei Vätern.

Papas Flucht ins Büro

Vor gut zehn Jahren traf ich in einer Afterwork-Bar eine frustrierte Soziologin. Damals sprach die Fachwelt enthusiastisch von den »neuen Vätern«: familienfreundlich, kinderlieb, stark im Haushalt engagiert. Die Soziologin untersuchte den medial gehypten neuen Trend, wollte ihn mit Zahlen belegen: »Sobald Kinder kommen, bleibt der moderne neue Mann länger zu Hause und hilft mit!« Deshalb saß sie frustriert in der Bar.

Denn ihre explorativen Befunde sagten das Gegenteil: Nach dem ersten Kind arbeiten (damals befragte und erhobene) Männer im Schnitt nicht weniger, um mit dem Kind und im Haushalt zu helfen. Sie arbeiten mehr. Und nach dem zweiten noch mehr. Nach dem Grund gefragt, sagen viele: »Wir brauchen das Geld jetzt! Wir brauchen mehr als vorher, also muss ich auch mehr arbeiten! Außerdem arbeitet sie ja jetzt nicht mehr – den Lohnausfall muss ich kompensieren.« Ich schaute die Soziologin damals wie Spock mit hochgezogener Augenbraue an. Ich bin auch Vater und habe einen eingebauten Bullshit-Detektor: »Und was ist der wahre Grund, weshalb Väter mehr statt weniger arbeiten?« Sie bestellte noch einen Caipirinha.

An dieser Stelle stößt die Soziologie an ihre Grenzen. Weiter bringt uns Franz, der für viele steht und ebenfalls nach Feierabend bei einem gepflegten Glas Roten erzählt: »Gestern wieder. Ich komme hundemüde von der Arbeit heim. Es war ein Scheißtag! Erst springt mir der Programmierer für ein Vorstandsprojekt ab und geht zur Konkurrenz.

Dann meldet ein A-Kunde einen mordsmäßigen Fehler bei der letzten Lieferung. Der Geschäftsführer hat mich gefühlt eine halbe Stunde angebrüllt.«

Als er heimkommt, will er bloß noch unter die Dusche und sich mit einer Tüte Chips vor den Fernseher setzen. Und ganz viel Ruhe! Kriegt er aber nicht. Kaum biegt er in die Hauseinfahrt, stürzen ihm seine beiden Buben, drei und sieben Jahre alt, entgegen und nehmen ihn in Beschlag. Er schafft es fast nicht bis zur Haustür, so zerren sie an ihm, während sie ihm mit voller Lautstärke und im Stakkatotempo von ihren Abenteuern des Tages erzählen. Die Gattin gibt ihm ein Küsschen und sagt: »Bist heute aber wieder spät dran. Zieh dich schnell um, damit du das Fahrrad vom Michi reparieren kannst. Danach gibt es gleich Abendbrot. Heute kommen übrigens noch die Bertrams vorbei. Die wollen sich unseren Kachelofen ansehen, weil die vielleicht auch einen wollen.« Leidest du mit?

Ich kenne keinen arbeitenden Vater und keine berufstätige Mutter, die das nicht täten. Die Flucht ins Büro ist keine Fahnenflucht, sondern Notwehr.

Aus Notwehr zur Arbeit

Kein Wunder, dass Franz regelmäßig sagt: »Schatz, ich komme mit der Arbeit einfach nicht mehr nach. Ich werde jetzt wohl oder übel einen Samstag einschieben müssen, um alles abzuarbeiten.« Oder er ruft nachmittags zu Hause an und sagt: »Schatz, es wird heute wieder etwas später!« Nicht wegen der Arbeit. Sondern weil er das Zusammentreffen mit seinen familiären Stressfaktoren noch etwas hinauszögern will, Kräfte sammeln möchte, sich unbewusst vor dem drohenden Grauen drückt. Ich weiß, das darf man nicht sagen, weil Familie heilig ist. Ich sage es trotzdem. Und ich habe Familie. Franz auch. Deshalb sagt er mindestens zweimal die Woche: »Schatz, heute wird es wieder etwas später.«

Das ist das, was er sagt. Dass er eine Auszeit vom Familienstress braucht, kann er ja nicht sagen. Wenn er das auch nur andeutete, würde jede normale, vernünftige Gattin an die Decke gehen: »Und was ist mit meiner Auszeit? Wann darf ich mich mal erholen?« Diesen Tobsuchtsanfall riskiert kein Gatte. Lieber kommt er mit besagten Ausreden. Und was macht das Heer der ins Büro Flüchtenden dann an den Wochenenden bei der Arbeit? Etwa arbeiten? Ja, das auch. Aber vor allem:

> Er brüht sich einen Espresso und schlägt die *FAZ*, die *SZ*, die *Zeit* oder die *Welt* auf. Geht daheim ja nicht, denn zuerst muss der Hund Gassi geführt werden, und danach folgt das gemeinsame Frühstück mit der Familie. Ohne Zeitung.

> Sie erledigt ihre Online-Bestellungen: »Nicht mal dafür hat man ja zu Hause seine Ruhe!«

> Er macht die Vereinsbuchhaltung. Geht daheim ebenfalls nicht, weil die Partnerin ihm dann vorwerfen würde: »Hab ich dir nicht gesagt, dass du das nicht auch noch übernehmen sollst? Für uns hast du wohl gar keine Zeit mehr!«

> Sie surft mit dem TripAdvisor (nein, ich bin kein Influencer, der dafür bezahlt wird) und träumt von Hawaii, dem Nordkap oder einer Trekkingtour durch Nepal. Das traut sie sich zu Hause nicht, denn: »Solange wir die Hypothek nicht abbezahlt haben und die Kinder nicht aus dem Gröbsten heraus sind, ist das einfach nicht drin!«

> Sie alle legen dann auch die Füße hoch und schauen gedankenverloren an die Decke oder zum Fenster raus. Entspannung pur! Selige Ruhe. Kriegt man daheim ja auch nicht …

»Flucht ins Büro aus Notwehr« hört sich etwas dramatisch an. Wenn ich mit Flüchtenden rede, ist das auch oft recht dramatisch. Ausgerechnet eine junge Mutter sagte mir: »Wenn ich nicht ab und zu in den Betrieb flüchten würde, hätte ich schon drei Burnouts gehabt. Familie kann manchmal so anstrengend sein!« Wer bei gesundem Verstand (und mit Familienerfahrung) würde ihr widersprechen wollen?

Meist sind die Fluchtursachen jedoch weitaus weniger dramatisch. Mancher, der in die Arbeit flüchtet, arbeitet tatsächlich lieber in der Firma, als dass er/sie daheim den Rasen mäht, das Auto wäscht, die Kinder zum Musikunterricht und zum Sport fährt oder mit dem Partner einkaufen geht. Es gibt viele Gründe, warum Arbeit besser ist als Privatleben, zumindest besser als die unliebsamen Elemente des Privatlebens.

Ist das ein Problem?

Dass Partner vor der Partnerschaft oder der Familie in die Firma flüchten, halten viele für Hochverrat und Fahnenflucht und würden es am liebsten mit Standgericht ahnden. Manchmal übersehen wir dabei: Die meisten Flüchtenden fliehen nicht, um Partner und Familie in feiger Absicht im Stich zu lassen, sondern um auf wenig faire oder partnerschaftliche, aber durchaus verständliche und menschliche Art und Weise die nackte Haut ihrer seelischen und gesundheitlichen Existenz zu retten.

Oder wie eine erschöpfte berufstätige Mutter einmal sagte: »Das ist keine Flucht vor den Kindern! Das ist meine Work-Life-Balance! Zu Hause habe ich ja keine ruhige Minute. Nur im Büro kann ich mich erholen und auch mal mit Erwachsenen reden und arbeiten.« In vielen Fällen ist das kein Problem, weil Partner oder Familie das akzeptieren: »Ich bin froh, wenn er sich samstags im Büro austobt. Das ist immer noch besser, als wenn er uns allen zu Hause mit mieser Laune auf die Nerven geht.«

So schön diese unproblematischen Fälle sind: Für uns sind sie uninteressant. Wir wollen uns den Problemfällen widmen – und sie lösen.

Fluchtursachen

Vielleicht kamen Partnerschaft und Familie gerade eben zu schlecht weg. Denn natürlich sind sie nicht die alleinigen Fluchtursachen. Wenn ich mich mit Menschen unterhalte, die auffällig viel arbeiten (und dafür den Chef beschuldigen oder auch nicht), stellen sich nach einigen Minuten vertrauensvollen Gesprächs oft die wahren Gründe heraus:

➤ Laute Nachbarn.

➤ Straßenlärm.

➤ Eine dunkle oder zu kleine Wohnung.

➤ Kein lieber Mensch, der zu Hause auf einen wartet. Meist sind die Kinder schon aus dem Haus, und der Partner ist einmal die Woche beim Fußball/Yoga, mit den Kumpels/Mädels unterwegs oder macht selbst Überstunden. Also wozu sich schon um 17 Uhr in die Feierabenddepression begeben?

Viele Verkäufer, Servicemitarbeiter, Monteure, Ingenieure, Marktforscher und Techniker (plus jeweils ihre Kolleginnen) lassen sich auch gerne mehr als eigentlich nötig oder üblich zu Dienst- und Auslandsreisen einteilen. Die Frauen meist, weil sie einen äußerst häuslichen Partner haben, der ihre Reisebedürfnisse nicht befriedigen kann. Die Männer oft, weil sie dann abends noch gemütlich an der Hotelbar ein Pils (oder drei) zischen können: »Geht zu Hause nicht. Nach ihrem Verständnis ist man schon mit einem Feierabendbier ein Alkoholiker.«

Paradoxerweise machen etliche Menschen auch deshalb so viele Überstunden (und schieben die Schuld dem Chef in die Schuhe), weil der Partner zu Hause sich über die vielen Überstunden beklagt:

»Nie hast du Zeit für mich/uns! Bei dir dreht sich immer alles nur um die Arbeit! Wir sind dir egal!«

»Aber ich mach das alles doch nur für euch! Für die Hypothek auf dem Haus, unseren Urlaub in Kalifornien, die Skiausrüstung für die Kinder, den neuen Van!«

»Eigentlich brauchen wir keinen neuen Van.«

»Aber du sagst doch immer, dass der Familienwagen viel zu klein ist!«

Solche Diskussionen gewinnt niemand. Solche Diskussionen produzieren nur Verlierer. Weil es Pseudodiskussionen sind. Weil niemand die Wahrheit anspricht. Wenn ich unter vier Augen mit Diskutanten rede, kommt meist der wahre Grund für die Flucht in die Arbeit ans Licht:

➤ »Bei der Arbeit kann ich was bewirken, die Dinge voranbringen! Zu Hause dreht sich alles immer nur im Kreis. Das ist einfach frustrierend. Deshalb fühle ich mich bei der Arbeit wohler als daheim.«

➤ »In der Firma sind wir ein eingespieltes Team, das schnurrt wie ein Schweizer Uhrwerk. Mit den Amateuren zu Hause komme ich nicht zurecht.«

➤ »Ja, ich wollte eine Familie, wollte Kinder. Aber mich 24/7 um die Kleinen kümmern? Die Arbeit in der Firma ist viel interessanter.« (Das sagte mir eine Managerin und Mutter von zwei Kindern. Tagsüber sind sie bei den Großeltern, abends macht der Papa Abendessen und bringt sie ins Bett.)

➤ »Ich ertrage diese stundenlangen Familiendiskussionen nicht. Wenn wir bei der Arbeit reden, dann geht das: Wer macht was bis wann womit mit welchem Ziel? Das hat Hand und Fuß. Dass vier Leute am Abendbrottisch eine halbe Stunde ergebnislos darüber diskutieren, ob das Kind vor dem Fußballtraining erst alle Hausaufgaben erledigen muss, kann ich nicht verstehen. Das erspare ich mir lieber.«

Ich weiß, es ist politisch nicht korrekt, das hinzuschreiben, was viele Büroflüchtlinge denken und sagen, aber eine gute, schöne, produktive, lohnende Arbeit erscheint vielen Menschen attraktiver als viele konstituierende Elemente des Beziehungs- oder Familienlebens. Doch eben weil das politisch nicht korrekt und damit tabuisiert ist, spricht das natürlich keine(r) offen aus. Und auch hier grassiert die Diskriminierung: Männer geben es nach dem zweiten Bier oft bedrückt, aber offen zu – und ernten von den Kollegen tröstende und anerkennende Schulterklapse. Wenn eine Frau das zugibt, was in vielen Fällen allen KollegInnen längst offensichtlich ist, gilt sie dagegen als »Rabenmutter«. Voll bescheuert. Warum darf eine Mutter nicht aussprechen, dass Familie oft sehr viel anstrengender und frustrierender ist als die Arbeit in der Firma?

Das ist eine rhetorische Frage. Sie löst das Problem nicht. Das tun wir jetzt.

Schöner leben! Kampf den Fluchtursachen

Viele Menschen flüchten in die Arbeit, weil es zu Hause aus vielerlei Gründen manchmal, oft oder überwiegend weniger schön ist. Das ist die eine Lösung. Die andere liegt auf der Hand: schöner wohnen!

Wer es daheim richtig schön hat, der flüchtet seltener ins Büro oder in die Sonderschicht. Manchmal passiert das ganz unbewusst: »Warum erreiche ich dich neuerdings schon um halb sechs zu Hause? Früher warst du doch oft bis um sieben bei der Arbeit!«

»Stimmt, ist mir gar nicht aufgefallen. Muss am Umzug liegen. In der neuen Wohnung bin ich einfach viel lieber als in der alten. Hier lässt sich's aushalten!«

Was vielen unbewusst »passiert«, könntest du auch ganz bewusst herbeiführen:

➤ Mach's dir zu Hause richtig schön – oder interessant, aufregend. Was immer dir bislang daheim fehlte.

➤ Ein Haustier ist ein schöner Grund, zeitig Feierabend zu machen. Es gibt für jeden Menschen ein Tier, das zu ihm passt.

➤ Kinder paradoxerweise auch: Der Grund, weshalb viele ins Büro flüchten, ist gleichzeitig für viele andere der Grund, bei der Arbeit kürzer zu treten.

➤ Manchmal erzielt dieselbe Wirkung der Beitritt zu einer rührigen Sport- oder anderen Freizeitgruppe, die nach Dienstschluss so viel und so oft Umtrieb macht, dass man endlich in den Genuss eines erfüllten Privatlebens kommt.

Praktisch alle Gründe, die dich von zu Hause in die Arbeit flüchten lassen, können eliminiert oder zumindest stark reduziert werden. Auch und gerade das Familienleben. Nein, ich schlage nicht vor, dass du dich scheiden lässt und das Sorgerecht zurückgibst. Ich denke da eher an Family Management.

Family Management

Wem es zu Hause stinkt, der flüchtet oft in die Arbeit. Wenn ich das einem Menschen auf den Kopf zu sage, höre ich oft: »Du würdest das an meiner Stelle ebenso machen. Jeder würde das so machen! Wenn du wüsstest, wie es bei mir zu Hause manchmal zugeht!« Was soll man gegen diesen Einwand vorbringen?

Ich war lange Zeit etwas ratlos, weil in solchen Fällen kein Argument wirklich zu überzeugen wusste. Pikanterweise brachte mich die Geschäftsführerin eines kleinen Mittelständlers weiter. Als ich sie mal wieder lange nach Feierabend im Büro erreichte und das Stichwort »Flucht ins Büro« fallenließ, lachte sie gequält und sagte: »Wenn du wüsstest, was bei uns zu Hause gerade wieder abgeht! Die Kleine ist fernsehsüchtig und kriegt Tobsuchtsanfälle, wenn wir die Glotze ausschalten. Der Große ist in der Pubertät und nur noch schwierig, der Hund zerbeißt alle Polstermöbel, und im Bad ist die Dusche defekt. Es geht bei uns derzeit zu wie damals in diesem total chaotischen Frankreich-Projekt der Firma.«

»Hm, wie ich mich erinnere, hast du das Frankreich-Chaos aber toll gemanagt. Glaubst du, du könntest deine Familie genauso zum Turnaround managen?«

»Ehrlich gesagt – ich bin noch nie auf die Idee gekommen. Kann man, darf man Familien managen? Ist das überhaupt gut?«

»Jedenfalls besser, als vor dem Chaos zu kapitulieren und ins Büro zu flüchten, wie du es derzeit tust. Etwas machen ist immer besser als nichts machen. Das kennst du doch von der Arbeit! Wer eine Abteilung managen kann, kann auch eine Familie managen.«

Seither habe ich festgestellt: Dieses Argument überzeugt Flüchtende am besten. Und es funktioniert auch dann, wenn du kein Manager, keine Managerin bist. Neulich erzählte mir eine Mutter stolz, dass sie ihre Familie inzwischen wie die Ablage im Büro behandelt. Ich habe bis heute nicht verstanden, wie das konkret funktioniert, aber ich sehe: Das Chaos in ihrer Familie ist so gut wie weg. Sie hat wirklich Ordnung reingebracht – eben wie in ihre Ablage auch. Seither flüchtet sie nur noch halb so oft in die Firma. Weil zu Hause jetzt auch (fast) alles »schön ordentlich« abläuft.

Ein CNC-Fräser, der früher jede Sonderschicht mitnahm, die der Chef ihm anbot, hat das »Familienproblem« ebenfalls gelöst. Er hat sich im Keller einen Hobbyraum eingerichtet. Darin verschwindet er nun regelmäßig, wenn die Familie ihm zu laut, zu hektisch oder zu viel wird.

Immer für zwanzig, dreißig Minuten. Das ist für alle besser, als wenn er überhaupt nicht nach Hause kommt.

Eine Verkäuferin im Einzelhandel (Schuhe - sehr anstrengend, das ständige Bücken und Knien) hat mit ihrem Mann und den Kindern vereinbart: »Wenn ich nach Hause komme, kriege ich entweder von dir (der Mann ist gemeint) eine halbe Stunde Fußmassage, oder ihr (die Kinder) deckt den Tisch und bereitet das Abendbrot vor, oder ich lege mich eine halbe Stunde ungestört auf die Couch – ihr dürft jeden Abend frei wählen.« Nach einer Anlaufzeit von zwei Wochen funktioniert das heute tadellos. Sie kriegt im Schnitt an zwei Abenden die Massage und an dreien das Tischlein-deck-dich. Ganz selten muss sie auf der Couch Zuflucht nehmen. Und alle sind's zufrieden. Das ist Family Management.

Andere lösen es anders: Weil sie zu Hause eben nicht ihre halbe Stunde Erholungszeit nach Feierabend bekommen, kehren sie nach der Arbeit nicht direkt dorthin zurück, sondern holen sich ihre Entspannung zwischen Arbeit und Heim mit einem Spaziergang, gehen ins Fitnessstudio oder in die Kneipe am Eck.

An dieser Stelle wandte eine Grafikdesignerin ein: »Das ist ja alles schön und gut – aber mein Fluchtgrund lässt sich nicht beseitigen: Ich zoffe mich in letzter Zeit ständig mit meinem Partner. Da bleibe ich abends lieber in der Agentur.« Verlassen will sie ihn nicht (er sie auch nicht). Trotzdem haben sie das Problem mittlerweile gelöst. Nein, nicht mit der naheliegenden Paartherapie. Sondern mit der kleineren Intervention: Sie besuchten zuerst ein Kommunikationsseminar, dann einen Konfliktbewältigungsworkshop und lassen sich inzwischen einmal im Monat von einem Couples' Coach coachen. Und jetzt kommt der große Haken:

Alle Lösungen für die häuslichen Fluchtursachen machen mehr Arbeit, als spontan und einfach die Flucht zu ergreifen. Dafür lohnen sich diese Lösungen auch sehr viel mehr als die bloße Flucht. Du hast die Wahl. Es lohnt sich, klug zu wählen. Denn als Lohn der Wahl winkt unter anderem: Arbeit von zu Hause aus!

Home Office

Wir halten unsere Exkursion ins Home Office im Folgenden betont kurz. Denn jeder Maler, Schreiner, Maurer, Handwerker, Kfz-Mechaniker, Installateur, Elektriker, Fabrikarbeiter, Verkäufer im Einzelhandel und ihre Kolleginnen werden sich an die Stirn tippen: »Home Office? Geht bei mir nicht!« Warum wir hier trotzdem darüber reden, hat einen gewichtigen Grund:

Wer seine Flucht in die Arbeit erfolgreich bekämpft, es sich zu Hause schön macht und die Familie gut »managt«, dem gefällt es so gut zu Hause, dass über kurz oder lang Home Office die logische Konsequenz ist. Ich sage das aus Erfahrung.

Natürlich kam das bei mir nicht über Nacht. Auch ich musste wochenlang predigen: »Wenn ich ins Arbeitszimmer verschwinde, möchte ich bitte nicht gestört werden. Dann ist mir spontan was eingefallen, das ich für die Firma gebrauchen kann. Ich brauche auch nicht lange, eine halbe Stunde oder so. Auf jeden Fall besser, als wenn ich bis nach acht im Büro arbeite!« Irgendwann hatten alle die Regelung verstanden und hielten sie ein. Sogar die Enkel.

Wenn sie uns überraschend besuchen und nach mir fragen und meine Frau aufs Arbeitszimmer verweist, dann spielen sie erst mal mit ihr oder unter sich, weil sie wissen: a) Opa will nicht gestört werden, und b) Opa kommt ja bald wieder raus und spielt dann mit uns. Weil das so gut und immer besser klappte, dachte ich mir irgendwann: »Dann kannst du ja gleich im Home Office arbeiten!« Gesagt, getan.

Inzwischen berichten mir etliche, die sich ebenfalls ein Home Office eingerichtet haben: »Wenn die Tür des Arbeitszimmers zu ist, stört mich von der Familie wirklich keiner mehr. Die halten sich daran – viel besser jedenfalls als die KollegInnen und Vorgesetzten in der Firma. Selbst wenn ich da mein ›Bitte nicht stören!‹-Schild an die Tür hefte – ständig kommt jemand rein und sagt: ›Ich stör dich auch nicht lange, aber … ‹«

Ich kenne kaum jemanden, auf den »Arbeiten von zu Hause aus« keinen hohen Reiz ausüben würde. Viele würden schon wollen, aber: »Mein Chef will nicht!«

»Mein Chef will nicht!«

Da wir uns hier im Reservat für schwierige Chefs bewegen: Kein problematischer Chef schreit »Hurra!«, wenn du ihm Home Office vorschlägst. Deshalb:

> **Chef-Hack 33: So lange wiederholen, bis Erfolg eintritt!**
>
> Schwache Chefs sagen oft erst einmal: »Nein!« – egal, womit du kommst. Frag dann so oft nach, bis bei ihm/ihr der Groschen fällt.

Wie das Sprichwort sagt: Steter Tropfen ... Natürlich solltest du nicht immer mit derselben alten Leier kommen. David hat das schön variiert:

➤ Erst hat er seinem Vorgesetzten an konkreten Aufgaben und Arbeitsprozessen vorgerechnet, dass er zu Hause oft in halber Zeit schafft, was bei der Arbeit doppelt so lange dauert, weil ständig die lieben KollegInnen stören. Der Chef sagte »Nein«.

➤ Bei jeder neuen Aufgabe hat David dem Chef in Aussicht gestellt: »Das kriegen Sie übermorgen. Im Home Office könnte ich es bis morgen erledigen.«

➤ Dann hat er ihm gezeigt, dass eine besonders eilige und heikle Aufgabe im Büro nicht zu schaffen ist, wenn David ständig abgelenkt ist. Da sagte der Chef zum ersten Mal »Ja« für die Dauer der Aufgabe, verlangte aber, dass David für Meetings ins Büro kommt. Das tat David.

➤ Doch bei der nächsten Großaufgabe machte er den Chef auf die Option der Videokonferenz aufmerksam. Der Chef lehnte ab. Er ist wie viele (schwache) Chefs ein IT-Neander.

➤ Irgendwann lief der Chef an Davids Büro vorbei, als dieser eine Videokonferenz mit einer der Außenstellen starten wollte. Er überließ dem Chef den Start, wies ihn an und sagte den verdutzten AußenstellenkollegInnen: »Diese Konferenz hat übrigens unser Chef gestartet und aufgeschient. Eine absolute Premiere – euer Applaus ist gerechtfertigt!« Das beeindruckte den Chef mehr als die KollegInnen.

Was David da praktiziert, nennt eine befreundete Skilehrerin, die Anfänger unterrichtet, »langsames Heranführen ans Gerät«. Für traditionsverhaftete Chefs ist das Home Office ein unbekanntes Gerät, an das sie sich wie Skianfänger erst ganz langsam gewöhnen müssen. Führt man sie zu schnell heran, fallen nicht nur die Chefs auf die Nase, sondern auch du mit deinem Home-Office-Wunsch. Also:

> **Chef-Hack 34: Langsam ans Gerät heranführen!**
>
> Schwache Chefs haben mit allen neuen Ideen (die nicht von ihnen sind) Probleme. Und da der Chef schwach ist, ist das Risiko groß, dass du ihn/sie schon mit ganz kleinen neuen Ideen hoffnungslos überforderst. Also führ ihn/sie langsam, aber stetig, in kleinen und vielen Schritten »ans Gerät« heran. Je schwächer der Chef, desto mehr Geduld solltest du aufbringen. Deine Geduld wird belohnt werden!

David brachte die nötige Geduld auf. Inzwischen arbeitet er zwei Tage die Woche im Home Office. Er sagt: »Ich habe sieben Monate dafür gebraucht. Für vier Tage Home Office die Woche brauche ich höchstens noch zwei Monate.«

Viele wollen auch wissen: »Wie lange muss ich denn den Chef fragen, bis er ›Ja‹ sagt?« Du ahnst die Antwort: So lange, bis er »Ja« sagt. Und immer schön freundlich bleiben, auch wenn es schwerfällt. Es lohnt sich.

Niemand sollte ein Leben lang auf der Flucht sein

Wenn dir deine Arbeit so gut gefällt, dass dir nichts lieber ist – nur zu! Übernachte unter der Werkbank oder im Büro. Bei vielen ist die Lage anders: Sie flüchten nicht in die Arbeit, weil die Arbeit so toll wäre, sondern weil sie es zu Hause nicht viel länger als zum Duschen, Essen, Umziehen und Schlafen aushalten. Das ist kein Zustand. Das ist kein Leben.

Auf Dauer fehlt dir was, nämlich deine Freizeit. Nicht alle deine Träume kannst du im Job verwirklichen. Du bist nicht nur dein Beruf, sondern auch ein Mensch. Kümmere dich auch um jene Bedürfnisse, die bei der Arbeit, so toll sie auch sein mag, nicht zum Zuge kommen. Das erreichst du, indem du deine persönlichen Fluchtursachen identifizierst und ausräumst oder abmilderst. Papa muss nicht länger ins Büro flüchten. Mama muss nicht länger vor der Familie in die Arbeit fliehen. Papa und Mama können sich erfolgreich gegen die herrschenden häuslichen Zustände wehren. Manchmal mit nüchternen Verhandlungen, manchmal mit einer Revolte (»... oder ich geh sechs Wochen in die Kur!«). Das macht in jedem Falle Arbeit. Eine Revolte strengt an, aber sie lohnt sich auch.

Jedes Leben ist besser als ein Leben auf der Flucht.

»Not all psychopaths are in prison. Some are in the boardroom.«

Robert Hare

5. Gar nix musst du!

Hilfe! Wir haben einen Hektiker als Chef

Das Blöde an schwachen Chefs ist: So nervig sie auch sind – du musst tun, was sie sagen. Wer Chef ist, hat das Sagen.

Tun müssen, was ein anderer dir sagt, ist schon dann unangenehm, wenn die Anweisungen sachlich okay sind. Kein eigenständiger Mensch tanzt gerne nach der Pfeife eines anderen. Wenn der/die Vorgesetzte, KundIn, KollegIn, Partner oder Beamte dann auch noch offensichtlichen Unfug redet, denken wir doch alle: »Ich muss mir diesen Unsinn nicht nur anhören – ich muss ihn jetzt auch noch machen?«

Ich aber sage: Überhaupt nichts musst du!

Klingt gut? Lass uns ein Beispiel betrachten. Hans hat einen Oberhektiker als Chef: »Eigentlich ist er ganz okay. Sympathisch, fachkompetent – aber wenn ihn die Hektik packt, bringt er den ganzen Laden durcheinander! Wahrscheinlich ist er Adrenalinjunkie. Dabei sind es immer wir, die seine Hektik ausbaden müssen.« Ihr müsst das? Müsst ihr nicht! Das klingt vollmundig? Ja, aber auch konsequent, wenn wir den Ablauf der Geschehnisse betrachten.

Letzten Donnerstag zum Beispiel, es ist kurz vor 9 Uhr, stürmt der Chef in Hans' Büro und hechelt hektisch: »Wo ist der Vorstandsantrag? Ich brauche den! Dringend! Um 11 Uhr ist Vorstandssitzung!«

Zwei Stunden, um einen Antrag vorzubereiten, der normalerweise vier bis sechs Stunden braucht? Hans wird hektisch – und sauwütend. Denn die akute Hektik des Chefs hat eine Vorgeschichte. Die hat Hektik immer:

Montag:

Hans: »Chef, die Sache, die Sie mir Freitag reingegeben haben – brauchen wir dafür nicht die Zustimmung vom Vorstand? Soll ich schon mal einen Vorstandsantrag aufsetzen? Sie wissen ja, daran arbeite ich gut vier bis sechs Stunden. Und am Donnerstag ist schon Vorstandssitzung ... «

Chef: »Lassen Sie mal! Ich prüfe erst, ob das auch ohne Vorstandsantrag geht.«

Dienstag:

Hans: »Chef, konnten Sie schon klären, ob wir einen Vorstandsantrag brauchen oder nicht?«

Chef: »Nun seien Sie nicht so ungeduldig! Ich regle das!«

Mittwoch:

Hans: »Morgen ist Vorstandssitzung, und wenn ich jetzt nicht loslege, kriege ich den Antrag nicht mehr pünktlich fertig ... «

Chef: »Nun machen Sie mal keine Hektik!«

Der Kerl macht wohl Witze! Einerseits wirft der Chef Hans Hektik vor, bloß weil der sachlich und nüchtern nachfragt, andererseits ist er sich aber nicht zu blöd, tags darauf selbst Hektik zu machen? Weil er zwei Stunden vor der entscheidenden Sitzung das feststellt, was er schon am Montag hätte feststellen können: dass er sehr wohl einen Vorstandsantrag braucht. Jetzt ist es fünf vor zwölf. Jetzt hilft nur noch gnadenlose Hektik – und Hans muss das ausbaden, muss die Kastanien aus dem Feuer, die Kuh vom Eis holen. So machen Hektiker das. Immer. Wenn sie Hektik machen, müssen wir das ausbaden.

Hektiker machen Hektik. Das, was man auch in aller Ruhe erledigen könnte, schieben sie so lange auf, bis in akuter Zeit- und Terminnot der ultimative Wahnsinn ausbricht. In Krisensituationen wählen sie nicht ruhig, strategisch und abgeklärt die bestmögliche Option, sondern verfallen in operative Panik. Eile ist manchmal sachlich nötig. Hektiker jedoch machen sachlich völlig unnötig »Dampf«. Sie machen Hektik um der Hektik willen, weil sie dann wichtig erscheinen oder von anderen – negative – Aufmerksamkeit bekommen. Wer Hektik macht, fällt auf, und das mögen viele Hektiker. Deiner Meinung nach ist das ziemlich verrückt? Das ist nicht nur deine Meinung. Das ist die Diagnose.

Unser Chef hat Tollwut

Dass manche Chefs unter Anfällen von vorübergehender Umnachtung leiden, also kurzzeitig im klinischen Sinne verrücktspielen, diagnostizierte erstmals prägend Eric Berne, der Begründer der Transaktionsanalyse: Wenn ganz normale, vernünftige Menschen sich plötzlich verrückt benehmen, leiden sie unter sogenannten Antreiberattacken. Der Antreiber von Hans' Chef liegt auf der Hand; er (der Antreiber, nicht Hans' Chef) wird international »Hurry up!« genannt; »Beeil dich (unnötig)!«. Die häufigsten und bekanntesten Antreiber sind:

1. *»Hurry up!«* Mach (völlig unnötig) Hektik!

2. *»Be perfect!«* Liefere perfekte Ergebnisse ab, auch dann, wenn keiner sie bestellt hat, haben oder bezahlen will!

3. *»Please people!«* Oder auch: *»Please me!«* Was sollen denn die andern von dir denken?

4. *»Try hard!«* Du kannst erst dann zufrieden mit dir und deiner Arbeit sein, wenn du dich total verausgabt hast!

5. *»Be strong!«* Sei stark – mach's alleine!

Diese fünf Antreiber – es gibt noch mehr – haben lustige Namen, sind aber alles andere als lustig. Wer von einem Antreiber überfallen wird, entwickelt spontan geistige Tollwut. Antreiber sind die Tollwut des modernen Arbeitslebens.

Bring deinen Chef zum Tierarzt!

Wir können unsere Haustiere, unsere Hunde und Katzen gegen Krankheiten impfen lassen. Auch unsere Chefs? Welcher (Tier-)Arzt ist dafür zuständig? Man stelle sich vor: Zwischen einem sabbernden Labrador und einer rolligen Hauskatze sitzt dein Chef mit Krawatte und Anzug im Wartezimmer vom Tierarzt und wartet brav (»Sitz! Platz! Leckerli!«) auf seine Impfung. Ist das möglich? Ist das überhaupt nötig?

Man könnte doch auch meinen, dass es gut ist, wenn sich ein Chef beeilt, eine Chefin stark ist oder perfekte Ergebnisse abliefert. Ja, das ist gut. Doch es kommt auf die Menge an, und Antreiber provozieren nun mal ein megalomanes Zuviel des Guten. Hans' Chef macht Hektik, wo keine nötig ist, sondern schadet. Er macht Hektik, die unnötige Fehler provoziert. Er macht Hektik, wo Ruhe, Übersicht, Gelassenheit und Souveränität gefragt sind – oder einfach nur rechtzeitige Vorbereitung. Das genau provozieren Antreiber. Sie machen aus ganz normalen Chefs irrlichternde Verrückte, die Hektik anzetteln, wo Ruhe und Übersicht gefragt sind. Und du musst das dann ausbaden? Musst du nicht:

> ### Chef-Hack 35: Vorbereitung statt Hektik
>
> Lass dich nicht hetzen! Auch nicht vom Chef. Warte nicht, bis der Hektiker dich wieder hechelnd überfällt. Was er absehbar bis zur letzten Minute aufschiebt – bereite du es schon jetzt heimlich vor. Wenn er in Stresssituationen zwanzig Dinge gleichzeitig anpackt, priorisiere du alle zwanzig und arbeite in aller Ruhe die Prioritäten ab. Wenn er etwas »so schnell wie möglich« möchte, dann prüf nach, ob es rein sachlich noch gut Zeit hätte. Wenn er dich unnötig antreibt, brems dich wieder runter.

Hans macht das inzwischen. Er lässt sich nicht mehr hetzen, jedenfalls nicht mehr so sehr wie zuvor. Wenn der Chef wieder unnötig Hektik macht, kratzt das Hans nicht mehr, weil er die hektisch verlangten Arbeiten längst erledigt oder zumindest vorbereitet in der Schublade liegen hat. Das macht zwar Aufwand, aber deutlich weniger Stress, als wenn sich Hans regelmäßig von seinem Hektiker überfallen lässt. Das leuchtet dir ein? Dann bist du eines sicher nicht: ein Opfer.

Sei bitte kein Opfer!

Als wir in einem Gruppencoaching darüber diskutieren, wie Hans seinen Chef führt (im Englischen auch »Managing up« genannt), nehmen sich einige der Teilnehmer vor, das ab sofort ebenso zu machen. Sie wollen ihren Chef besser, straffer, konsequenter, intelligenter führen. Wie schon der Bürospruch sagt:

> **Chef-Hack 36: Führe deinen Chef!**
> Wer glaubt, dass schwache Führungskräfte führen, glaubt auch, dass Zitronenfalter Zitronen falten. Manche Führungskräfte heißen so, weil sie geführt werden müssen.

Dir leuchtet das ein? Vielen Menschen leuchtet das nicht ein. Sie werden gemeinhin Opfer genannt. Opfer glauben:

»Aber was der Chef sagt, muss man doch machen!«

Und wenn er sagt: »Stürz dich aus dem dritten Stock!«, musst du das dann auch machen? Es gibt für alles Grenzen, auch für das, was du mit dir machen lassen musst. Menschen werden selten zu Opfern, weil sie ihre Grenzen nicht wahren können. Sie werden häufiger zu Opfern, weil sie überhaupt keine Grenzen ziehen, festlegen, für sich selbst definieren. Leg fest, was der Chef (und jeder andere) dir zumuten darf und was nicht! Gebotene Eile ja, unnötige Hektik nein. Sorgfältige Arbeit ja, pedantischer Perfektionismus nein. Starke Chefs ziehen von sich aus die nötigen Grenzen. Bei schwachen musst du sie selbst definieren, ziehen und schützen. Das ist wie Zähneputzen: Niemand kann und sollte dir es abnehmen. Das ist dein Ding, also mach es!

»Mein Chef kann sich ja noch ändern!«

Viele Chefopfer hoffen das. Das ist in der Regel eine Illusion: Das Zebra verliert seine Streifen nicht. Hektik, Perfektionismus, Liebedienerei, Verausgabung und Solistentum (die fünf Antreiber) sind keine vorübergehenden Stimmungen, sondern grob gesagt fixe Charakterzüge. Not states, but traits, wie der Fachmann sagt. Wenn du diese Chef-Charakteristika passiv oder passiv-aggressiv auszusitzen versuchst, werden sie nur schlimmer. Das Antreibervirus verursacht eine progressiv verlaufende Tollwut. Außerdem: Nur Opfer warten. Gestalter warten nicht. Sie nehmen das Ruder ihres Lebens, ihrer Karriere und ihres Berufs selbst in die Hand. Mach das!

»Beim nächsten Boss wird alles besser!«

Die Amerikaner sagen dazu »warten aufs Einhorn«. Hast du diese Woche schon eines gesehen? Einhörner sind selten, aber nicht so selten wie gute Chefs. Schon rein statistisch betrachtet kannst du gar nicht so oft den Arbeitgeber wechseln, bis du einen guten Boss erwischst. Manche haben einen – Glückwunsch! Aber das ist eher Zufall als Strategie. Besser, als aufs Christkind zu warten, ist es, mit dem aktuellen Chef so zusammenzuarbeiten, dass ihr beide mehr davon habt: Manage your boss!

»Ich ignoriere meinen schwachen Chef und konzentriere mich auf meine eigene Führungsaufgabe!«

Viele Lower und Middle Manager sagen das. Gratuliere! Hauptsache, du selbst bist eine gute Führungskraft. Die Sache hat nur einen Haken:

Chef-Hack 37: Managing up = Managing down

Je besser du nach oben führst, desto besser führst du auch nach unten und lateral.

Führen ist immer Führen. Es macht keinen Unterschied, wen du führst. Nicht das Wer ist entscheidend, sondern das Wie.

»Mein Chef ist eine Pflaume, und deshalb soll ich ihn führen? Das ist total unfair! Zu führen ist doch sein Job!«

Ja, das ist es. Unfair und sein Job. Aber wenn er ihn nicht macht? Dann kannst du rumsitzen und jammern (absolut zu Recht!) – oder selbst das Führungsvakuum füllen. Und was die Fairness angeht, so möchte ich dir ein Geheimnis verraten: Nicht nur die Sache mit deinem Chef ist unfair. Das ganze Leben ist (stellenweise) unfair. Also kannst du dich jetzt in eine gepflegte Depression begeben oder der (stellenweisen) unfairen, fiesen, gemeinen, hinterhältigen und bescheuerten Welt in den Hintern treten. Kick ass, baby!

»Warum soll ich etwas ändern? Mein Chef soll sich ändern!«

Inzwischen erkennst du das Motiv: Opferdenke. Wie Hildegard Knef sang: »Für mich soll's rote Rosen regnen!« Ja, warte nur drauf! Bis zum Sankt-Nimmerleins-Tag. Auch hierzu haben die Amerikaner einen Spruch: Nothing changes till it changes in me. Nichts ändert sich, wenn du dich nicht änderst. Oder auch: Be the change you wanna see. Sei du selbst der Wandel, den du (von anderen) erwartest. Das macht Arbeit, aber das führt zu Ergebnissen. Darauf zu warten, dass der Chef sich ändert, ändert nie was.

»Wenn ich ihn führe, lernt er ja nichts daraus und wird nie eine gute Führungskraft! Außerdem denkt er dann auch noch, dass er recht hat und sich nicht ändern muss!«

Cleveres Argument. Trifft auch zu, wenn dein Chef volldämlich ist. Dann schnallt er nicht, wie du ihn von unten führst. Doch wenn er schon so weggetreten ist, dass er selbst das nicht mehr schnallt, dann ist Managing up das Beste, was du tun kannst, denn wenn du es nicht tust, ändert sich nie was! Ist dein Chef jedoch kein absoluter Vollpfosten, dann passiert das, was jeder Sportler kennt: Anpassung nach oben. Steck einen Kreisligatennisspieler mit einem Bundesligaspieler in ein Doppel, und der Kreisligist schaut sich beim besseren Spieler so manchen Trick ab: Anpassung nach oben. Also keine Bange; das ist eine andragogisch-didaktische Zwangsläufigkeit: Wenn du deinen Chef besser führst, als er (dich) führen kann, dann lernt er sublim und osmotisch etwas von dir (sofern du ihm deine didaktische Überlegenheit nicht unter die Chefnase reibst).

»Ich kriech dem Chef doch nicht in den Arsch!«

Sorry, seinen Chef zu führen, ist das krasse Gegenteil von hinten reinkriechen. Führen ist zielgerichtet und systematisch. Reinkriechen ist einfach nur dämlich.

»Ich geb nicht nach! Soll er nachgeben!«

Was möchtest du haben? Möchtest du recht haben? Oder weniger unter den Macken deines Chefs leiden? Deine Wahl.

»Ich verstehe die Führung von unten durchaus. Aber Führung obliegt Chefs – nicht uns! Und KollegInnen kann und darf ich schon überhaupt nicht führen. Oder Kinder und Familie.«

Daraus spricht eine große Sehnsucht, geführt zu werden. Es ist eine sehr menschliche Sehnsucht: Die meisten von uns folgen lieber, als zu führen. Wer brav folgt, trägt weniger Verantwortung, muss weniger denken. Folgen ist angenehm und bequem. Und wenn wir gut geführt werden, dann folgen wir auch gerne. Aber wenn nicht? Nur Opfer folgen falschen Führern. Wenn die Führung scheiße ist: Geh selbst in Führung!

Können wir uns weitere Einwände und Bedenken gegen das Führen von Führungskräften sparen? Können wir unseren Ausflug in die Welt der Opferdenke (in die wir alle hin und wieder hineinrutschen) beenden? Können wir. Denn mittlerweile sollte klar sein:

Opfer warten. Gestalter machen. Heul nicht rum. Mach was!

Hektik macht vollblöd

Hans' Chef ist nicht der einzige Hektiker auf der Welt. Bei jedem Flug treffe ich gut ein Dutzend. Der Flieger hängt noch halb in der Luft, da wischen sie bereits hektisch das Smartphone aus dem Flugmodus, schnellen wie von der Sprungfeder getrieben vom Sitz hoch, reißen die Tasche aus dem Gepäckfach, trippeln nervös drängelnd vor der Flugzeugluke und stürzen als Erste in den Shuttlebus. Hast du den Denkfehler bemerkt? Dann bist du kein Hektiker.

Hektiker reagieren auf die Frage nach dem Denkfehler eher mit: »Wieso? Time is money! Während Sie noch im Flugzeug rumtrödeln, bin ich schon halb auf dem Weg ins nächste Meeting!« Nein, bist du nicht. Weil die Ersten im Bus logischerweise die Letzten sein werden, die am Terminal aus dem Bus aussteigen können. Aber so etwas Banales kapiert der Hektiker nicht, wenn der Antreiber ihn in seinen Fängen hat: Tollwut macht vollblöd. Was das kostet! Nicht nur deine und meine Nerven, sondern richtig Geld.

Im konkreten Fall schaffte Hans nämlich an besagtem Donnerstag in den zwei verbleibenden Stunden den Antrag nicht. Der Vorstand konnte dem geplanten Vorhaben erst bei der nächsten Sitzung vier Wochen später zustimmen. Das Vorhaben verzögerte sich entsprechend und kostete wegen Terminüberschreitung Hans‹ Chef und alle in der Abteilung den halben Jahresbonus, weil der Kunde und Auftraggeber Konventionalstrafe verhängte. Ärgerlich. Teuer. Unnötig. Genau das ist der Unterschied zwischen gesundem Tempo und unnötiger, ineffizienter Hektik. Der Unterschied sind die Antreiber: Packen sie dich, kriegst du die Tollwut. Warum reden wir plötzlich von dir?

Lass dich nicht anstecken!

Antreiber sind brandgefährlich, weil sie nicht nur Chefs befallen. Sie verseuchen auch normale Menschen. Das ist doppelt gefährlich. Denn wenn es uns erwischt, erkranken wir nicht nur, wir verkennen auch meist die Ursache: Wir denken, der Chef, die KollegInnen, der Ehepartner oder der Job sind schuld. Das denkt auch Susi.

Susi hat einen Scheißjob: »Die Hektik und der Druck bringen mich noch um!« Susi hat auch eine Scheißchefin: »Wegen der krieg ich noch einen Burnout!« Und stimmt: Wenn man etwas von Susi möchte, egal was, dann ist sie derart im Stress, dass sie fast immer sagt: »Ja, klar, mach ich – ich muss nur noch schnell ...« Kennst du? Ja, das ist der Indikationssatz, der Signature Phrase, das Kernsymptom der Hektiker aller Länder. Der Hektiker muss ständig »nur noch schnell« irgendwas erledigen.

> **Chef-Hack 38: Erkenne deine eigenen Antreiber!**
>
> Natürlich ist dein Chef ein Hektiker! Doch wie viel Hektik übernimmst du unkritisch von ihm? Und wie viel Hektik machst du selbst? Lässt du dich anstecken? Oder bist du gegen Antreiber immun?

Ganz gleich, wie hektisch dein Umfeld auch ist: Ein großer Teil jeder Hektik ist hausgemacht. Das sieht Susi nicht so, aber das sehen Susis KollegInnen: »Die Susi macht immer so eine Hektik! Anstatt dass sie in Ruhe alles der Reihe nach abarbeitet und der hektischen Chefin auch mal ›Nein‹ sagt oder sie runterbremst!« Warum tut sie das nicht? Sie kann das nicht, sie sieht das nicht. Weil sie die Hektik auf den Job und die Chefin schiebt: »Die macht immer so eine Hektik!« Ja, das stimmt – aber Susi macht mit! Es gehören immer zwei dazu: Einer, der's macht, und einer, der's mit sich machen lässt.

Ihren Eigenanteil am Problem erkennt Susi jedoch nicht, weil sie die ganze Schuld der Chefin in die Schuhe schiebt. Das nannte Sigmund Freud »Projektion«; auch bekannt als Transferenz oder Übertragung: Immer sind die anderen schuld. Der Job. Der Chef. Die doofen Kollegen. Die Arbeitsbedingungen. Der Beziehungspartner, die Kinder, der Hund, das Wetter, die Politik. Das macht Antreiber so gefährlich: Oft denkt man, der andere ist der Arsch – dabei macht man sich auch selbst unnötig Hektik und Druck.

Chef-Hack 39: Grenz dich ab!

Selbst wenn der Chef Hektik (oder einen anderen Bullshit) macht: Du musst nicht (komplett) mitmachen! Lass dich nicht von seinem Antreiber anstecken! Lass dich nicht vereinnahmen.

Je stärker deine Abgrenzungsfähigkeit, desto eher verhinderst du eine Ansteckung. Hans war bis vor Kurzem noch nicht sehr abgrenzungsfähig. Er ließ sich am Donnerstag in Hektik versetzen, weil er am Montag nicht schon vorsichtshalber und in weiser Voraussicht mit der Vorbereitung des Vorstandsantrags begonnen hatte. Inzwischen haben wir im Coaching (hätte er auch selbst machen können) seine Abgrenzungsfähigkeit gestärkt. Deshalb kann er heute sagen: »Soll der Chef wieder Hektik machen – ich arbeite heute schon vor. Dann läuft seine Hektik ins Leere!« Weil Abgrenzungsfähigkeit die wichtigste Fähigkeit im Umgang mit stressigen Chefs (Kunden, Kindern, Partnern, Mitarbeitern …) ist, betrachten wir sie ausführlich in Kapitel 11 – damit du so abgrenzungsstark wirst, dass dich kein Arsch mehr stressen kann.

Du musst das nicht!

Dass wir uns oft selbst mit Hektik, Perfektionismus, Liebedienerei, überzogenem Einsatz oder Alleingängen mehr als nötig stressen, wissen wir alle. Viele sagen mir aber: »Ich bemerke das meist erst hinterher! Wie vermeide ich Antreiberattacken von vornherein?« Ja, wie?

Erinnerst du dich an den Titel dieses Kapitels? Oder an Susis Lieblingssatz? »Ich muss nur noch rasch …!« Sie verwendet dabei das Signatur-Hilfsverb nicht nur für »Hurry up!«, sondern für alle Antreiber:

1. *»Hurry up!«* »Ich muss nur noch rasch …!«

2. *»Be perfect!«* »Das muss besser werden!«

3. *»Please people!«* »Du musst auch mal an … denken!«

4. *»Try hard!«* »Du musst vollen Einsatz bringen!«

5. *»Be strong!«* »Du musst das allein durchziehen!«

Ist es dir aufgefallen? Es ist so unübersehbar, dass Albert Ellis, der Begründer der Rational-Emotiven Verhaltenstherapie (REVT), das auch »Mussturbation« nannte: Wer vom Antreiber getrieben wird, der muss, muss, muss. Es ist so auffällig, dass wohlmeinende KollegInnen Susi bereits erfolgreich therapieren, indem sie bei jedem Hektikanfall nachfragen: »Ja? Musst du wirklich? Alles? In dieser Form, in diesem Umfang, dieser knappen Zeit? Was davon musst du wirklich und was nicht? Was könntest du nicht oder anders machen?«

> **Antreiber-Hack: Erkenne deine Antreiber!**
>
> Hör mal, wer da spricht! Ist es dein Antreiber? Was sagt er? Ist ein »Muss« (ein »Müsste« oder ein »Sollte eigentlich«) dabei? Dann frag dich, ob du das jetzt wirklich musst, was dir der Antreiber zu müssen suggeriert.

Ob du dabei eine Stimme im Hinterkopf hörst, ob es eine Vorstellung vor deinem geistigen Auge oder ein Gefühl ist, ein innerer Druck, ein Zwang, der dich antreibt, ist gleichgültig. Entscheidend ist, der Stimme, der (Horror-)Vorstellung oder dem inneren Zwang nicht blind zu folgen, sondern sie achtsam und bewusst als Antreiber zu erkennen und zu benennen: »Ah, da kommt wohl wieder der innere Hektiker (Perfektionist, Everybody's Darling, Zehnkämpfer, Einzelkämpfer) in mir hoch!« Das reicht oft schon. Was du dir bewusst machst, kann dich nicht mehr unbewusst antreiben.

Menschen, die immun gegen Antreiber sind, erkennt man auch daran, dass sie auf Antreiberattacken lässig und souverän reagieren mit: »Gar nix muss ich!« Das heißt nicht, dass sie die gestellte Aufgabe boykottieren. Das heißt lediglich, dass sie auf den Antreiber nicht hereinfallen: Sie erledigen die anstehende Aufgabe eben nicht so hektisch, perfektionistisch, liebedienerisch, erschöpfend oder so einsam und allein, wie der Antreiber ihnen suggeriert.

Der Agilierer

Die Digitalisierung hat eine neue, bedrohliche Art von Hektiker geboren: den Agilierer. Kennst du? Ja, »Agilität« ist der aktuelle Management-Hype. Alle wollen agil sein, das heißt schnell, flexibel und innovativ. So schnell, flexibel und innovativ wie Google, Amazon oder jene Start-ups, die etablierten Unternehmen gerade den Rang ablaufen.

Agil zu sein ist gut – leider jedoch nicht für analoge Unternehmen. Denn sie versuchen schnell, flexibel und innovativ zu sein mit einer Organisationsstruktur und mit Entscheidungsprozessen, die meist arthritisch und verknöchert sind. Von Start-ups weiß man zum Beispiel, dass sie nur wenige Monate vom Reißbrett bis zum fertigen Produkt brauchen, während analoge Unternehmen dazu einige Jahre benötigen. Also sagt der Agilierer im analogen Unternehmen: »So schnell müssen wir auch werden! Innoviert ein neues Produkt! Ihr habt sechs Monate Zeit!« Für traditionelle Unternehmen ist das ein Wahnsinn.

Die ManagerInnen und MitarbeiterInnen stellen sich jedoch dem Wahnsinn und entwerfen binnen dreier Monate tatsächlich die Betaversion eines neuen, total innovativen Produktes, während die verknöcherte Hierarchie und die arthritischen Entscheidungsprozesse des Top-Managements fünf Monate für die nötigen Entscheidungen zur Markteinführung brauchen: summa summarum zwei Monate zu viel.

Doch diese zwei Monate zu viel nehmen die arthritischen Ärsche nicht auf ihre Kappe, sondern schieben sie ihren Mitarbeitenden in die Schuhe: »Ihr seid immer noch zu langsam! Ihr müsst schneller werden!« Das ist eine Riesenfrechheit – aber so sind schwache Manager nun mal (es gibt auch starke). Was tun?

➤ Zeig vorwurfsfrei und mit guter Dokumentation auf, wer, welche Instanzen, welche Prozesse zu langsam sind, und schlag konkrete Verbesserungen für schnellere Entscheidungsprozesse vor.

➤ Setze deinen Lahmärschen Fristen, Ultimaten – aber immer schön höflich: »Wir benötigen Ihre Entscheidung bis Freitag, sonst verschiebt sich der nächste Meilenstein um drei Wochen.« Konsequenzen erziehen am besten.

➤ Mach denen da oben klar, dass ihr umso schneller seid, je mehr Freiraum ihr habt. Fordere konkrete Freiräume, zum Beispiel: mehr Spielraum für eigenständige Entscheidungen.

➤ Mach ihnen obendrein wiederholt klar, dass ihr nicht schneller werdet, wenn sie euch ständig dreinreden.

➤ Wiederhole ein passendes Mantra täglich so oft wie möglich, etwa: »Wir sind erst dann wirklich schnell, wenn Sie so schnell entscheiden, wie wir arbeiten!«

Mit diesen Praxistipps kannst du übrigens auch das Gegenteil des »Hurry up!« therapieren: den Lahmarsch. Jeder Antreiber hat nämlich sein Gegenteil: Der »Hurry up!« hat den Lahmarsch, der Pedant den Schlamper, Everybody's Darling hat den narzisstischen Egoisten … Viele Vorgesetzte sind so lahmarschig, dass sie jede nötige Entscheidung aussitzen, nicht zu Potte kommen, eben entscheidungsschwach sind. Dann mach ihnen Feuer unter dem lahmen Hintern! Mit diesen fünf Flammenwerfern für tranige Chefs.

Bist du eine Rabenmutter?

Insbesondere berufstätige Mütter gestehen mir oft: »Wenn ich bei der Arbeit bin, habe ich ein schlechtes Gewissen wegen meiner Kinder, die ich dann vernachlässige. Und wenn ich mich der Familie widme, habe ich ein schlechtes Gewissen, weil ich die KollegInnen bei der Arbeit nicht so unterstütze, wie sie das eigentlich brauchen.« Die sozialen Medien und das Geschwätz intriganter Mobberinnen feuern das schlechte Gewissen noch an. Das ist nicht nur ein Frauenproblem.

Dass ich an Aufgabe A sitze, aber »eigentlich« längst oder gleichzeitig Aufgabe B (C, D, E ...) erledigen sollte, ist ein häufiges Phänomen. Vor allem deshalb, weil stressige Vorgesetzte, KollegInnen, KundInnen oder Familienangehörige uns das oft recht brachial suggerieren. Manche betrachten diese aufgezwungene Gleichzeitigkeit der Aufgaben als schlimmsten Stressor im (Berufs-)Leben: Man verzettelt sich dabei total, verliert die eigene Mitte und ist ständig hin- und hergerissen. In Konsequenz machen wir alles, was wir machen, mit schlechtem Gewissen und in einer Mordshektik. Dieser Zustand ist quasi eine Kombination von »Hurry up!« und »Please me!«. Das »me« in »Please me!« kann nämlich auch eine Aufgabe sein. Die Aufgabe fordert von uns sozusagen: »Mach mich! Mach nicht X, mach mich!«

Antreiber-Hack: das Prio-Rezept

Der durch Gleichzeitigkeit von Aufgaben verursachte affektive Stress lässt sich rein kognitiv vermeiden oder zumindest deutlich reduzieren. Immer, wenn du dich »zerreißen« sollst/willst, frag dich: Was hat in diesem Augenblick Priorität, das heißt Vorrang?

Es ist dabei total egal, wer dich antreibt: Chef, KollegInnen, Familie, KundInnen oder deine eigenen Antreiber. Prio ist Prio. Was jetzt, in diesem Augenblick Vorrang hat, hat Vorrang – bis zu dem Augenblick, in dem du neu priorisierst (du kannst jederzeit neu priorisieren). In Prioritäten zu denken, ist für viele (auch ManagerInnen) ungewohnt. Das braucht ein wenig Übung. Am besten fängst du klein damit an. Dann passiert dir das, was mir viele priorisierende Mütter und andere zerrissene Menschen berichten: »Wenn ich jetzt arbeite, denke ich an die Arbeit und nur an die Arbeit! Und wenn ich in der Familie bin, denke ich nur an die Familie, weil die dann absoluten Vorrang hat. Das ist so eine innerliche Befreiung! Außerdem fühle ich mich jetzt in allen Bereichen viel motivierter und hab mehr Energie.« So soll es sein.

»Ich brrrüüüllle doch gar nicht!!!«

Eine junge Projektleiterin, die unter einem Hektikchef litt, wollte im Seminar wissen: »Warum sag ich ihm nicht einfach, dass er ein alter Hektiker ist und mal ein bisschen auf die Bremse treten soll?« Eine ältere Managerin meinte: »O mein Gott, bist du naiv! Weil er natürlich leugnen wird, ein Hektiker zu sein!«

Die junge Kollegin glaubte das nicht.

Deshalb veranstalteten wir ein kleines Experiment, das zugegebenermaßen etwas fies ist. Doch Günther hatte kurz zuvor vollmundig erklärt, dass er absolut kein Hektiker sei und sich zum Beispiel mit dem Unterschied zwischen wichtig und dringend auskenne. Dieser Unterschied ist ebenfalls ein Signatursymptom für Hektiker: Sie verwechseln dringend und wichtig so häufig, wie ein Zweijähriger links und rechts verwechselt. Also machten wir ein schnelles Rollenspiel, setzten Günther an einen Tisch und ließen fünf gespielte KollegInnen an ihm vorbeidefilieren:

Kollege A: »Ich brauch ganz dringend deine Kalkulation für die Spesenabrechnung!«

Kollegin B: »Warum habe ich die Präsentation für unser Kick-off-Meeting noch nicht?«

Kollege C: »Deine Gattin rief eben an: Hast du den Installateur schon verständigt?«

Und so weiter. Für jemanden, der dringend von wichtig unterscheiden zu können glaubt, sollte das kollegiale Dauerfeuer zwar anspruchsvoll, aber gut zu lösen und die daraus sich ergebenden Aktivitäten gut zu organisieren sein. Günther organisierte exakt dreißig Sekunden lang. Danach verfiel er in Hektik. Quod erat demonstrandum, was zu beweisen war:

Wenn ein Hektiker behauptet, er sei keiner, ist er einer.

Getriebene wissen nicht, dass sie getrieben sind.

Hektiker wissen nicht, dass sie Hektiker sind. Perfektionisten wissen nicht … Solisten wissen nicht … Leute, die cholerisch in der Gegend herumbrüllen, antworten in der Regel: »ABER ICH BRÜLLE DOCH GAR NICHT!!!«

Bitte setz nicht auf die Einsichtsfähigkeit von Getriebenen. Ein Tollwütiger hat meist keine Einsicht. Er will und muss geführt werden. Führung wirkt besser und schneller, als auf Einsicht zu warten.

Mach mal schnell …!

Der Kollege von der Nachbarabteilung erzählt Jasmina stolz, dass er eben einen Interessenten für ein Immobilienobjekt mit besonderer Steuerkonstruktion aufgetan habe. Jasmina freut sich mit ihm (Umsatz ist gut!) und will ihn unterstützen: »Ich schick dir gleich morgen die Papiere für die Eigentumsübertragung! Ich stell sie sofort zusammen! Da machen wir Nägel mit Köpfen!«

Was meinst du?

Ich schätze mal, du kommst zum selben Schluss wie Jasminas Kollege, der sagte: »Jasmina! Ist ja schön, dass du dich mit mir freust, aber du bist wieder viel zu voreilig! Mal langsam mit den jungen Pferden: Wir wissen doch noch gar nicht, ob ich mich mit dem Kunden beim Preis einigen werde. Wenn wir so weit sind, sag ich dir Bescheid – dann ist immer noch genügend Zeit für die Papiere.«

Hektiker greifen vor, sind ungeduldig, machen den dritten vor dem ersten Schritt – während sie andere Schritte so lange hinauszögern, bis Torschlusspanik entsteht, wie zum Beispiel beim oben geschilderten Vorstandsantrag. Beides scheint sich zu widersprechen, jedoch nicht für den Hektiker, denn beides produziert im Endeffekt Hektik, und dafür lebt er. Hektiker kennen den Propheten Kohelet nicht: Ein jegliches hat seine Zeit. An dieser Stelle heben bei Vorträgen oder im Seminar immer welche die Hand und sagen: »Ja, ich auch! Und wie gewöhne ich mir das ab?« Das musst du nicht.

Rauchen muss man sich abgewöhnen. Oder im Übermaß vor dem Fernseher Chips mampfen. Antreiber nicht:

Antreiber-Hack: Reflexion eliminiert Antreiber

Antreiber sind Attacken aus dem Unterbewussten. Sobald du dir bewusst machst, was gerade abgeht, verlieren sie ihre Macht über dich. Alles, was du dir bewusst machst, hat keine unbewusste Macht mehr über dich.

Es reicht schon, wenn du dir halblaut sagst oder laut denkst:

➤ »*Here we go again!* Da ist ja wieder mein … (jeweiliger Antreiber)!«

➤ »Mache ich es mal wieder (hektischer, perfekter …) als nötig?«

➤ »Steckt da wieder ein Muss dahinter?«

➤ »Was ich da gerade mache – ist das nötig, hilfreich, zielführend, angemessen und verhältnismäßig?«

➤ »Treibe ich die Dinge voran, oder treiben sie mich vor sich her?«

Generell gilt: Sobald du inneren Druck verspürst, besteht ein starker Verdacht darauf, dass ein Antreiber dich an der Kehle hat. Dann ist der Zeitpunkt gekommen, dir solche Reflexionsfragen zu stellen. Reflexion killt Antreiber.

Mad Multitasking

Multitasking war einige Jahre sehr in Mode. Dann fand die Wissenschaft heraus, was der gesunde Menschenverstand schon lange weiß: Niemand kann fünf Dinge gleichzeitig in der Luft halten, ohne dass drei runterfallen und völlig unnötig Fehler gemacht werden. Am Ende dauert alles zusammengenommen länger, als wenn man es schön der Reihe (und der Priorität) nach erledigt hätte. Das weiß man heute. Hektikern ist dieses Wissen fremd.

Sie sitzen in der Besprechung, melden sich zu Wort, machen aber gleichzeitig Korrespondenz am Notebook und verfolgen den Newsfeed am Smartphone, während sie nebenher das nächste Meeting vorbereiten. Sie machen das nicht, weil das effektiv oder effizient wäre – das ist es beides nicht. Sie machen das, weil sie Hektiker sind. Multitasking ist eine Erfindung der Hektiker. »Hurry up!« ist sozusagen ADHS für Erwachsene. Hektiker wollen nicht unbedingt hektisch sein, aber sie können einfach nicht anders, wenn der Antreiber sie im Griff hat.

Ich arbeite oft mit Hektikern zusammen. Was die alles gleichzeitig stemmen! Wie hektisch und wichtig die immer sind! Aber kaum fragt man sie was Konkretes, kriegt man Antworten wie: »Muss ich erst prüfen!«, oder: »Wird schwierig!« Eben weil sie in so vielen Dingen gleichzeitig drin sind, sind sie in keinem tief genug drin, um brauchbare Antworten zu geben. Multitasker sind in den wenigsten Fällen bei der Sache, weil sie ständig bei einem Dutzend Sachen sein müssen. Es ist ein innerer Zwang. Multitasking ist keine Fähigkeit, es ist ein Fluch. Antreiber sind der Inbegriff des inneren Zwanges.

Natürlich musst auch du manchmal drei Dinge gleichzeitig tun! Weil es nicht anders geht und du völlig überlastet bist. Aber dein Müssen ist anders als das Müssen des Hektikers. Du musst das, weil die äußeren Umstände, der Chef, die objektive Zeitnot dich dazu zwingen. Der Hektiker »muss« fünf Dinge gleichzeitig tun, nicht weil ihn äußerer Zwang, sondern innerer Zwang treibt: Er kann nicht anders. Er möchte auch nicht anders, denn Hektik hat Vorteile:

➤ Wer fünf Dinge hektisch gleichzeitig anpackt, muss sich um keines wirklich tiefgehend kümmern. Oberflächlichkeit ist bequem!

➤ Wer hektisch oberflächlich durchs Leben geht, muss sich auch nicht einer tiefergehenden Verantwortung stellen.

➤ Wer Hektik macht, *erscheint* wichtig, ohne qua Kompetenz oder Erfolg wichtig zu *sein*.

➤ Wenn du schon keinen Erfolg haben kannst, dann mach wenigstens Hektik, das beeindruckt auch!

So gesehen ergibt Hektik durchaus Sinn. Sie hat einen sogenannten versteckten Krankheitsnutzen. Fragt sich, ob du krank sein möchtest …

Hektik ist Zeitgeist

»Hurry up!« infiziert nicht nur Chefs. Drei Viertel unserer modernen Gesellschaft sind hektisch. Viele von uns hecheln durchs Leben wie der Hamster im Rad. Ein Termin jagt den nächsten, kein Minütchen Pause, und wenn dann tatsächlich mal Ruhe ist, macht uns das so nervös, dass wir ganz schnell whatsappen, ins Internet gehen, den Fernseher einschalten, den Haushalt aufräumen oder irgendeiner Pseudotätigkeit nachgehen – Hauptsache, die Hektik lässt nicht nach! Stress macht süchtig. Das ist okay, denn es bringt Vorteile: Wer heutzutage nicht im Stress ist, ist nicht wichtig. Schlimmer: gehört nicht dazu! Kann und darf nicht mitreden! Bekommt kein Mitgefühl!

Die Frage ist bloß: Was möchtest du? Wichtig sein oder gesund? Dazugehören oder dein eigenes Leben leben? Noch viel wichtiger:

Antreiber-Hack: Who drives the car?

Wer lebt dein Leben? Du oder die Hektik? Hast du deine Antreiber im Griff? Oder haben deine Antreiber dich im Griff, nämlich im Würgegriff?

Es gibt Menschen, die würden lieber sterben, als ihre Antreiber zu zügeln – und genau das tun sie dann auch. Stress im Sinne von stressbedingten Erkrankungen ist inzwischen die zweithäufigste Todesursache in den sogenannten modernen westlichen Ländern. Manchmal fragt mich einer: Wie werde ich die Hektik los?

Antreiber-Hack: strichweise Freiheit

Führe eine Strichliste, täglich: Jedes Mal, wenn du einem Antreiber widerstehst oder ihn zumindest abmilderst, machst du einen Strich.

Wenn du am Anfang alle zwei, drei Tage einen Strich schaffst, ist das ein toller Anfang. Wer mehr erwartet, scheitert. Wer mehr erwartet, ist – in wessen Fängen? Richtig: »Be perfect!« Oder auch: »Try hard!«

Nach einigen Tagen schaffst du (fast) täglich zwei bis vier Striche. Wenn du dranbleibst, steigert sich das nach und nach. Die meisten sind nach einigen Wochen bei zwei, drei Dutzend Strichen – täglich: Champions League! Die Freiheit, die du dann genießen wirst, ist unvergleichlich. Ganz nebenbei machen dann auch deine Motivation, deine Produktivität und deine Effizienz Sprünge.

»There is no way to get around it. Bosses suck. Get over it.«

Stanley Bing, *Throwing the Elephant*

6. Mein Chef ist so ein verdammter Pedant

Die Erbsenzähler sind überall

Ein Chef, der Haare spaltet, ist ein Graus. Doch im Grunde ist es egal, wer Läuse melkt – KundInnen, Beziehungspartner, Eltern oder Kolleg-Innen sind genauso schlimm. Weil es egal ist, wer uns mit seiner Haarspalterei von der eigentlichen Arbeit abhält. Warum lassen wir uns immer wieder von diesen Erbsenzählern die Zeit stehlen?

Weil Pedanten äußerst manipulativ vorgehen. So wie Irene. Sie schaut Joachim, der am PC tippt, über die Schulter und erschreckt ihn von hinten, indem sie mit drohendem Unterton sagt: »So kannst du das aber nicht schreiben!«

»Huch! Wieso? › … stehe ich Ihnen jederzeit gerne zur Verfügung‹ ist doch eine gebräuchliche Formulierung!«

»Wirklich jederzeit? Auch mitten in der Nacht? Überleg doch mal, was du da schreibst!«

Was erwidert Joachim? Was tippst du?

Das kommt darauf an? Das ist die richtige Antwort.

Irene erleidet offensichtlich gerade einen »Be perfect!«-Anfall. Es kommt nun darauf an, ob Joachim sich von Irene anstecken lässt. Lässt er sich anstecken, wird er sagen: »Ja, stimmt, ist nicht genau genug formuliert!« Danach wird er minutenlang etwas »verbessern«, was nicht verbessert werden muss, kurz: Er lässt sich die Zeit stehlen. Was, wenn Joachim immun ist gegen den Antreiber »Be perfect!« (eine Übersicht der fünf diskutierten Antreiber findest du in Kapitel 5)? Wenn du seine Antwort errätst, bist du selbst schon ziemlich immun.

Der immunisierte Joachim könnte antworten: »Dass er mich nicht mitten in der Nacht, sondern lediglich während der üblichen Bürozeiten anrufen soll – also, so schlau wird er selbst sein. Schließlich haben wir keine 24-Stunden-Hotline.« So wehrt man Haarspalterattacken ab. Mit gesundem Menschenverstand und Augenmaß. Ist leider so nicht passiert. Sondern?

Richtig geraten: Weil Joachim den »Be perfect!«-Angriff nicht als solchen erkannte, hat ihn Irene zur Seite gedrängt, sich selbst an den PC gesetzt und nicht nur die Schlussformel des Kundenbriefs perfektioniert, sondern den kompletten Brief. Hat bloß zehn Minuten gekostet – also drei Stunden täglich. Denn drei Stunden am Tag macht Irene nichts anderes, als Haare zu spalten und KollegInnen, Chefs und KundInnen von deren eigentlicher Arbeit abzuhalten. Mit ihrer Erbsenzählerei hält sie den ganzen Laden auf. Sie stiehlt anderen kostbare Zeit. Sie killt die Effizienz. Sie geht allen, die lediglich mit ihrer Arbeit fertig werden wollen, mit ihrer zeitraubenden Pedanterie auf den Zeiger. Und Irene ist noch goldig!

Joachim arbeitet leider auch mit einem erbsenzählenden Projektleiter zusammen, der es noch pedantischer als Irene treibt: »Der schreibt uns irgendwann noch vor, wie viele Blätter wir zum Poabwischen benützen dürfen!« Das ist Polemik. Doch das Projekt hat bereits zwei Meilensteine versäumt, weil der Projektleiter es an gewissen Stellen genauer nimmt, als verlangt, angemessen, angebracht oder verhältnismäßig wäre.

Natürlich ist Perfektion gut! Bei der Hirnchirurgie oder im Flugzeugbau oder wenn deine Kalkulation auf die zweite Kommastelle exakt sein muss. Doch Perfektion um der Perfektion willen ist genauso sinnvoll wie Kaviar zum Wurstbrot: komplett daneben.

Viele Menschen fragen sich: Warum ist mein Chef (Kollege, Vater, Kunde, Finanzbeamter …) so komisch? Warum ist er nie zufrieden?

Warum kann ich in seinen Augen selten etwas richtig machen? Wenn man's so macht, ist es falsch, und wenn man's anders macht, ist es auch falsch. Ganz gleich, was du auch tust: Nie kannst du es ihm recht machen! Viele Menschen frustriert das. Andere machen sich Sorgen: Warum krieg ich das nicht hin? Was stimmt nicht mit mir?

Ich kann dich beruhigen: Mit dir stimmt alles. Es ist dein Chef, der im Oberstübchen nicht ganz rund läuft. Er ist Perfektionist. Also ein Mensch, dem man es aus Prinzip nicht recht machen kann. Selbst wenn Jesus erschiene und ihm ein Wunder auf den Teller zauberte: Er hätte immer noch was zu meckern. So sind Perfektionisten. Sobald du das erkennst, geht es dir besser. Sobald du merkst, dass es nicht an dir, sondern an deinem Chef und seinen völlig überzogenen, unerfüllbaren Ansprüchen liegt, ist der Chef zwar immer noch daneben, aber du kannst viel lockerer mit seinen Spinnereien umgehen.

Was tun bei objektiver Überlastung?

In den letzten zwanzig Jahren haben wir eine ungeheure Verdichtung der Arbeit erlebt. Oder mit den Worten einer Sachbearbeiterin im Innendienst: »Wir sind völlig überlastet! Zwei KollegInnen machen heute die Arbeit von ehemals fünf. Ständig kommen neue Aufgaben und Change-Projekte dazu, wir digitalisieren sämtliche Produkte, wir sollen agil werden, was immer das auch heißen mag, die Arbeit wird immer umfangreicher, wir sind praktisch ständig am Rotieren. Wir schaffen das alles nicht mehr!«

Manchmal könnte man meinen, dass 90 Prozent der arbeitenden Bevölkerung unter struktureller Überlastung leiden: Viel zu viel Arbeit für viel zu wenig Leute in viel zu wenig Zeit. Kein Wunder, dass die Burnout-Epidemie ständig neue Opfer fordert. Seit Jahren explodiert die Zahl der Krankschreibungen wegen stressbedingter Ursachen.

> **Antreiber-Hack: Arbeit schadet der Gesundheit!**
>
> Wer bei objektiver Überlastung auch noch von »*Hurry up!*«, »*Be perfect!*« und anderen subjektiven Antreibern gequält wird, macht sich

zum unvermeidbaren Stress zusätzlich noch vermeidbaren, unnötigen Stress. Oft ist der subjektiv erzeugte Druck sogar größer als die objektive Überlastung.

In jedem Unternehmen, jeder Abteilung, jedem Projektteam, Verein, Ministerium, in jeder Familie und Organisation, in denen Menschen wegen eklatanter Überlastung langsam (oder schneller) kaputtgehen, finden du und ich jedoch auch Menschen, die unter diesem Druck in aller Ruhe ihrer Arbeit nachgehen, ja sogar aufblühen. Wie machen die das?

Ganz einfach (aber nicht leicht): Sie sind weitgehend antreiberresistent. Sie arbeiten nicht getrieben, sondern vernünftig, mit Augenmaß und gesundem Menschenverstand. Wenn ich mit solchen Überlastungsüberlebenden rede, sagen diese unter impliziter Bezugnahme auf die entsprechenden Antreiber oft:

➤ *»Hurry up!«* (siehe Kapitel 5): »Wir arbeiten zügig, aber nicht hektisch, weil Hektik Fehler und Mehraufwand produziert. Wir lassen unter Zeitdruck alles Unnötige weg und arbeiten ständig daran, unsere Prozesse noch effizienter und flexibler zu machen. Wir erledigen das, was in der gegebenen Zeit machbar ist – auch wenn der Chef oder der Kunde mehr will. Über das, was nicht zu machen ist, verhandeln wir mit ihm. Auch er kann dem Tag nicht mehr als vierundzwanzig Stunden geben.«

➤ *»Be perfect!«:* »Natürlich wollen der Kunde oder der Chef es möglichst perfekt! Aber wenn der Kunde nicht dafür zu zahlen bereit ist, und wenn der Chef uns nicht die dafür nötige Zeit gibt, kriegen beide, was unter den Bedingungen eben möglich ist. Nicht mehr, aber auch nicht weniger.«

➤ *»Please people!«:* »Gerne würde ich dem Kunden, dem Kollegen oder dem Chef auch manchmal mehr geben. Ich möchte sie ja nicht hängenlassen! Aber ich möchte mich auch selbst nicht hängenlassen. Wenn ich mich hier gesundheitlich aufreibe und krankheitsbedingt ausfalle, hat niemand was davon – am allerwenigsten Kunde und Chef.«

➤ *»Try hard!«*: »Die Arbeit ist beendet, wenn das gewünschte Ergebnis erreicht ist – und nicht, wenn ich mich völlig verausgabt habe! *Work smart, not hard!*«

➤ *»Be strong!«*: »Ich muss nicht im Alleingang alles stemmen. Andere dürfen auch mit anpacken. Ich delegiere, was sich delegieren lässt. Gemeinsam sind wir stark.«

Wer so redet, muss aber über jede Menge Selbstbewusstsein verfügen? Jein. Eigentlich sind es jede Menge Assertiveness und Abgrenzungsfähigkeit. Mehr dazu in Kapitel 11.

Entweder ganz oder gar nicht!

Antreiber setzen nicht nur unter Druck und verursachen unnötige Kosten. Antreiber killen auch Chancen, verursachen Misserfolge und machen unglücklich. Ich erlebe das täglich, nicht erst seit ich vor siebzehn Jahren nach Slowenien gezogen bin. Der Arbeit wegen. Hängengeblieben bin ich der Liebe wegen.

Jana, meine Gattin, sprach schon damals fließend Deutsch. Irgendwann kam mir das allzu bequem und nicht sonderlich integrativ vor: Alle um uns herum redeten Slowenisch, nur wir unterhielten uns privat auf Deutsch. Also sagte ich: »Ab sofort reden wir nur noch Slowenisch!« Du hättest mich hören sollen in den ersten Monaten! Holprig, voller Fehler und mit einem Wortschatz wie ein Sechsjähriger. Aber: Ich kam über die Runden und bekam in Supermarkt und Restaurant, was ich brauchte. Außerdem sind die Slowenen freundliche Leute, die es honorieren, wenn ein Ausländer sich um ihre Sprache bemüht. Heute verhandle ich Millionenverträge in der Landessprache, trete im slowenischen Fernsehen auf und fühle mich in der Sprache zu Hause. Eben weil ich nicht wartete, bis ich die Sprache perfekt beherrsche, sondern schon zu radebrechen anfing, noch ehe ich es richtig konnte.

Viele ManagerInnen, Expatriates und Geschäftsleute, die mit mir damals und in der Zwischenzeit ins Land gekommen sind, machen es anders. Manche sind sogar noch länger da als ich. Aber mehr als »Ein großes Bier bitte!« kriegen sie in Slowenisch nicht zustande. Gleichzeitig ärgern sie sich, dass ich mit jedem Slowenen einen Deal einfädeln und abschließen kann, ohne umständlich über Englisch auszuweichen oder einen Dolmetscher zu bemühen. Man muss kein Hellseher sein, um zu erkennen, dass sie sich mit ihrer selbst auferlegten Sprachbarriere eine Menge Gelegenheiten durch die Lappen gehen lassen. Einmal ganz davon abgesehen, dass sie nie ein echter Teil ihrer neuen/zweiten Heimat werden. Das beklagen sie gelegentlich heftig. Ich sage dann meist: »Dann red halt auch Slowenisch!«

»Wie kann ich eine Sprache sprechen, wenn ich sie nicht beherrsche?«

Merkst du was? Ja, typisch »Be perfect!«. Ich rate dann oft: »Quatsch doch einfach drauflos. Die Menschen hier sagen dir schon, wenn sie dich nicht verstehen!«

Der Haken ist: Getriebene sind die Letzten, die bemerken, dass sie getrieben sind. Getriebene halten ihre inneren Zwänge nicht für Zwänge, sondern für die blanke Vernunft. Deshalb verteidigen sie ihre Antreiber meist mit den hanebüchensten Argumenten wie: »Aber die Sache mit der grammatikalischen Zweizahl im Slowenischen ist nicht so einfach. Das krieg ich nicht hin.«

»Vergiss die Zweizahl. Nimm einfach den Plural, und keiner wird sich beklagen.«

»Aber so ist das doch nicht korrekt!«

Merkst du es? Typisches »Be perfect!«-Argument: »Ist nicht korrekt!« Na und?

Armer Getriebener! Wenn er etwas nicht korrekt, perfekt oder exakt beherrscht, lässt er es ganz. Und ist noch stolz darauf: »Entweder ich mache etwas ganz oder gar nicht!« Das ist kein vernünftiger Grundsatz, das ist Perfektionistenpropaganda. Natürlich soll man etwas nicht falsch machen, wenn man es richtig machen kann. Doch etwas ganz bleiben zu lassen, bloß weil man darin nicht perfekt ist, ist kein vernünftiges Arbeitsprinzip, sondern völlig unangemessen, unverhältnismäßig und ein Kostentreiber und Chancenkiller obendrein.

Wie mörderisch dieser Chancenkiller ist, erkennen wir an der Welle der Start-ups. Sie operieren nicht mit »Ganz oder gar nicht!«, sondern mit

»Einfach mal machen!« – und hängen damit (perfektionistische) Milliardenkonzerne ab. Bei Amazon hatten sie ganz zu Beginn nicht einmal Packtische, sondern verpackten die ersten Sendungen auf dem Boden kniend. Hätte Jeff Bezos damals »Entweder ganz oder gar nicht!« gesagt und mit der ersten Versendung gewartet, bis er Packtische hatte, hätte Amazon niemals diesen exorbitanten Erfolg errungen. Perfektionismus ist ein Antreiber, kein Erfolgsrezept. Aber genau das kann ein Perfektionist nicht unterscheiden. Er weiß und erkennt nicht: Glück und Erfolg begünstigen den Aktiven, den Tätigen, den Macher – nicht den Perfektionisten.

Daraufhin sagte mir mal eine Coachee, Spartenleiterin in einem Konzern: »Ich sehe das ja ein und bemühe mich, meinen ›Be perfect!‹ unter Kontrolle zu halten. Aber sagen Sie das mal meinem Chef! Der ist ein noch schlimmerer Pedant!« Ja, was sagt man so einem Chef?

Hol den Chef von der Palme!

Du sagst deinem Chef (Kunden, Ehepartner …): »Nun lass mal fünfe gerade sein! So genau brauchen wir es hier nicht!« Was passiert?

Ist dein Gegenüber momentan antreiberfrei, wird es sagen: »Hast ja recht! Ich nehm es mal wieder genauer als nötig.« Wenn dein Gegenüber jedoch vom wilden Antreiber geritten wird, rastet er oder sie aus und beschimpft dich: »So eine Schlamperei lasse ich nicht zu!« Für den Perfektionisten ist ordentliche Arbeit bereits »Schlamperei«. Was machst du dann?

Die erwähnte Spartenleiterin überraschte mich mit der Aussage: »Wenn mein Chef mich beschimpft, weil ich statt unnötiger Perfektion eine ›Quick & Dirty‹-Lösung vorschlage, bin ich im Grunde erleichtert. Denn dann weiß ich: Er ist geistig weggetreten. Er ist auf dem Antreibertrip. Manchmal legt sich der Anfall, wenn ich ihm zwanzig Minuten Ruhe gönne.« Und wenn nicht? Dann holst du einen Perfektionisten am ehesten von der Palme herunter,

➤ indem du seinen perfekten Anspruch erst einmal lobst, um ihn zu beruhigen, zum Beispiel mit: »Es wäre natürlich toll, wenn wir es so perfekt hinkriegen könnten!«

➤ Danach weist du auf die möglichst konkreten, quantifizierten und detailliert aufgezählten Folgen, Kosten und Konsequenzen seines perfektionistischen Anspruchs hin, am besten mit einer Frage (wer fragt, der führt): »Haben wir die zusätzlichen 20.000 Euro für die perfekte Lösung?«

➤ Wenn er diesen Hinweis ärgerlich vom Tisch wischt (Getriebene machen das oft), dann bitte ihn, dir die perfektionistische Anweisung schriftlich zu geben, oder schick ihm eine Mail mit seinen »Be perfect!«-Anweisungen, oder mach zumindest einen detaillierten Aktenvermerk: *Cover your ass!*

➤ Schlag ihm eine weitgehende Wahrung seines Pedantenanspruchs vor: Diese und jene Aspekte der konkreten Aufgabe machst du absolut perfekt – der Rest wird nach höchstmöglichem Anspruch erledigt.

Diese Verhandlungslösung funktioniert. Immer. Weil dabei deutlich mehr herauskommt, als wenn du deinem Gegenüber die Perfektion auszureden versuchst: »Aber so perfekt ist es doch gar nicht nötig! Das kostet doch nur unnötig Zeit und Geld!« Denn was wird der Perfektionist darauf antworten? Ja, klar: »Wenn schon, dann aber richtig!«

Wenn du einen besonders intelligenten Perfektionisten vor dir hast, funktioniert auch oft ein offenes Wort: Sprich seinen Antreiber offen an! Ich erinnere mich zum Beispiel an eine sehr verdiente und gewissenhafte Mitarbeiterin, der ich einmal sagen musste: »Ich weiß, Sie würden am liebsten alles perfekt abliefern. (Sie nickte erfreut). Aber Sie wissen auch, dass die meisten Kunden das nie bezahlen werden und auch oft nicht so lange warten können. (Sie nickte traurig). Also, was schlagen Sie im konkreten Fall vor?«

Antreiber-Hack: Lass die sich selbst bremsen!

Hochintelligente Getriebene kannst du im akuten Fall dazu auffordern, ihren aktuellen Antreiber selbst in den Griff zu bekommen. Selbst wenn das fallweise nicht funktioniert: Du verlierst dabei nichts. Es schadet auch nicht.

Befreie dich!

Deshalb machte auch meine damalige Mitarbeiterin von sich aus Abstriche an ihren doch recht überzogenen Ansprüchen. Es tat ihr sichtlich weh. Aber noch schmerzlicher wäre es für sie gewesen, wenn wir wegen ihres Perfektionismus das Budget oder den Endtermin überzogen hätten. Und als ich sie danach einige Male auf einen einsetzenden Anfall von Perfektionismus hinwies, bekam sie durch die Wiederholungen so viel Übung, dass sie ihren Antreiber immer besser in den Griff bekam. Heute kann sie sogar darüber scherzen: »Autsch, das ist jetzt vielleicht etwas zu perfekt. Wären 80 Prozent auch okay?« Und alle nicken dankbar – bis auf die Perfektionisten in der Runde. Aber die lernen das auch noch.

Die erwähnte Perfektionistin ist übrigens sehr intelligent, denn irgendwann sagte sie: »Ich weiß, dass perfekte Lösungen manchmal unangebracht und unrentabel sind. Aber ich habe tief im Inneren eine heimliche Panik, dass was Schlimmes passiert, wenn es nicht perfekt ist.«

»Hm, ich bin kein Psychologe, aber ich bin mir sicher: Sie haben eben die Ursache Ihres Antreibers entlarvt.«

»Ja, klar – aber was nützt mir das jetzt?«

Gute Frage. Es befreit unendlich.

Befreie dich!

Wenn du weißt, warum und wozu du dich unbewusst antreibst, kannst du den inneren Zwang damit abschalten. Jeder Antreiber hat seinen guten Grund. Kennst du den Grund, kannst du den Antreiber zur Ruhe betten – immer und immer wieder. So lange, bis er ewige Ruhe gibt. Die innere Freiheit, die du dann erleben wirst, ist phänomenal. Viele sagen: »Ich fühle mich seither total erleichtert und befreit!« Jeder Antreiber folgt (mindestens) einem Motiv:

»Hurry up!« schützt dich davor, die anfallende Arbeit nicht zu schaffen. Je schneller du machst, desto eher schaffst du alles – denkt dein Antreiber (und übersieht dabei die astronomische Fehlerquote, die jede Hektik verursacht).

129

»Be perfect!« schützt dich vor Fehlern und deren Folgen.

»Please people!« versorgt dich mit der Anerkennung der Menschen in deinem Umfeld.

»Try hard!« gibt dir das gute Gefühl, dein Bestes gegeben zu haben.

»Be strong!« macht dich unabhängig von anderen Menschen und schützt dich davor, dass sie dich hängenlassen.

Der Trick besteht nun darin, nicht gegen diese sinnvollen Motive zu arbeiten à la: »Nun nimm's doch nicht immer so genau!« Das lässt der innere Widerstand nicht zu, der dir ständig suggeriert: »Aber wenn ich es nicht so genau nehme, dann mache ich Fehler, und das ist die Katastrophe!« Du vermeidest diesen inneren Widerstand, indem du nicht gegen, sondern mit dem Motiv des Antreibers arbeitest. Die erwähnte Perfektionistin macht das zum Beispiel so: »Wenn ich perfekt bin, mache ich keine Fehler. Aber wenn ich so lange frickle, bis die Arbeit perfekt ist, und deshalb Termin und Budget überziehe, wäre das der größere Fehler und überhaupt nicht perfekt! Wirklich perfekt wäre also, wenn ich es nicht ganz so perfekt mache.« Das klingt leicht unlogisch, ist jedoch psychologisch äußerst hilfreich.

Irgendwann fiel ihr sogar ein: »Wenn ich wirklich perfekt sein möchte, dann lege ich für jede Aufgabe vorher den Grad der Perfektion fest, der angemessen ist. Erst das ist wirklich perfekt!« Das war clever gelöst: Damit hat sie nicht gegen das System ihrer Antreiber, sondern mit dem System gearbeitet. Gegen die eigenen Motive zu arbeiten bringt weniger, als mit ihnen zu arbeiten. Trotzdem tun wir das natürlich. Ständig. Auch Svenja.

Das Suppenkasper-Syndrom

Als ich Svenja davon erzähle, wie die eben erwähnte Perfektionistin ihre Perfektionssucht überwand, sagt sie wie aus der Pistole geschossen: »Für jede Aufgabe den jeweils angemessenen Grad der Perfektion vorher festlegen? Für so was hab ich überhaupt keine Zeit!« Hast du es bemerkt? Was ist das?

Ja, das klingt zum einen schwer nach Suppenkasper: »Meine Suppe ess‹ ich nicht, nein, meine Suppe ess' ich nicht!« Zum anderen klingt das nach »Be perfect!« bei gleichzeitigem »Hurry up!«. Wir behandeln zwar die einzelnen Antreiber in verschiedenen Kapiteln nacheinander, doch in der Realität sind sie nicht so schön säuberlich getrennt. Sie treten oft gehäuft, simultan, verklumpt auf. Svenja ist nicht die Ausnahme, sondern die Regel: Selten werden Getriebene Opfer nur eines einzelnen Antreibers. Meist sind es zwei oder drei zusammen. Selbst vier auf einmal sind keine Seltenheit, entweder in schneller Folge hintereinander oder alle simultan. Wie gehst du damit um?

Antreiber-Hack: schön der Reihe nach!

Wenn Getriebene von verschiedenen Antreibern getrieben werden: Behandle sie alle der Reihe nach! Jeder kommt dran. Meist mehrfach.

Zu Svenja sagte ich: »Den Grad der Perfektion für eine Aufgabe festzulegen, dauert drei Sekunden. Für Ungeübte fünf. Das ist keine Integralrechnung! Das ist eine schlichte Überschlagsrechnung, wie Sie sie jeden Tag beim Einkaufen anstellen. Also, wann hätten Sie denn fünf Sekunden für sich Zeit?« Die Frage ist so hanebüchen, dass die Hälfte der »Hurry up!« selbst darauf kommt: »Also, fünf Sekunden sollte mir das schon wert sein!« Die andere Hälfte macht weiter mit dem Suppenkaspern und der Behauptung, noch nicht mal fünf Sekunden Zeit zu haben.

Diese Behauptung ist so offensichtlicher Unfug, dass du und alle anderen Umstehenden (leider nicht der/die Betroffene) es spätestens daran merken sollten: Dieser Getriebene steckt schon so tief in seiner Sucht, dass er nicht mehr davon loskommt. Also lass ihn los! Du bist kein Suchttherapeut. So jemanden holst du nicht mehr zu den Lebenden zurück. Falls du selbst schon so tief im Suchtschlamassel steckst: Geh in den kalten Entzug! Oder besorg dir einen guten Therapeuten, eine kompetente Therapeutin. Sonst nimmt das ein schlimmes Ende, wie bei allen Süchten.

Die Hölle der Perfektionisten

Neulich erzählte mir ein Ingenieur: »Wir haben einen neuen Antrieb entwickelt, der dem Unternehmen Millionen einbringen wird. Und was macht unser Controlling am Ende des Entwicklungsprojektes? Beschwert sich wegen einer versehentlich bestellten Lieferung von Kabelendhülsen für 83 Euro bei uns! Die haben sie wohl nicht mehr alle! Das ist doch völlig unverhältnismäßig!« Nein, das ist pedantisch. Aber so sind sie, die Perfektionisten. Ein besonders wahnsinniges Beispiel habe ich in einem kleinen Unternehmen erlebt.

Die Firma hat nicht mehr als fünfzig Mitarbeitende, doch der interne Revisor stellte irgendwann erschüttert fest, dass viele dieser fünfzig die Mittagspause »regelmäßig haltlos überziehen! Um fünf bis acht Minuten! Was das kostet! Die ruinieren den Betrieb!« Ach was, wegen acht Minuten? Aber so sind Perfektionisten: immer leicht hysterisch.

Eine etwas peinliche Note bekommt die »Katastrophe« dadurch, dass der Chef selbst regelmäßig mit seiner Belegschaft zu Tisch sitzt und ebenfalls die Mittagspause überzieht, wenn über ein wichtiges betriebliches oder technisches Thema gefachsimpelt wird. Alle brainstormen wild an Lösungen, kein Schwein interessiert sich für die Zeiterfassung, der interne Revisionsperfektionist kriegt den Koller! Jeder vernünftige Mensch würde sagen: Wenn selbst der Firmenchef die Pause gelegentlich überzieht, dann könnte man auch mal ein Auge zudrücken.

Nicht, wenn man vom inneren Zwang zur Perfektion getrieben ist. Am Firmenchef kann der Pedant seine Pedanterie nicht auslassen. Aber ihm platzt der Schädel, wenn er nicht jemanden zur Sau machen kann. Also macht er dem Personalleiter die Hölle heiß. Dieser tippt sich an die Stirn, muss aber dem Druck des Revisors nachgeben und schickt eine Rundmail raus: »Bitte seht zu, dass ihr spätestens nach sechzig Minuten wieder einstecht!« Ergebnis?

Null. Entweder lacht die Belegschaft über die Rundmail oder zuckt mit den Schultern und vergisst sie umgehend – und überzieht weiter. Das treibt den Revisionspedanten nun völlig zur Weißglut. Jetzt traut er sich an den Firmenchef ran und hält diesem ein zehnminütiges Referat über die gravierenden Folgen von überzogenen Mittagspausen, an dessen Ende der Firmenchef sagt: »Sorry, Herr Kollege, aber beim Mittagessen schaue ich selbst auch nicht auf die Uhr. Vor allem dann nicht, wenn wir dabei neue Ideen entwickeln. Was diese Ideen der Firma bringen – haben Sie das mal durchgerechnet?« Natürlich nicht! Das ist doch gerade das Leitsymptom von »Be perfect!«. Wer von diesem Antreiber versklavt wurde, ist in Details so perfekt, dass es aufs Ganze betrachtet bereits wieder fehlerhaft ist. Was den Revisor nicht juckt.

Denn er sitzt am längeren Hebel (deshalb ist er Revisor geworden): Er könnte gegen den Personalleiter eine zweite offizielle Mahnung aussprechen – und das würde die Karriere dieses Managers empfindlich beschädigen. Der Personalleiter steht jetzt wirklich unter Druck: Genau das, was Getriebene immer machen, schaffen und unbewusst erreichen wollen. Druck. Unter diesem Druck befinden wir uns alle täglich dutzendfach: Irgendwer hat den Antreiberkoller, und wir müssen das ausbaden!

Chef-Hack 40: Tricks die Getriebenen aus!

Wenn du dich von einem Getriebenen unter Druck setzen lässt, setzt dein Verstand aus, und du verlierst. Bleibst du cool, kannst du ihn austricksen.

Wer bei Antreiberattacken die Nerven verliert, hat schon verloren. Der Personalleiter kennt sich als Manager, der für Menschen zuständig ist, gut mit Antreibern aus. Also greift er zu einem Trick. Kommst du darauf?

Ja, liegt auf der Hand – wenn man sich von der Antreiberattacke nicht ins Bockshorn jagen lässt und cool bleibt. Der Personalleiter sagt zum Firmenchef: »Ich schlage vor, wir verlängern die Mittagspause von sechzig auf siebzig Minuten. Bei vollem Lohnausgleich. Einverstanden?« Klar ist er das. Problem gelöst. Und alle sind glücklich, selbst der Pedant. Denn hinter dieses »Problem« kann er nun endlich sein »Erledigt«-Häkchen machen. Pedanten leben für ihre Häkchen.

Bekämpf Pedanten – aber richtig!

Zum Beispiel der Firmenchef in unserem Praxisbeispiel: Hat er sie noch alle? Eigentlich müsste er als Big Boss doch wohl ein Machtwort sprechen und zum Revisor sagen: »Herr Kollege, Sie sollen vernünftig prüfen, aber nicht den Laden mit Unverhältnismäßigem aufhalten! Auch Sie haben einen Ermessensspielraum – nutzen Sie ihn bitte! Außerdem gibt es gravierendere Missstände im Betrieb, kümmern Sie sich um diese!« Das sagt er aber nicht. Er ignoriert das Ganze zunächst. Damit macht er sich zum Komplizen des Pedanten durch Unterlassung. Er führt nicht. Er macht lieber. Zum Beispiel Mittagspause. Das ist typisch für unseren Umgang mit Pedanten, hilft aber nicht:

> **Chef-Hack 41: Tu was, auch wenn es lästig ist!**
> Pedanten sind lästig, weshalb wir sie oft ignorieren. Das ist verständlich, bestärkt den Pedanten jedoch, der es daraufhin immer schlimmer treibt: Nicht wegschauen! Ansprechen!

Einen weiteren typischen Fehler im Umgang mit Pedanten begeht der Personalleiter mit seiner Rundmail: Er gibt dem Druck des Pedanten nach und schickt die Mail raus. Ohne die Reaktion der Adressaten zu antizipieren. Ohne darüber nachzudenken, ob es nicht vielleicht eine bessere Lösung gäbe (auf die er am Ende dann auch kommt).

> **Chef-Hack 42: Nimm die bessere Lösung!**
> Zu tun, was Pedanten verlangen, ist zwar die kurzfristig bequemere, aber langfristig meist schlechtere Lösung. Wenn ein Pedant dir eine »Lösung« vorschreibt: Es gibt meist eine bessere. Finde sie!

Pedanten wollen immer alles korrekt machen. Deshalb haben sie Regeln erfunden, wie zum Beispiel: »Die Mittagspause dauert sechzig Minuten und keine Minute länger!« Ständig berufen sie sich auf diese Regeln und die strikte Einhaltung derselben. Das ist die eine Lösung. Die bessere ist: Ändere die Regeln – wenn und insofern sie dem größeren Ganzen nicht mehr dienen. Genau das macht der Personalleiter am Ende: Er ändert die Pausenregel von sechzig auf siebzig Minuten bei Lohnausgleich.

Während dieses »Mittagspausenkrieges« (so nannte die Basis im Betrieb das) regten sich viele fürchterlich über den Revisor auf: »Der hat sie doch nicht mehr alle!« Das stimmt. Aber das hilft nicht. Jammern hilft nicht. Erstens schafft es keine Lösungen. Und zweitens schafft es kein Problembewusstsein an den verantwortlichen Stellen.

Der Firmenchef hatte nämlich bis zuletzt keine Ahnung von dem Problem. Er las die Hausmitteilungen des Personalleiters schlicht nicht. Der Revisor sprach wohlweislich zunächst nicht mit ihm. Und niemand fand es für nötig, ihn detailliert über das zu informieren, was gerade im Betrieb abging. Alle waren viel zu sehr mit Jammern beschäftigt:

> **Chef-Hack 43: Nicht jammern – informieren!**
> Rede sachlich und konkret mit anderen und mit Vorgesetzten über das, was Pedanten sich leisten. Ohne sachliche Information kann man keine Probleme lösen.

Wir denken meist, dass es allen und vor allem den Chefs doch wohl längst klar sein müsste, wie die Pedanten uns quälen. Das ist in der Regel falsch gedacht. Deshalb treiben Pedanten es oft so bunt: Sie fliegen unterm Radar von Vorgesetzten. Bring sie wieder auf den Schirm! Informiere andere und Vorgesetzte!

Warum kapiert der das nicht?

Wenn ich Praxisfälle wie den eben skizzierten mit Coachees, Vortragspublikum oder Workshopteilnehmern diskutiere, sagt ungefähr die Hälfte:

➤ »Aber das muss der Spinner doch merken, dass er mit seiner Pedanterie den ganzen Laden aufhält!«

➤ »Wie kann ein Mensch so dumm sein, nicht zu erkennen, dass er allen andern auf den Keks geht?«

➤ »Ich verstehe nicht, wie jemand so die Realität verkennen kann!«

Das denken wir wohl alle gelegentlich, wenn uns Hektiker, Pedanten, Schöntuer, Berufsüberlastete und Einzelkämpfer nerven. Das ist ein schönes Paradoxon:

Das Arschloch-Paradoxon

Lästige Zeitgenossen leiden unter Realitätsverlust (sie bemerken nicht, dass sie uns auf den Geist gehen und unnötige Kosten verursachen). Wenn wir jedoch jammern, dass wir »einfach nicht verstehen, wie sich jemand so dämlich benehmen kann«, versteckt sich hinter dieser Verständnisverweigerung ebenfalls ein eklatanter Realitätsverlust: Wir wollen nicht wahrhaben, was ganz zweifellos sehr wahr und wirklich ist.

Das ist menschlich, schadet uns aber. Kein Problem wird dadurch besser, dass man es leugnet oder nicht verstehen will. Menschen, die sehr gut mit dämlichen Zeitgenossen umgehen können, pflegen ganz bewusst andere Einstellungen:

➤ »Wer ist der größere Idiot? Der Idiot? Oder der sich über den Idioten aufregt?«

➤ »Ich kann nichts dafür, dass mein Chef ein Vollpfosten ist – aber ich kann was dagegen.«

➤ »Ich kann nicht beeinflussen, dass sich mein Chef gelegentlich zum Depp macht. Aber ich kann meine Reaktion darauf beeinflussen. Also tue ich das.«

➤ »So ist sie halt manchmal. Es nützt nichts, wenn ich das nicht wahrhaben will. Besser ist, wenn ich mich darauf einstelle.«

➤ »Das flexiblere Element steuert das System.«

Das Dümmste, was man als Reaktion auf lästige Zeitgenossen machen kann, ist, es nicht wahrhaben zu wollen. Glaub mir: Es ist wahr! Und je schneller du das frustriert akzeptierst, desto schneller und wirksamer kannst du dich aus der Antreibersklaverei befreien.

Sei kein Sklave!

Pedanten sind schlimm. Schlimmer ist, wenn sie uns zu ihren Sklaven machen. Das passiert Andrea. Sie wird versklavt.

Andrea ist Controllerin bei einer Landestochter eines internationalen Konzerns und eine Kapazität auf ihrem Gebiet. Trotzdem treibt ein Kollege in der Konzernzentrale sie langsam in den Wahnsinn.

Am Dienstagmorgen mailt er ihr: »Schicken Sie mir bitte umgehend Ihren Forecast bis zum Jahresende!« Andrea klickt den Forecast an, überprüft ihn nochmal, aktualisiert einzelne Daten und schickt das Tabellenwerk an den Kollegen. Zwei Stunden später mailt er: »Jetzt brauche ich noch die Daten fürs Vergleichsquartal aus dem Vorjahr!« Auch diese sucht Andrea ihm heraus und schickt sie ihm – obwohl sie gerade an einer besonders kniffligen Überprüfung eines Investitionsprojektes sitzt und keine Zeit für Kinkerlitzchen hat.

Wenig später mailt der Kollege schon wieder: »Wenn ich Soll und Ist fürs aktuelle Quartal vergleiche, komme ich zu anderen Zahlen als Sie. Bitte schicken Sie mir daher noch die Details mit den Gehältern per Abteilung!« Jetzt platzt Andrea der Kragen. Vor allem, weil das jeden zweiten Tag so geht: »Ich bin doch nicht die Datensklavin des Kollegen von der Zentrale! Ich habe auch noch andere Arbeit zu erledigen!« Was soll sie tun?

Andrea überlegt kurz, den Rechner auszuschalten und heimzugehen (die passiv-aggressive Option). Dann packt sie die Wut, und sie erwägt, den penetranten Kollegen in der Zentrale anzurufen und ihm klarzumachen, dass sie nicht seine Sekretärin ist (die aggressive Option). Dann kommt ihr der Gedanke: Sie könnte zum Chef gehen und sich über den lästigen Kollegen beschweren (die Dienstwegoption). Leider weiß Andrea aus Erfahrung, dass das wenig bringt. Denn ihr Landeschef zieht gegenüber den (eingebildeten) Fürsten in der Konzernzentrale keine Wurst vom Teller.

Andrea könnte auch mit ihren Kolleginnen und Kollegen fürchterlich über den »Dünnbrettbohrer« in der Zentrale lästern – die Lästerlösung, die keine ist: Lästern löst nichts.

All das könnte Andrea tun. Tut sie aber nicht. Weil sie inzwischen weiß, wie man Pedanten behandeln muss. Du auch? Die Lösung ist nicht schwer zu erraten.

Andrea beantragt bei der IT-Abteilung einen direkten Zugang zum Reporting-Tool der Landestochter. Nicht für sich. Sondern für den Pedanten in der Zentrale. Soll er sich seine Daten künftig selbst raussuchen. Natürlich tut er das nicht! Er belästigt sie weiter mit seinen Datengesuchen. Doch auf jede Pedantenattacke antwortet Andrea nun: »Sie haben Zugang. Besorgen Sie sich die Daten.« Das muss sie insgesamt viermal wiederholen. Dann lässt der Pedant von ihr ab – und sucht sich ein anderes Opfer, das er versklaven kann. In der Landestochter findet er keines mehr. Denn Andrea hat KollegInnen und Chef vorgewarnt. Sie alle kopieren inzwischen Andreas Rezept. So macht man das.

> **Chef-Hack 44: Lass den Erbsenzähler selbst zählen!**
> Wenn dich ein Pedant dazu einspannen will, für ihn Haare zu spalten: Gib ihm die Mittel, es selbst zu tun.

Das nennt man auch »kalte Rückdelegation«. Funktioniert nicht immer. Aber deutlich öfter, als sich zähneknirschend damit abzufinden, dass man zum Haarspaltersklaven gemacht wird.

Kann man Pedanten heilen?

Es ist nicht dein Job, Mäusemelker zu therapieren. Du bist kein Psychiater. Und auf die Couch des Psychiaters gehören viele Pedanten. Denn vieles von dem, was wir hier flapsig »Perfektionismus« nennen, heißt im internationalen klinischen Sprachgebrauch OCPD – Obsessive-Compulsive Personality Disorder; zu Deutsch: Zwangsstörung. Das ist eine Krankheit, und du bist kein Arzt – also musst du keine Therapieversuche unternehmen. Genau das tun jedoch viele gestandene PraktikerInnen, und man muss sagen: mit einigem Erfolg.

Vor einiger Zeit geriet zum Beispiel die Personalleiterin eines deutschen Konzerns mit der Aussage in die Schlagzeilen, dass sie insbesondere für Buchhaltung und Controlling gerne Zwangsneurotiker einstelle, weil diese die geringsten Fehlerquoten hätten. Die linksliberale Presse fiel mit der üblichen Zwangshysterie über sie her, die Zwangsneurotiker im Konzern bedankten sich bei ihr: »Danke, dass Sie uns einen Job geben – wir haben es schwer genug im Leben.« Das ist eine mögliche Lösung: Setz Perfektionisten auf jene Jobs, in denen Perfektion nicht den Laden aufhält, sondern bitter nötig ist. Im Flugzeugbau zum Beispiel. Oder im OP, in der Forensik, der Grundlagenforschung, beim Bug Testing in der Software-Entwicklung, bei der Cyber-Security, im Risk Management ...

Ein Entwicklungsleiter bei einem Maschinenbauer »therapiert« seine Perfektionisten mithilfe des Worst Case, des schlimmsten Falles. Er sagt: »Jeder gute Ingenieur möchte die beste, perfekte Lösung liefern. Bis runter zum kleinsten Bolzen. Leider können wir und unsere Kunden das oft nicht bezahlen. Wir haben auch nicht immer die Zeit dafür!« Da er weiß, wie panisch sich Perfektionisten vor Fehlern im Besonderen und vor zweitbesten Lösungen im Allgemeinen fürchten, fragt er den Perfekt-Entwickler: »Wenn wir hier nicht den Spezialbolzen nehmen, den du erst entwickeln musst, sondern den bestmöglichen Standardbolzen, was würde schlimmstenfalls passieren?«

»Das wäre die Katastrophe! Das ist keine State-of-the-Art-Lösung!«

»Das ist mir auch klar. Aber noch einmal: Was wäre der Worst Case?«

»Dass das komplette Modul ausfällt, sobald der Bolzen bricht!«

»Wann könnte das der Fall sein? Ich bitte um eine exakte Antwort!« (Damit kriegt man Perfektionisten immer.)

»Also, der Bolzen hat eine Standzeit bei Standardanwendungen von sechzigtausend Stunden. Da er eben nicht auf unsere Konstruktion passt, fällt er bestimmt schon nach vierzigtausend Stunden aus.«

»Danke für die Angabe. Nach zwanzigtausend Stunden kommt das Modul in die turnusmäßige Wartung. Da wechseln wir den Bolzen dann aus. Ist das für dich akzeptabel?«

»Was? Wie? Ja, klar. Aber die beste Lösung ist das immer noch nicht.«

»Das habe ich nicht gefragt. Ich habe gefragt, ob das für dich akzeptabel ist.«

»Ja, klar, natürlich.«

Diskussion beendet, Perfektionsanfall abgewendet – mit erwünschter Nebenwirkung: Je öfter der Entwicklungsleiter diese therapeutische Intervention anwendet, desto eher, schneller und nachhaltiger lernt der Perfektionist, dass die beste Lösung nicht immer die perfekte Lösung ist. Er lernt, seinen Antreiber selbst in den Griff zu bekommen, indem er den Worst Case, vor dem er sich abstrakt fürchtet, so konkret durchdenkt, dass sich seine Furcht zerstreut.

Eine sehr menschenfreundliche Pedantentherapie kommt – natürlich – von einer weiblichen Führungskraft, einer Managerin auf mittlerer Hierarchieebene, die bei anstehenden Aufgaben ihre hausbekannten PerfektionistInnen unter vier Augen beiseitenimmt und auf einen Kaffee einlädt, um die Aufgabengestaltung zu besprechen. Sie sagt: »In lockerer Atmosphäre sind sie sehr viel weniger pedantisch, als wenn sie unter Stress stehen.« Das ist übrigens wissenschaftlich belegt: Antreiber aktivieren sich am heftigsten unter Stress. Sie sind praktisch eine Problemlösung gegen Stress, bei der die Lösung schlimmer ist als das Problem; eine sogenannte Fehlanpassung.

Ein anderer Manager sagte mir: »Ich schicke meine Pedanten für einige Monate zu einem unserer Standorte auf den Balkan. Mit ihrem typisch deutschen Perfektionismus machen die sich dort nur lächerlich.« Dort erkennen sie oft zum ersten Mal in ihrem Leben: Was ich treibe, ist nicht die einzig wahre Wahrheit, sondern lediglich eine spezifische Kultur. In anderen Ländern herrschen ganz andere Kulturen, die nicht weniger produktiv sind als meine. »Wenn die Perfektionisten wieder zurück sind«, sagt der Manager, »dann sind sie ein Drittel weniger pedantisch, aber dafür viel flexibler, spontaner und improvisationsfreudiger.« Reisen bildet.

Der Oberschlamper

Bestimmt bist du selbst schon darauf gekommen: Für jeden Antreiber gibt es auch den Gegenantreiber.

1. Das Gegenteil des »*Hurry up!*« ist der »Nun mach mal langsam, Alter!«-Kollege oder der »Ging leider nicht früher!«-Lieferant, der sich selbst dann noch im Schneckentempo bewegt, wenn schon die Bude brennt.

2. Das Gegenteil des »*Be perfect!*« ist der Schlamper, der ständig unvollständige und fehlerhafte Arbeit abliefert.

3. Der Narzisst, Egozentriker oder Egomane ist das Gegenteil des »*Please people!*«.

4. Das Gegenteil des »*Try hard!*« ist der Freizeitmaximierer, der bei der Arbeit nur eines maximiert: seine Schonhaltung.

5. Das Gegenteil des »*Be strong!*« ist der »*Save me!*«. Wegen jedem Furz ruft der Chef, der Kollege, das Kind oder der Beziehungspartner nach dem großen starken Mann, der alles richten und ihn retten soll.

Leider hat sich in den letzten Jahren von diesen fünf Untypen vor allem der Schlamper wie Falschgeld vermehrt. Insbesondere gute Ingenieure, Techniker oder Monteure klagen: »Früher haben wir noch Qualität geliefert (was schon leicht nach ›Be perfect!‹ riecht). Heute liefern wir den größten Mist aus!« Warum?

Weil es in vielen Unternehmen und Branchen nicht mehr auf Qualität, sondern auf Umsatz und vor allem auf Kosteneffizienz ankommt: Die Kosten werden immer und immer wieder so stark gedrückt, dass am Ende die Qualität der Prozesse, der Dienstleistungen und Produkte stark leidet. Menschen, die gerne ordentlich und ehrlich arbeiten, stresst das immens: »Wir sagen dem Chef ständig, dass wir praktisch Mängelware ausliefern, aber er sagt bloß: ›Kein Geld für bessere Qualität!‹«

Viele klagen: »Wir machen längst nicht mehr, was zielführend und sinnvoll wäre, sondern nur noch das, was am wenigsten kostet.« Gezwungenermaßen Mist zu produzieren, der den Kunden dann zu überhöhten Preisen angedreht wird, belastet viele ehrliche Menschen enorm, und sie beklagen sich heftig darüber. Leider ist Jammern keine Coping Strategy, keine Bewältigungsstrategie:

Chef-Hack 45: Change it, love it or leave it!

Eine der besten Bewältigungsstrategien besagt: Ändere es, stell dich drauf ein oder lass es – aber heul nicht rum!

Change it! Kostenhysteriker verkennen meist die Chancen eines Hochpreissegmentes. Zeig dem Schlamper, dass es zwar einen Markt für Schlamperprodukte (-prozesse, -Services) gibt, aber auch einen für Hochpreisqualität. Je konkreter du das nachweist, desto eher lässt der Schlamper einen Qualitätsbereich zu – in dem natürlich du dann arbeitest.

Love it! Schlamperchefs wollen oft keinen Mist an sich, sondern lediglich als Mittel zum Zweck der Kostensenkung. Also zeig dem Schlamper, wie ihr Qualität halten und gleichzeitig trotzdem Kosten senken könnt; zum Beispiel durch modernere Technologien, effizientere Prozesse oder Prozessinnovationen.

Leave it! Wenn du die Schlampereinstellung deines Chefs (Kunden, Beziehungspartners, Lieferanten …) weder ändern (Change it!) noch gestalten (Love it!) kannst oder willst, dann solltest du diese Abteilung, Firma, Kunden- oder Privatbeziehung schnellstmöglich verlassen. Denn je länger du hier arbeitest/lebst, desto stärker verlierst du dich und verkaufst deine Seele.

Das ist gesunder Menschenverstand: Es ist immer was zu machen. Aber wenn nichts mehr zu machen ist, bleibt nur noch eines zu tun: Du gehst.

7. Hör auf, so nett zu sein!

Sich aufzuopfern ist nicht nobel, eher dämlich

Dass Nettsein (also der Antreiber »Please people!«, siehe Kapitel 5) vor allem eine »Frauenkrankheit« sei, halte ich für einen sexistischen Mythos. Ich kenne jede Menge Männer, die sich für den Job, den Chef, die Familie, die Kunden oder den Verein unverlangt aufopfern bis zur Selbstaufgabe, zum Beispiel Stephan. Er arbeitet jeden Tag bis sieben, 8 Uhr abends.

Seine Frau droht, ihn zu verlassen, weil sie ihn so gut wie nicht mehr sieht. Seine Kinder kennen ihn kaum noch. Seine Gesundheit ist zerrüttet. Ihn quält das alles. Doch noch mehr quält ihn: »Wenn ich mich nicht voll reinknie, wirft mich der Chef raus! Dass er mir damals als Quereinsteiger ohne Branchenerfahrung überhaupt eine Chance gegeben hat, dafür muss ich ihm ewig dankbar sein!«

Als ich Stephans Chef frage, ob er diese selbst- und familienzerstörerische Dankbarkeit täglich mit vorgehaltener und durchgeladener Kalaschnikow von Stephan erpresse, sagt dieser: »Sie sind wohl verrückt! Und erst Stephan! Dauernd sage ich ihm, dass er um fünf Schluss machen und zu seiner Familie soll! Der arbeitet sich noch zu Tode. Aber der Kerl will nicht auf mich hören!« Nein, er hört nicht auf seinen Chef, der sagt: »Go home!« Er hört auf seinen Antreiber, der sagt: »Bleib da! Arbeite dich zu Tode, sonst feuert der Chef dich! Hör nicht auf ihn. Hör auf mich!«

Stephans Kopf weiß recht wohl, dass der Chef nie von ihm gefordert hat, jeden Tag bis acht zu arbeiten. Aber sein Bauch gibt ihm ständig das Gefühl: »Wenn du nicht bis acht arbeitest, verlierst du auch noch diesen Job, und das könnte dann der letzte gewesen sein!« Angst ist die Ursache von Stephans Antreiber. Sein Antreiber möchte ihn vor dieser Angst schützen. Notfalls auf Kosten von Scheidung, Verlust des Sorgerechts und Burnout. Deshalb sind Antreiber so gefährlich: Sie haben eine gute Absicht, die sie häufig äußerst schlecht umsetzen, und sie kennen dabei keine Grenzen; sie sind maßlos. Lässt du ihnen freie Hand, ruinieren sie dich eher früher als später. Später aber ganz gewiss.

An dieser Stelle sagte mal ein Zuhörer bei einem meiner Vorträge: »Ich hätte gerne einen Vorgesetzten mit ›Please people!‹.« Ich sagte ihm: »Das glaube ich nicht!«

Nette Vorgesetzte taugen nicht

Der naive Zeitgenosse nimmt an, dass ein Vorgesetzter mit »Please people!« das Beste sei, was einem passieren könne: »Denn so ein netter Vorgesetzter wäre natürlich ständig nett – auch zu mir!« Das ist ein Irrtum. Volker weiß das inzwischen.

Volker hat einen »Please people!« als Vorgesetzten. Dieser ist Hauptamtsleiter in einer norddeutschen mittelgroßen Stadt. Als solcher genehmigt er inmitten des ältesten, fachwerkdurchzogenen Teils der Stadt einen ultramodernen Neubau aus Glas, Beton und Stahl, der städtebaulich in das alte Quartier passt wie ein Messer in den Rücken. Volker bekommt fast einen Herzinfarkt, als er die Baupläne sieht. Der Stadtrat steht Kopf. Die Presse fordert den Rücktritt des Amtsleiters. Alle fragen sich: Wie kann man bloß so dämlich sein, die Stadt derart zu verschandeln und die eigene Karriere aufs Spiel zu setzen? Hat der Mann sich bestechen lassen?

Nein. Viel schlimmer: Er ist ein »Please people!«. Die kassieren für so ein Selbstmordattentat noch nicht einmal Bakschisch – die machen es umsonst! Dämlicher geht's nicht. Und auch nicht einfacher: Der chinesische Investor, der den Neubau hochziehen wollte, hat den Amtsleiter so höflich und respektvoll umworben, wie es kommunale Bedienstete nur selten erleben. Deshalb fühlte der Amtsleiter sich dem einflussreichen Investor derart verpflichtet, dass er es einfach nicht übers Herz brachte, sein Baugesuch abzulehnen. Er wollte es sich nicht mit ihm verscherzen: »Please people!«

In diesem konkreten Fall konnte die öffentliche Hysterie die Stadtverschandelung noch abwenden. Doch Volker weiß: »Mein Chef dreht ständig solche Dinger. Er trifft die übelsten Fehlentscheidungen, bloß weil er sich bei bestimmten Leuten lieb Kind machen möchte!« So ein Chef treibt jeden in den Wahnsinn. Warum eigentlich?

Schlechte Chefs sind beratungsresistent. Warum?

Volkers Chef geht es (in vielen Fällen) ganz offensichtlich nicht um das, wofür er bezahlt wird: den Städtebau. Volkers Chef geht es aus persönlichen Gründen des inneren Zwanges recht häufig und vorrangig darum, von möglichst prominenten Investoren und Honoratioren der Stadt gemocht zu werden – das ist typisch für »Please people!«. Er folgt seinem Antreiber, nicht seinem Auftrag. Wenn ich mit Chefopfern spreche, dann ist es meist das, was sie am meisten aus der Fassung bringt und die Wände hochtreibt: »Dem Chef geht es überhaupt nicht um die Sache, sondern nur darum, von möglichst prominenten Leuten Applaus zu kriegen!«

➤ »Wir machen hier die eigentliche Arbeit, die Chefin treibt sich mit der Prominenz herum!«

➤ »Er macht Karriere, wir die Arbeit!«

Das geht oft so weit, dass der getriebene Chef die »eigentliche Arbeit« nicht nur ignoriert, sondern sogar behindert. Nämlich dann, wenn die eigentliche Arbeit, für die du bezahlt wirst, in Konflikt mit seinen Interessen gerät. Das ist leider bei allen Antreibern so:

➤ Der »*Hurry up!*« verfolgt nicht vorrangig die Aufgabe, das Ziel, die eigentliche Arbeit, sondern: möglichst viel Hektik! Auch und gerade dann, wenn Hektik der Arbeit und der Zielerreichung schadet.

Tritt der Schaden dann ein, ist natürlich nicht seine Hektik schuld, sondern wer? Klar. Du. »Weil Sie zu langsam arbeiten!« Arbeitest du schneller, machst du also bei seiner Hektik mit, erreicht ihr noch weniger, weshalb du noch mehr von ihm zu hören kriegst. Wer hierbei nicht verrückt wird, ist es schon.

➤ Der »*Be perfect!*« setzt nicht alles daran, seine Leistungsziele zu erreichen, sondern möglichst viele Haare möglichst oft zu spalten. Führt das nicht zum gewünschten Ergebnis, was es nicht kann, dann bist wieder mal du schuld daran. Nicht er mit seinem verdammten Antreiber.

➤ Der »*Please people!*« treibt dich zwar an, deine Arbeit zu machen, doch wenn ihn zufällig ein durchreisender C-Promi aus dem Fernsehen zum Golfen einlädt, schwänzt er ausgerechnet das Projektmeeting für die Meilensteinabnahme – wirft es dir aber danach vor, wenn der Meilenstein nicht rechtzeitig abgenommen wurde.

➤ Der »*Work hard!*« will nicht, dass du deine Arbeit gut machst. Er will, dass du dich und sämtliche zur Verfügung stehenden Ressourcen dabei völlig verausgabst, auch und gerade dann, wenn es total ineffektiv und ineffizient ist.

➤ Der »*Be strong!*« will dagegen überhaupt nicht, dass du deine Arbeit machst, weil er und er allein möglichst alles im Alleingang stemmen möchte, ja muss.

Du denkst, du bist eingestellt worden, um die Arbeit zu erledigen, die in deinem Anforderungsprofil steht. Das sollst du auch. Nebenher. Denn hauptsächlich bist du als Antreiberfutter für deinen Chef gedacht. Und wenn du deinen Vorgesetzten auf diese Jobvergewaltigung aufmerksam machst, sieht er es dann ein, dass er auf dem Holzweg ist? Mitnichten! Er verteidigt seinen Antreiber. Antreiber sind stärker als die Vernunft. Deshalb sind getriebene Chefs beratungsresistent. Antreiber lassen sich nicht beraten, nur therapieren.

»Also ist die Lage hoffnungslos?«, fragt mich Volker. »Der Chef kriecht jedem reichen Investor in den Hintern, der ihm ein Essen im Drei-Sterne-Restaurant spendiert? Und wir müssen seine Fehlentscheidungen dann ausbaden?« Nein, müsst ihr nicht!

Wie du deinen Chef davon abhältst, andern hinten reinzukriechen

Das Bild ist schon pittoresk: Ein Arsch kriecht anderen in den Arsch. Doch Volker findet das nicht lustig. Wenigstens steht er dem Phänomen nicht mehr hilflos gegenüber.

Denn seit Volker erkannt hat, dass sein Chef nicht meschugge ist (wie er bislang annahm), sondern an »Please people!« leidet, hat er eine Anti-Antreiber-Strategie entwickelt: »Ich kenne jetzt die vier, fünf Prominenten in der Stadt, auf die sich seine Gefallsucht ebenfalls erstreckt. Und wenn er wieder eine Fehlentscheidung mit einem auswärtigen Investor ausbrütet, suche ich mir den passenden kommunalen Prominenten aus, dessen Meinung ich natürlich vorher in Erfahrung gebracht habe, und schieße meinem Chef vor den Bug. Ich sage ihm: ›Wenn Sie dem Investor den Zuschlag geben, lädt der Herr Doktor von der Weidenfeller Sie aber nie wieder zu einem Glas Wein ein!« Das sitzt. Das trifft. Das wirkt. Wirkt das noch nicht, arrangiert Volker einen Anruf vom jeweiligen Prominenten. Spätestens das aktiviert den »Please me!« beim Chef stärker für den kommunalen Promi als für den »Zugereisten«. Volker macht das gerne.

Einige seiner KollegInnen dagegen nicht: »Wir können den Chef doch nicht so manipulieren!« Aber dass er euch mit seinen Fehlentscheidungen quält, das könnt ihr zulassen? Vor allem aber:

> **Chef-Hack 46: Alle haben was davon!**
>
> Einen »*Please me!*« davor zu schützen, anderen zu sehr gefallen zu wollen, schützt auch den »*Please me!*« selbst davor, Fehlentscheidungen zu treffen und sich zum Gespött zu machen.

Der Bullshit-Boss

Oft höre ich: »Unser Chef ist völlig inkompetent. Der redet bloß Bullshit!« Gemeint ist damit der Schlagwortchef. Am liebsten produziert er sich in Meetings und bei Präsentationen, indem er massenhaft aktuelle Modewörter absondert. Derzeit in Mode sind unter anderem: Disruption, Digitalisierung, Transformation, VUCA, Vierte Industrielle Revolution, IoT (Internet of Things), »gut aufgestellt« sein, Nachhaltigkeit, User Experience oder auch Design Thinking. Was sind die Lieblingshohlphrasen deines großsprecherischen Chefs (Kollegen, Kunden, Lieferanten …)?

Dauernd schwafelt der Schlagwortchef von solchen großen Worten. Doch er kann

a) nicht sagen, was diese Schlagworte tatsächlich bedeuten, und

b) wie sie euren Alltag und eure Aufgaben konkret verändern werden, und

c) wenn mit den Schlagworten dann tatsächlich konkrete Arbeit verbunden ist, überlässt er sie euch und macht sich nicht die Hände schmutzig.

Warum macht er das?

Weil er mit den großen Worten Eindruck schinden will. Vor euch und allen, die ihm zuhören (müssen). Damit kannst du ihn klar als »Please people!« diagnostizieren. Wir alle müssen zum Beispiel digitalisieren, und in vielen Unternehmen macht das eine Menge Arbeit, an der sich der Schwafelchef jedoch nicht angemessen beteiligt. Er redet lieber über Digitalisierung, als an und mit ihr zu arbeiten. Die Digitalisierung ist für ihn nur insoweit nützlich, als er kluge Sprüche darüber reißen kann. Er will Eindruck schinden, nicht arbeiten! Was kannst du dagegen tun?

In vielen Unternehmen spielen Belegschaften mit Schwafelchef das sogenannte Bullshit-Bingo. Vor der Sitzung legen die Kolleginnen und Kollegen fest, welche Lieblingsphrasen des Chefs Punkte geben. Während der wie immer nervtötend unproduktiven Sitzung, bei welcher der Chef nur seine Schlagworte absondert, machen alle jedes Mal einen Strich, wenn er wieder ein Modewort ohne jeden Sinn und Verstand fallenlässt. Wer die meisten Phrasen entdeckt, hat gewonnen. In einem nur einstündigen Meeting schaffte es mal ein Chef auf über sechzig hohle Floskeln: Phrasendreschen im Minutentakt!

Der Chef wundert und freut sich, dass alle so an seinen Lippen hängen und eifrig mitzuschreiben scheinen, während seine Zuhörer sich innerlich wegwerfen vor Lachen. So hat jeder was davon. Manche empfinden das als grausam gegenüber dem Chef und meinen: »Dann fragt ihn doch einfach, was er mit seinen hochtrabenden Ausdrücken meint!«

Das ist nutzlos, denn ein »Please people!« weiß das selbst nicht. Trotzdem müsst ihr natürlich mit den Schlagworten arbeiten. Deshalb ist es wichtig, dass ihr erstens selbst herausfindet, was es mit den Schlagworten auf sich hat, und zweitens zu einem Konsens darüber kommt, welche konkreten Maßnahmen ihr deshalb ergreifen solltet.

Dein Chef ist nicht zu blöd! Du bist zu nett!

Mit dem Antreiber »Please people!« sind wir im Kern der Chefproblematik angelangt. Brauche ich es noch zu erwähnen? Es liegt auf der Hand:

> **Chef-Hack 47: Lass es nicht mit dir machen!**
>
> Es klingt vielleicht hart, jedoch: Ein Chef (oder jede(r) andere) kann dir nur so weit auf den Senkel gehen, wie du es zulässt.

Betrachten wir es am überspitzten Beispiel, Variante 1:

Chef: »Sie fahren nächste Woche durchgehend Überstunden!«

Du: »Och, hm, tja – wenn wir die Auftragsspitzen nicht anders bewältigen können.«

Dein Chef brummt dir so einen Hammer auf, und dir fällt nichts Besseres ein als so eine nette, passive, resignative Antwort? Aber dann über den Chef und den Job schimpfen, weil sie dich über Gebühr stressen! Die Sache läuft umgekehrt:

> **Chef-Hack 48: Sei nicht (zu) nett!**
>
> Je netter du bist, desto heftiger nutzt das ein (schwacher) Chef aus.

Wie wäre es stattdessen mit Variante 2?

Chef: »Sie fahren nächste Woche durchgehend Überstunden!«

Du: »An drei Tagen. An den anderen beiden habe ich schon was vor!« Das ist nun gar nicht nett gegenüber dem Chef und dem Betrieb und den KollegInnen, erhöht aber deine Chancen enorm, nächste Woche tatsächlich an zwei Tagen zeitig in den Feierabend zu kommen. Bei dieser Variante kommt der Chef schon gar nicht mehr so böse und übermächtig rüber. Nicht, weil er es nicht wäre, sondern weil du ihm Kontra gibst.

> **Chef-Hack 49: Es reicht, wenn du dich änderst!**
>
> Es wäre toll, wenn der Chef (oder jede andere Dumpfbacke) sich änderte. Doch du kommst schon sehr weit, wenn wenigstens du dich änderst! Sei nicht mehr so schrecklich nett!

Ulrike möchte das noch nicht so recht wahrhaben. Sie ist immer noch so ein netter Mensch. Deshalb hat sie ein Problem. Sie muss ein Antragsgenehmigungsverfahren für einen ausländischen Standort ihrer Firma in die Wege leiten, das in dieser Form noch nie jemand im Unternehmen bewältigen musste. Warum Ulrike? Worauf tippst du? Natürlich: Weil sie sich dafür gemeldet hat. Alle anderen haben längst abgewinkt. Aber Ulrike ist immer so nett und uneigennützig! Immer übernimmt sie das, wovon andere wohlweislich die Finger lassen.

Also konsultiert Ulrike die Behörden ihres und des anderen Landes, telefoniert zehn Ämter durch, involviert die eigene Rechtsabteilung, die selbst nicht viel mehr weiß in dieser Spezialfrage, und steht in ständigem Austausch mit dem ausländischen Standort. Drei Tage lang rennt sie der Angelegenheit mit ungewissem Ausgang hinterher. Danach ist sie völlig fertig. Denn ob es klappt oder nicht, weiß noch immer niemand.

Glücklicher- oder unglücklicherweise läuft ihr am dritten Tag der Stinkstiefel der Abteilung über den Weg. Ulrike ist wegen der dreitägigen Tortur schon völlig am Ende und hat null Lust, sich mit diesem Egozentriker zu unterhalten. Doch weil er Egozentriker ist, bleibt er hartnäckig und fragt Ulrike über ihre Antragstortur aus, bis er sich vor Lachen kaum mehr halten kann: »Aber wenn das so zäh und aufwändig läuft, warum hast du das ganze leidige Verfahren denn nicht längst an unsere Steueranwälte outgesourct? Die haben auch eine Auslandsabteilung, die ganz proper ist. Die kennen sich mit solchen Sachen aus.« Worauf Ulrike antwortet: »Aber du kennst doch unseren Chef! Der hätte die Tagessätze für die Anwälte nie genehmigt!«

Was ist das?

Ach, ist das nett! Ulrike will den Chef schonen! Sie, die kleine Angestellte, will den Big Boss schonen! Ist das nicht süß? Ja. Und bescheuert. Dabei möchte der Boss das vielleicht gar nicht, denn Ulrike weiß nicht, ob er die Tagessätze ablehnen würde. Sie hat ihn ja nicht gefragt. Sie verhätschelt ihn schon im Voraus. Das ist typisch »Please me!«: vorauseilend gehorsam. Der »Please people!« weiß am besten, was gut ist für andere. Der Egozentriker kriegt Bauchweh vor Lachen: »Du läufst lieber drei Tage wie das Leiden Christi durch die Gegend und ruinierst deine Nerven, statt den Chef nach etwas zu fragen, was diesen lediglich einen Griff in die Portokasse kosten würde? Du leidest lieber, bevor der Chef leidet – und der würde ja noch nicht mal dabei leiden! Du bist wohl eine heimliche Masochistin! Machst du auch Fesselspiele und all so was?«

Der Egozentriker ist zweifelsohne ein kleines Male Chauvinist Pig und in Zeiten von Me too! wohl auf eine Klage wegen sexueller Belästigung aus, aber in einem Punkt hat er recht: Ulrike leidet lieber selbst, bevor sie den Chef leiden lässt?

Das ist bescheuert, aber typisch »Please people!«. Wie das Sprichwort sagt: »Der gute Mensch denkt an sich selbst zuletzt.« Das ist aber keine Nächstenliebe, sondern reine »Please me!«-Propaganda. Denn wer es unter Aufopferung der eigenen Interessen und Gesundheit anderen recht machen möchte, macht sich schnell selbst zum Trottel: Everybody's Darling ist Everybody's Depp.

Die Krone setzt dem Ganzen dann noch der Chef auf, der irgendwann auch mitkriegt, wie sehr Ulrike sich für ihn aufopfert, was ihm schon ein wenig peinlich ist. Deshalb ruft er die Firmenanwälte an und erfährt, dass die das komplette Verfahren für 1.200 Euro abwickeln würden, worauf der Chef sofort sagt: »An dem Verfahren hängt ein Umsatzvolumen im siebenstelligen Bereich. Da sind rund 1.000 Euro ein Pappenstiel. Vor allem dann, wenn dafür eine meiner besten Mitarbeiterinnen für sinnvollere Aufgaben frei wird!« Diese Äußerung des Chefs müsste eigentlich so peinlich für Ulrike sein, dass sie ihre Lektion lernt. Tut sie aber nicht: »Please people!« legt man nicht einfach so qua Einsicht ab. Denn Gefallsucht ist, wie das Wort schon sagt, eine Sucht. Davon loszukommen erfordert einen Entwöhnungsprozess:

Antreiber-Hack: Entwöhn dich!

Wer es andern recht macht, kriegt von ihnen Dank und Anerkennung. Wer süchtig ist nach Anerkennung, verausgabt sich dabei unweigerlich. Meist ist das ein unbewusster Reflex: Eigentlich hat man schon genug zu tun, sagt dann aber doch wieder »Ja« zu Zusatzaufgaben. Dreh den Spieß um: Mach den unbewussten Reflex bewusst. Wenn es dich wieder drängt, anderen weiter entgegenzukommen, als diese verlangt haben oder als der gesunde Menschenverstand erlaubt: Mach dir den unbewussten Impuls bewusst! Frag dich: Muss ich mich schon wieder für andere aufopfern? Was ist mit meinen Zielen, Wünschen und Interessen? Sollte ich mich nicht auch einmal darum kümmern? Wer sollte das denn sonst tun, wenn nicht ich?

Ulrike hat sich in den letzten Jahren – wie alle, die an »Please people!« leiden – viel zu sehr verausgabt. Deshalb geht sie jetzt auf Entzug. Sie gewöhnt sich das Nettsein ab. Nicht immer, aber immer öfter.

Gewöhn dir das Nettsein ab!

Der Chef will wieder was von Ulrike, nämlich ein Dossier über eine wirtschaftspolitische Angelegenheit. Ulrike schreibt drei Tage lang daran, dann hat sie fünfzehn Seiten beisammen. Auf Seite 15 steht bislang im abschließenden Absatz: »In allen weiterführenden Fragen kann ich gerne Erkundigungen bei der zuständigen Fachabteilung im Wirtschaftsministerium einholen.«

Würdest du das auch so schreiben? Nein? Weil du damit den Chef förmlich dazu provozierst, dir Zusatzarbeit aufzubrummen? Gratuliere! Dann fällt es dir sicher leicht, die bessere(n) Formulierung(en) zu finden:

➤ »Für alle weiterführenden Fragen kann ich Ihnen die zuständige Fachabteilung des Wirtschaftsministeriums empfehlen.«

➤ »Wenn Sie noch Fragen haben, kann ich gerne noch einen Anhang zum Dossier erstellen.«

➤ »Falls vertiefende Fragen bestehen, kann ich Ihrer Assistentin E-Mail und Telefonnummer der zuständigen Fachabteilung im Wirtschaftsministerium geben.«

➤ »Weiterführende Fragen sollten wir im Einvernehmen mit dem Ministerium klären.«

Zwei Kreuzchen gemacht? Gut gemacht. Weißt du, was nette Menschen zu den beiden Kreuzchen sagen? Sie sagen: »Aber so frech darf man doch nicht zum Chef sein!« Deshalb sind sie so nett – und nicht nur zum Chef. Weil sie glauben, wer für seine eigenen Interessen einstehe, sei »frech«.

Erstens: Das ist nicht frech, das ist selbstbewusst. Zweitens: Gute Chefs schätzen selbstbewusste MitarbeiterInnen. Schlechte lassen sich von ihnen führen. Und drittens: Wenn du nicht für deine Interessen einstehst – wer sollte es dann für dich tun? Dein Chef? Träum weiter!

Die saugen dich aus – wenn du sie lässt!

Das Problem ist: Wir netten Menschen leben in einer bösen Welt. Sobald die böse Welt auch nur den Verdacht hat, dass du ein netter Mensch bist, nutzt sie dich aus. Oft mit Gewalt. Ein Beispiel:

Der Assistent des Vertriebsleiters ruft einen Key Account Manager an: »Ich brauche heute noch Ihren Forecast der erwarteten Umsatzzahlen für das nächste Quartal!«

»Die Zahlen werden so sein wie in der Planung angegeben.«

»Was ist dann Ihr Forecast?«

»Das sagte ich doch eben: Mein Forecast entspricht meiner Planung.«

»Können Sie mir diesen Forecast bitte mailen?«

»Den haben Sie doch schon – in Form der Planzahlen.«

»Ja, klar, aber eben nicht als Forecast.«

»Dann nehmen Sie doch bitte einfach meine Planzahlen, und schreiben Sie ›Forecast‹ drüber.«

»Das ist nicht meine Aufgabe. Das ist Ihre Aufgabe. Ich brauche den Forecast, und zwar heute Morgen noch!«

Der Key Account Manager stöhnt, fährt aber rechts ran (er ist gerade zum Kunden unterwegs), tippt sein Tablet an, sucht seine Planzahlen heraus, ersetzt die Überschrift »Planzahlen« durch »Forecast«, schreibt eine Mail, hängt den »Forecast« als Datei an und mailt das Ganze dem Assistenten des Vertriebsleiters – wie nett, findest du nicht auch?

In der Kaffeepause der Wochenbesprechung erzählt er seinen Kolleg-Innen davon und meint: »Der Assi vom Chef hat sie doch nicht mehr alle! Wenn das so weitergeht, braucht er noch einen, der ihm den Hosenstall öffnet, wenn er pinkeln geht!«

Alle lachen, doch eine Kollegin sagt: »Bei mir hat er das auch versucht!«

»Und? Hast du auch einfach eine andere Überschrift über deine Planzahlen gesetzt?«

Die Kollegin zieht die Augenbrauen hoch: »Nein. Das ist nicht mein Job. Das ist sein Job. Dafür ist er Assistent der Vertriebsleitung.«

»Aber rein formal steht er in der Hackordnung doch über dir!«

»Na und? Ich habe Wichtigeres zu tun, als Tabellen neu zu beschriften. Ich betreue Schlüsselkunden und hole die fetten Aufträge rein. Solange der Assi das nicht macht, soll gefälligst er meine Tabellen neu beschriften.« Gesprochen wie eine gestandene Frau.

Warum ist ihr Kollege nicht so selbstbewusst? Weil er sich vom ältesten Trick der Welt in einen »Please people!«-Anfall hat reinmanövrieren lassen: Der Assistent des Vertriebsleiters hat sich einfach dumm gestellt. Zu dumm, um ein einziges Wort in der Überschrift einer Tabelle zu ändern. Auf diesen Trick springen »Please people!« zuverlässig an.

Männer drücken sich mit diesem Trick seit der Höhlenzeit vor der Hausarbeit. Gestandene Ingenieure behaupten, keine Waschmaschine bedienen zu können. Lagerleiter, die in ihrem Hochregallager jede Schraube mit Vornamen kennen, behaupten zu Hause, nicht zu wissen, in welchem Schrank das gute Geschirr für die Sonntagstafel aufbewahrt wird. Architekten, die Wolkenkratzer mit bestechender Präzision entwerfen, behaupten in der heimischen Küche, dass sie die Spülmaschine nicht einräumen können, weil ihnen nicht klar ist, wo was hingehört – und prompt übernimmt in allen diesen Fällen ein netter Mensch diese für Männer viel zu komplizierten Aufgaben. Meist ist es eine Frau. Weil Frauen so viel netter sind als Männer. Du nicht mehr? Dir können sie so dumm kommen, wie sie wollen, du nimmst ihnen keine Arbeit mehr ab, die sie gut und gerne selbst erledigen können?

Gut für dich. Weiter so!

Lass das nicht durchgehen!

Nett zu sein ist schön. Es macht die Welt besser, die Stimmung, die Arbeit, das Klima. Nett ist gut. Doch auch und gerade das Gute hat Grenzen. Diese Grenze wird erreicht, wenn deine eigenen, gesunden, natürlichen, menschlichen und vernünftigen Bedürfnisse, Wünsche und Interessen zu kurz kommen. Wenn du ausgenutzt wirst, solltest du nicht länger nett sein. Wenn der Chef (Kollegen, Verwandte, Beziehungspartner, Kunden ...) Schlitten mit dir fährt, solltest du nicht länger nett sein. Vor allem solltest du nicht länger nett zu anderen sein, bloß weil du unterschwellig fürchtest: »Sonst haben die mich nicht mehr lieb!«

Man kann und sollte sich die Anerkennung anderer nicht mit Liebedienerei erkaufen müssen. Das ist nicht nett, sondern hart an der Grenze zur Prostitution. Nicht umsonst hat der Antreiber »Please people!« hohes Suchtpotenzial: Sich für Geld oder Gefallen selbst zu verkaufen ist nicht gesund.

Vor allem solltest du nicht nett zu Menschen sein, die deine Nettigkeit weder zu honorieren wissen noch sie erwidern. Gerade das jedoch beobachte ich in der modernen Arbeitswelt gehäuft: Die übelsten Chefs haben oft die nettesten Mitarbeiter. Man kann förmlich sehen, wie sie denken: »Wenn ich nur besonders nett bin, ist er es vielleicht auch mal!« Nein, ist er nicht. Das solltest du inzwischen gelernt haben. Nett sein ist schön. Doch wenn sie dich ausnutzen, solltest du ihnen das nicht länger durchgehen lassen. Dann mach Schluss mit nett!

»65% of managers add zero or negative net value to the company.«

Prof. Jordan Peterson, Universität Toronto

8. Dieser Chef bringt mich noch um!

Dein Chef verheizt dich

Eine der häufigsten Klagen, die ich höre, ist: »Mein Chef ist ja soo anstrengend!« Oder: »Sie ist soo anspruchsvoll!« Wenn viele Chefs in einem Unternehmen anstrengend sind, sind die Firmen auch als »Durchlauferhitzer« bekannt. Jeder halbwegs informierte Bewerber macht einen Bogen um sie: Hier werden Menschen verheizt. Als mir eine Sekretärin einmal unter vier Augen diesbezüglich ihr Leid klagte, war ich so unklug einzuwenden: »Aber ein anspruchsvoller Chef – das ist doch gut, oder?« Ich meinte damit: Dann ist die Qualität der Arbeit höher.

»Sie haben ja keine Ahnung!«, erwiderte sie und verdrehte die Augen. Für das Meeting, zu dem ich angereist war, hatte sie wie üblich den konzerninternen Sitzungsdienst beauftragt. Als der Chef sah, was dieser an Snacks und Getränken aufgetischt hatte, schickte er sie runter in die Ladenzeile, um »was Anständiges« zu besorgen. Danach schickte er sie noch mal in die Stadt, weil ihm die Tischdeko nicht gefiel. Danach …

»Wie bitte? Es gab noch ein Danach?«, entfuhr es mir. »Wegen einer ganz normalen Sitzung von lediglich einer Stunde macht er so einen Aufriss?«

»Sie haben ja keine Ahnung!«, sagte die Sekretärin. »Mein Chef ist so anstrengend.«

»Also, wegen mir hätten Sie das nicht machen müssen«, meinte ich. »Ich komme zu Ihnen ja nicht wegen der Snacks oder der Deko.«

»Eben«, sagte die Sekretärin. »Es ist nicht der Umfang der Arbeit, den er von mir verlangt. Ich bin hart arbeiten gewohnt. Doch die Hälfte von dem, was er von mir verlangt, ist völlig unnötig. Es ist diese unsinnige Arbeit, die dich kaputt macht. Geht nicht nur mir so. Er verschleißt Mitarbeiter am laufenden Band. Auch Sekretärinnen. Ich bin schon die vierte in drei Jahren. Was stimmt mit dem nicht?«

Ja, was? Du weißt es.

Dieser Chef wird getrieben. Worauf tippst du? Ja, von »Work hard!«, auch bekannt als »Try hard!« (für eine Übersicht der Antreiber siehe Kapitel 5). Dieser spezielle Antreiber demonstriert die generelle Wirkung von Antreibern: Wer von ihnen getrieben wird, verliert den Realitätsbezug.

So irre es klingt, doch für den »Work hard!«-Chef ist es nicht so wichtig, dass du arbeitest, Leistung bringst, Ergebnisse erzielst und das tust, wofür du bezahlt wirst. Viel wichtiger ist ihm (oder ihr), dass du dich bei der Arbeit völlig verausgabst. Dem Chef der zitierten Sekretärin war es nicht wichtig, dass wir »was Anständiges« auf dem Sitzungstisch hatten. Es war ihm wichtig, dass seine Sekretärin keuchend in letzter Sekunde das Mineralwasser der Nobelmarke servierte: »Erst wenn wir die Zunge raushängen lassen«, so die Sekretärin, »ist er überzeugt davon, dass wir unser Bestes geben.«

Wenn du also zehn Minuten vor Feierabend einen Burnout hast oder bei der Arbeit vor Erschöpfung tot zusammenbrichst (in Japan Karoshi genannt), ist dein »Work hard!«-Chef stolz auf dich. Möchtest du ihm diesen Gefallen tun? Nein? Dann bist du geistig auf der Höhe. Im Gegensatz zu ihm.

Für einen »Work hard!« zählt Erfolg nur dann, wenn er (und du!) sich bis zur totalen Erschöpfung dafür reingehängt haben. Wer sich bei der Arbeit nicht bis zum Letzten verausgabt, ist in seinen Augen ein Weichei, ein Arbeitsverweigerer und Faulpelz. Wo fing das an? Was ist passiert? Was hat ihn bloß so deformiert? Natürlich: die Kindheit. Schwer vorstellbar, aber: Auch meschuggene Chefs waren mal Kinder.

Der Burnout-Boss als Kind

In unserer früheren Nachbarschaft lebte eine Familie, deren Tochter ein echtes Rechengenie ist. In Mathe brachte sie immer Einsen nach Hause – und bekam nie Lob dafür, denn: »Dafür musst du dich ja nicht anstrengen! Rechnen konntest du schon immer!«, sagte die Mama. Zu jeder Drei in Deutsch oder Englisch aber musste sie sich eine Gardinenpredigt anhören: »Du musst dich mehr anstrengen! Ohne Fleiß kein Preis! Nur wer sich reinhängt, wird belohnt!« Das Kind lernte: Anstrengung zählt, nicht Erfolg. Was ihr leichtfällt (Mathe), ist nichts wert. Nur für das, was ihr schwerfällt, bekommt sie von Erwachsenen Beachtung geschenkt. Zwar Beachtung in Form von Kritik und Ermahnung – aber wenn man keine positive Anerkennung bekommt, ist das für ein Kind besser als nichts. Eigentlich ist es Körperverletzung, einem Kind so etwas beizubringen, aber die Mutter konnte nichts dafür. Auch ihr hatte man es nicht anders beigebracht. (Der Vater spielt in dieser Anekdote keine Rolle, weil er wie die meisten Väter war: überwiegend abwesend.)

Erst nach vier quälenden (»Streng dich an!«) Semestern Lehramt Englisch/Deutsch erkannte die mit »Work hard!« verzogene Tochter, dass sie einer Gehirnwäsche unterzogen worden war, sattelte auf lehramtsfreie Mathe um und lebt heute in einem hochbezahlten Job glücklich und zufrieden ihr Genie aus. Ihr gelang die Befreiung vom Antreiber. Vielen »Work hard!«-Chefs gelang das nicht:

➤ Der »*Work hard!*« hat früh im Leben gelernt, dass Anstrengung alles ist und Erfolg nichts. Weil er/sie es so früh gelernt hat, hat er/sie es kindlich naiv übernommen und nie prinzipiell hinterfragt.

➤ Der »*Work hard!*« arbeitet exzessiv, setzt dabei jedoch keine Prioritäten: Jede Arbeit ist ihm/ihr recht – Hauptsache, sie powert ihn/sie so oft wie möglich so intensiv wie möglich aus.

➤ Aus diesem Grund können er und sie sich auch bei völlig nutzlosen und bescheuerten Aufgaben total verschleißen – und dich mit.

➤ Er und sie geben relativ wenig auf das Resultat einer Arbeit, die Anstrengung ist viel wichtiger: je heftiger, desto besser.

➤ Deshalb schießt er oder sie regelmäßig übers Ziel hinaus, macht endlos Druck und verbrät teure Ressourcen: der Gipfel der Ineffizienz.

➤ Das fällt nur deshalb nicht auf, weil alle von den (unnötigen) heroischen Anstrengungen des »*Work hard!*« mächtig beeindruckt sind.

➤ Was dem »*Work hard!*« leichtfällt, zählt nicht als Erfolg.

➤ »Locker bleiben!«, Coolness, Gelassenheit, Souveränität und Abgeklärtheit sind für den »*Work hard!*« nicht Voraussetzung für Spitzenleistung, sondern Hochverrat.

➤ Der größte Misserfolg befriedigt ihn/sie noch, wenn: »Aber wir haben unser Bestes gegeben, haben uns voll reingehängt, haben uns nicht geschont!«

➤ Er oder sie packt auch übergroße Herausforderungen an, Himmelfahrtskommandos und Death March Projects ohne große Aussicht auf Erfolg, aber dafür auf viel sinnlose und ergebnislose Quälerei – und du musst dabei mitmachen! Denn was er/sie von sich verlangt, verlangt er auch von dir.

➤ Nicht Erfolg ist für ihn/sie Erfolg, sondern Erschöpfung.

➤ »*Work hard!*«-Getriebene erkennst du an Sprüchen wie »Ohne Fleiß kein Preis!«, »Klotzen Sie ordentlich ran!«, »Da hingehen, wo's wehtut!«, »Ans Eingemachte gehen«, »Beißen Sie die Zähne zusammen!«, »Da müssen wir durch!« oder »*No pain, no gain!*«.

➤ Ein »*Work hard!*« verdreht das bekannte Sprichwort zu: *Work hard, not smart!* Arbeit ist immer harte Arbeit – sonst zählt sie nicht. Wer smart arbeitet (und in der Regel damit erfolgreicher ist), kriegt dagegen seinen Zorn zu spüren.

Wer mit dieser inneren Einstellung arbeitet und lebt, begeht Selbstmord in Raten. Das kann nur böse ausgehen. »Wieso böse?«, fragt der »Work hard!«. »Es ist doch gut, wenn man sich anstrengt!« Ja, das ist es. Doch es gibt einen Unterschied zwischen Anstrengung und Verausgabung, zwischen Engagement und Erschöpfung, zwischen Commitment und Selbstzerstörung. Der »Work hard!« kennt ihn nicht. Er/sie verlangt darüber hinaus, dass auch du ihn nicht kennst respektive verleugnest. Wenn du ihn/sie darauf aufmerksam machst, dass er/sie es mal wieder im Sinne des Wortes heillos übertreibt, nennt er/sie dich »Weichei« oder »Arbeitsverweigerer«. Herbert hört das ständig von seiner Vorgesetzten.

Herberts Chefin keucht

Herberts Chefin verlangt von ihm: »Ich brauche für die laufende Gemeinkostenwertanalyse eine Auflistung sämtlicher aktuellen und anstehenden Aktivitäten in unserer Abteilung – nach Projekten, Prozessen und Aufträgen sortiert!«

Herbert stöhnt. Das ist eine Mordsarbeit. Vor allem, weil das Unternehmen noch nicht vollständig digitalisiert ist. Er muss einen Großteil der Daten von Hand rausklauben. Kaum hat er sich mit Mühe durch das halbe Datengebirge gegraben, ruft ihm die Chefin im Vorübersprinten zu: » … und bitte zusätzlich nach Kunden sortiert!« Das bedeutet: Noch einmal 30 Prozent mehr Aufwand! Kaum hat er auch das halbwegs bewältigt, will seine Vorgesetzte noch etwas … und dann noch etwas … Dabei ist die Hälfte ihrer Extrawünsche sachlich völlig unnötig, unangebracht, unangemessen oder unverhältnismäßig.

Doch Herbert kommt dabei voll ins Rotieren, langsam wird die Zeit knapp, weshalb sich jetzt auch die Chefin einschaltet, einen Teil der unnötigen Arbeit übernimmt, die Uhr tickt, die Zeit drängt, beide keuchen in geradezu anrüchiger Weise zwischen Computern, Ablage, Dokumentation und Leitz-Ordnern hin und her, Herbert kriegt gleich den Koller, doch seine Chefin ist in ihrem Element, kommt erst jetzt auf Betriebstemperatur, wenn sie hochrot im Gesicht und mit pfeifendem Atem am Rande der geistigen und körperlichen Erschöpfung malocht, damit sie abends zu ihrem Lebensabschnittsbegleiter sagen kann: »Heute haben wir wieder voll rangeklotzt! Das ganz große Rad gedreht! Mächtig was bewegt!«

Nee, das nun gerade nicht: nur einen Riesenaufriss veranstaltet für ein kaum vorzeigbares Ergebnis; die galoppierende Ineffizienz. Aber wenn jemand so einen Wirbel veranstaltet, schaut niemand auf das Ergebnis, schauen alle nur auf den Wirbel – was dem »Work hard!« schmeichelt: Aufmerksamkeit! Und je mehr Aufmerksamkeit er dafür bekommt, desto mehr wirbelt er sinnlos, ineffektiv und ineffizient.

Genau das sagt Herbert auch am Abend zu seiner Beziehungspartnerin: »Lediglich 40 Prozent von dem, was wir heute bis zur totalen Erschöpfung zusammengetragen haben, war sachlich gerechtfertigt. Der überwiegende Teil ist völlig unnötig und nur dazu da, dass unsere Chefin mal wieder allen zeigen kann, dass sie mehr und härter arbeitet als jeder andere in der Firma!« Der Knüller ist: Viele ihrer Chefs lassen sich davon tatsächlich beeindrucken, das heißt hinters Licht führen. Wer denn? Richtig geraten: Jene, die ebenfalls an »Work hard!« leiden. Und das sind einige.

So viele, dass selbst im 21. Jahrhundert, im Zeitalter der Digitalisierung und des Home Office, immer noch in vielen Abteilungen, Bereichen, Firmen und Ministerien die unselige Präsenzkultur herrscht: Wer zuerst in den Feierabend geht, hat verloren! Ohne Witz: Millionen Menschen sitzen täglich weltweit bis sieben, acht im Büro, arbeiten nicht, surfen im Internet, aber lauschen mit spitzen Ohren, ob die Bürotür des Chefs sich schon geöffnet und wieder geschlossen hat – erst dann »dürfen« sie nämlich auch nach Hause gehen. Wer es früher, zum Beispiel schon um halb sechs wagt, wird von den präsenzgeilen KollegInnen mit Sprüchen bestraft wie: »Na? Heute nur halbtags da?« Das ist völlig irre? Nein, das ist die »Work hard!«-Kultur. Wo sie herrscht, arbeitet man hart, nicht smart. Smart ist für Weicheier.

Auch Herberts Chefin arbeitet hart, nicht smart. Sie verschleißt damit alle, die mitmachen (müssen). Weshalb Herbert mich irgendwann fragt: »Ja, was soll ich denn machen? Sie ist schließlich die Chefin. Ich muss doch wohl oder übel mitmachen!« Nein, musst du nicht.

Du bist kein Hase!

Vielleicht kennst du das Märchen vom Hasen und vom Igel. Der Hase ist leicht arrogant und macht sich lustig über den Igel, der ihn daraufhin zum Wettlauf auffordert. Der Hase mit seinen Hochgeschwindigkeitshaxen akzeptiert amüsiert und verliert erstaunlicherweise gegen den kurzbeinigen Igel, weil dieser heimlich seine ihm zum Verwechseln ähnliche Frau ins Ziel vorausschickt. Der Hase schnallt den Trick nicht und fordert immer wieder eine Revanche. Bei der vierundsiebzigsten Runde bricht er vor Erschöpfung tot zusammen, anstatt dass der dumme Kerl nach zwei, drei Versuchen sagt: »Also, entweder bist du tatsächlich schneller als ich, oder du trickst mich gerade übel aus – schnurzegal: Ich geh jetzt duschen und danach gepflegt einen Milchshake schlürfen. Ich muss mich hier nicht zum Affen machen!« Das sagt er aber nicht, sondern fällt lieber tot um. Warum?

Und jetzt alle: Weil der Hase ein »Work hard!« ist. Das wussten schon die Gebrüder Grimm. Als ich Herbert an das Grimm-Märchen erinnerte, reagierte er zunächst sauer – was im Sinne einer inneren Läuterung didaktisch gewünscht war. Denn danach meinte er: »Ich war lange genug der dumme Hase der Chefin. Damit ist jetzt Schluss!« Und er entwickelte spontan seine ersten Anti-Antreiber-Taktiken:

➤ »Sobald die Chefin wegguckt, mach ich langsam und nur das, was sachlich nötig ist. Meist schaut sie ohnehin nicht aufs Ergebnis, sondern nur auf den Input, den man reinsteckt.«

➤ »Auch wenn ich ganz locker am Arbeiten bin, fange ich an zu keuchen und zu stressen, sobald sie vorbeischaut. Nicht in echt! *Just for show.* Damit sie zufrieden ist. Zumindest dann, wenn sie wieder von ihrem Antreiber geritten wird.«

➤ »Wenn sie auf überzogenen Anstrengungen besteht, bloß damit wir vor Erschöpfung umkippen, lege ich Zwangspausen ein. Wegen so einer Kampfamazone hol ich mir kein Magengeschwür!«

➤ »Bevor ich mich völlig übernehme, delegiere ich Teilaufgaben kalt an sie zurück. Es reicht dafür schon, wenn ich etwas langsam mache oder allzu viele Sachfragen stelle: Dann reißt sie es mir ungeduldig aus der Hand und macht es selbst. Ich glaube sogar, sie ist insgeheim dankbar dafür, weil sie sich dann noch stärker verausgaben kann.« Diese Einschätzung ist korrekt.

➤ »Außerdem werde ich prophylaktisch tätig und mache sie auf Himmelfahrtskommandos aufmerksam, die sie solo übernehmen kann, um sich zu verausgaben. Solange sie das macht, lässt sie mich in Ruhe.«

➤ »Ich habe auf Volltischler umgestellt: Ich breite alles auf dem Schreibtisch aus, was ich habe. Das sieht nach viel Arbeit, Stress, Druck und Hektik aus. Wenn alles schön ordentlich aufgeräumt wäre, fragt sie garantiert wieder: >Haben Sie keine Arbeit?<«

Das liest sich alles relativ verrückt, wogegen Herbert sich vehement verwahrte: »Das ist nicht verrückt! Das ist Managing up!« Recht hat er. Nur der Hase lässt sich zu Tode hetzen, Herbert nicht. Natürlich ist auch das kein Zustand:

Chef-Hack 50: Steig aus, bevor du umfällst!

Man kann sich einem »Work hard!« nicht immer ganz entziehen. Spätestens wenn deine Gesundheit oder der Familienfrieden leidet, solltest du dir einen anderen Boss suchen, dich intern versetzen lassen oder den Arbeitgeber wechseln. Zugegeben: Das stresst. Doch nicht halb so schlimm, wie auf Dauer ein »Work hard!« stressen kann.

Kündigen ist langfristig oft die einzige Lösung. Kurzfristig hilft:

➤ Lobe deinen Chef, wenn er euch das Äußerste abverlangt (man sollte nie mit Kritik beginnen): »Es ist gut, dass Sie uns zu Höchstleistung anspornen!«

➤ Dann gib den entscheidenden Hinweis: »Einige der KollegInnen stehen kurz vor dem überhitzungsbedingten Ausfall. Wir sind keine Maschinen. Und selbst Maschinen brauchen ab und zu Wartungspausen. Unsere ist jetzt.«

➤ Bitte den »Work hard!« nicht um Pausen – er/sie wird keine gewähren. Leg sie eigenmächtig ein, möglichst außerhalb des Sichtfelds des »Work hard!«.

➤ Insbesondere selbstreflektierte »*Work hard!*« sagen oft von sich aus: »Ich weiß, ich übertreibe es manchmal. Ich merke das leider meist zu spät. Also geben Sie mir einen Hinweis, wenn es wieder so weit ist.« Das ist eine gute Lösung: Du bist nicht mehr der Feind des »*Work hard!*«, sondern sein Partner, der auf ihn und auf euch aufpasst.

➤ »*Work hard!*« »ertappen« dich leider oft, wenn ihr verdientermaßen Pause macht. Sie lästern dann unberechtigterweise: »Haben Sie nichts zu tun?« Aus diesem Grund hängte ein Schichtleiter einen großen Zettel an die vorderste CNC-Maschine: »Wir haben eben eine 680er-Charge durchgejagt (eine stramme Leistung). Deshalb machen wir jetzt zehn Minuten Pause.« Der »*Work hard!*« sah's, verzog das Gesicht – sagte aber kein einziges Wort und zog weiter.

➤ Diese vorauseilende Pausenrechtfertigung wirkt auch in mündlicher Form.

Die Einblendtechnik

Wenn ein Antreiber einen Chef (Kollegen, Kunden, Ehepartner …) in den roten Drehzahlbereich treibt, ist es schwer, ihn da wieder herauszuholen. Was sich in der Praxis bewährt hat:

> **Chef-Hack 51: Blende ein, was der Chef ausblendet!**
> Sprich respektvoll und vorwurfsfrei das an, was der Chef (Kollege, Kunde, Ehepartner, Elternteil …) in seinem Antreibertran übersieht!

Wer vom wilden Antreiber geritten wird, blendet stets spezifische Teile der Realität aus. Der »Hurry up!« blendet aus, dass seine Hektik mehr schadet als nützt. Die »Be perfect!« »vergisst« für die Dauer ihres Anfalls, dass niemand ihre Perfektion will oder bezahlt. Der »Please people!« erkennt während seiner Liebedienerei nicht, dass er sich bei jenen zum Affen macht, die ihn ausnutzen. Die »Work hard!« sieht nicht, dass sie für Ergebnisse und nicht für Erschöpfung, für den Output und nicht für den Input bezahlt wird. Der »Be strong!« erkennt nicht, dass man in einer arbeitsteiligen Welt nur gemeinsam stark ist. Das alles sind schlimme kognitive Fehlleistungen. Doch gleichzeitig ist dieser Realitätsverlust auch der Hebel für eine hochwirksame Intervention: Blende ein, was der Getriebene ausblendet! Stets respektvoll und vorwurfsfrei.

➤ Also nicht: »Machen Sie doch nicht so eine Hektik! Sie bringen alles durcheinander!« Sondern eher: »Sicher muss das so schnell wie möglich erledigt werden. Aber wenn wir *zu schnell* machen, machen wir Fehler, und dann dauert es länger.«

➤ Nicht: »Sie verschleißen uns noch alle!« Eher: »Wir stehen alle voll hinter Ihnen! Ich schlage vor, dass wir jedoch die Zusatzprüfung von Modul X weglassen, weil die bereits in der Endprüfung drin ist.«

Erinnere den »Work hard!« an das, was er vergessen hat. Blende das ein, was er oder sie ausgeblendet hat. Nicht nur einmal. Sondern immer wieder. Damit der »Work hard!« es lernen kann. Wenn er nicht schnell genug lernt, kannst du deine Didaktik auch eskalieren, indem du kategorisch wirst: »Ich werde weiterhin alles für diese Aufgabe geben! Aber jetzt brauche ich eine Pause. Zehn Minuten. Danach geht es in neuer Frische weiter.« Und Abgang – bevor der »Work hard!« dich aufgeregt davon abhalten kann.

Chef-Hack 52: Blende Konsequenzen ein!

Getriebene blenden die Konsequenzen ihres Getriebenseins aus. Blende sie wieder ein!

Antreiber sind Unfug. Unfug kostet. Diese Kosten verdrängt der Getriebene jedoch prinzipiell. Erinnere ihn daran, zum Beispiel: »Wenn wir uns jetzt voll reinhängen und auch noch die Zusatzprüfung für Modul X vornehmen, kostet uns das acht Personenstunden, die wir keiner Kostenstelle zurechnen können. Controlling wird uns die Hölle heißmachen. Wollen Sie wirklich Zoff mit dem Finanzchef?«

Ein nach Erschöpfung süchtiger »Work hard!« wird dich für diesen Hinweis auf die unausweichlichen Konsequenzen seiner Sucht zwar unwirsch anmeckern. Aber er wird eher von seiner unnötigen Anstrengung ablassen, als wenn du die Konsequenzen seines Tuns wie ein braves Opfer schamhaft verschweigst.

Bist du sicher, dass der Chef dich stresst?

Karoline macht in ihrem Unternehmen die Lohnverrechnung für dreihundert Mitarbeitende. Einmal im Monat rotiert sie für drei Tage am Rande des Nervenzusammenbruchs. Im Zeitalter der volldigitalisierten Lohnbuchhaltung?

»Von wegen!«, sagt Karoline. »Von unseren dreihundert Leuten haben über hundert einen Individualvertrag mit besonderen Bonusvereinbarungen. Wenn ich das nicht einzeln prüfe, zahlen wir zu viel oder zu wenig aus – beides gibt Ärger!« Also treibt sich Karoline jeden Monat drei Tage lang zu Höchstleistung an – seit zehn Jahren hat sie keinen Urlaub um den Monatsletzten herum gemacht. Und wer ist schuld?

Natürlich der Chef: »Warum muss der auch mit der Hälfte vom Außendienst diese völlig überbordenden Individualvereinbarungen treffen? Wozu gibt es schließlich Tarifverträge?«

Mir tut Karoline leid. Ihr Boss stresst sie mächtig. Mein erster Impuls: Hilf Karoline! Also sage ich: »Dann checkst du halt die hundert einzeln durch und lässt die anderen zweihundert vollautomatisch durchs Programm laufen.«

»Es gibt keine Programme ohne Fehler. Wie fändest du es, wenn du eine fehlerhafte Lohnabrechnung bekämst?«

Also, ich würde mich bei der Lohnbuchhaltung melden, und die würde dann den Fehler korrigieren, kein Ding! Aber nun gut: »Was, wenn du als Leiterin der Buchhaltung die Lohnverrechnung outsourct?«

»Bis du verrückt! Das sind sensible Daten!«

Trotzdem lagern Millionen Betriebe genau diesen Teil der Buchhaltung aus. Aber weiter: »Euer Hauptkunde hat eine ähnlich große Belegschaft. Wie machen die das? Du kennst deren Leiter der Buchhaltung. Frag den doch mal!«

»Kommt nicht in Frage! Dann denkt der noch, ich bin zu blöd für den Job!«

Merkst du was?

Antreiber-Hack: Was sich wehrt, ist verkehrt!
Je heftiger du ein fragwürdiges Verhalten verteidigst, desto fester hat dich ein Antreiber im Griff.

Viele Getriebene befreien sich täglich selbstständig aus der Antreiberfalle, indem sie sich fragen: »Was für einen Unsinn denke ich da gerade? Warum erfinde ich ständig halbseidene Ausreden für mein Verhalten, die einer Prüfung nicht standhalten?« Das nennt man auch Selbstreflexion. Selbsterkenntnis ist der erste Schritt zur Besserung. Karoline arbeitet seit zehn Jahren unreflektiert vor sich hin. Trotzdem wird sie erlöst.

Als sie wegen eines Unfalls zwei Wochen im Krankenhaus liegt, wollen ihre Buchhalter ihr die nötigen Unterlagen ans Krankenbett schaffen. Erst als er von dieser hanebüchenen Aktion hört, begreift der Geschäftsführer der Firma, dass er zehn Jahre lang eine »Try hard!« beschäftigt hat, und sagt: »Es geht nicht an, dass unser ganzer Betrieb von einer einzigen Person abhängig ist!« Also ordnet er eine Revision der hundert Individualverträge an, die prompt weitgehend standardisiert werden. Außerdem kriegt die Software ein Update, damit sie Abweichungen bei der Lohnverrechnung selbstständig entdeckt – ohne dass Karoline tagelang nachrechnen muss. Bei Abweichungen größer als 3 Prozent schlägt die Software automatisch Alarm.

Das alles sind Maßnahmen, die auch Karoline hätte vorschlagen, ja teilweise eigenständig genehmigen und durchführen können. Tat sie aber nicht – weil sie getrieben von »Work hard!« war und ihre vielen Ausreden selbst glaubte. Sie tut das immer noch. Denn statt bei der Lohnverrechnung verausgabt sie sich jetzt beim Projekt- und Vertriebscontrolling. Nicht weil das nötig wäre, sondern weil sie eine unreflektierte und deshalb unverbesserliche »Try hard!« ist. Sie könnte das ändern. Aber sie will das nicht. Warum nicht?

Die Angst der Antreiber

Es fällt keinem/keiner von uns leicht, sich vor Antreiberattacken zu schützen. Weil Antreiber eigentlich kein Problem, sondern eine Lösung sind. Hinter jedem Antreiber steckt eine Angst, eine Scham oder ein Schmerz, die wir nicht fühlen müssen, solange wir uns antreiben lassen:

➤ *»Hurry up!«* schützt uns vor der Angst, es nicht rechtzeitig zu schaffen, mit der Arbeit nicht fertig zu werden.

➤ *»Be perfect!«* schützt uns davor, uns wegen unserer Fehler schämen zu müssen oder von anderen dafür bestraft zu werden.

➤ *»Please people!«* schützt uns vor der Angst und der Scham durch die Ablehnung von anderen.

➤ *»Try hard!«* schützt uns vor der Angst und der Scham, nicht gut genug zu sein.

➤ *»Be strong!«* schützt uns gegen die Angst und die Scham vor der eigenen Schwäche.

Oder noch einfacher: Antreiber schützen uns vor der Angst zu versagen. Ich weiß, diese Erkenntnis tut weh. Sie geht ans Eingemachte, wühlt uns auf, verschafft uns ein paar ungute Gefühle. Glücklicherweise ist ein Kraut dagegen gewachsen. Professorin Angelika Wagner hat das Kraut gezüchtet. Es nennt sich Introvision und ist verwandt mit einer der ältesten Heilmethoden der Indianer, Urvölker und Schamanen: Ein Dämon verzieht sich, sobald du ihn bei seinem Namen rufst (das ist der wahre Kern des Märchens »Rumpelstilzchen«). Die Technik hast du in Grundzügen in zwanzig Minuten erlernt; es gibt dafür hervorragende Bücher und Seminare. Hier nur die Kurzversion, bei der man einfach den Gedanken laut und mehrmals denkt oder halblaut ausspricht, der beim jeweiligen Antreiber am allerschlimmsten (für den Getriebenen) wäre:

➤ Die wildesten Hektiker verlieren ihre Hektik oder reduzieren sie merklich, sobald sie sich innerlich oder halblaut mehrfach sagen: »Ja, es könnte sein, dass ich nicht rechtzeitig damit fertig werde!« Denn bei dieser Reflexion schaltet sich der gesunde Menschenverstand wieder ein, und der Hektiker erkennt: *»So what?* Dann bin ich halt eine halbe Stunde zu spät. So schlimm ist das nicht.«

➤ Die penetranteste Perfektionistin legt ihre Pedanterie ab oder verringert sie deutlich, wenn sie sich mehrmals sagt: »Es kann sein, dass ich bei dieser Aufgabe einige Fehler mache – aber ich mache sie ja nicht absichtlich.« Dieses Eingeständnis tut emotional erst mal weh – doch es befreit auch. Je öfter man sich sozusagen die innere Erlaubnis für Fehler gibt, desto stärker nimmt die Angst davor ab und damit der Antreiber.

Introvision ist eine hochwirksame Technik zur Befreiung von Antreibern. Probier sie ruhig aus. Wenn du sie dir aneignen möchtest, formulier doch die restlichen drei »Dämonenbeschwörungen« selbst:

➤ Für *»Please people!«*: ...

➤ Für *»Work hard!«*:

➤ Für *»Be strong!«*:

Du bist das Opfer von Intrigen?

Sich mit Antreibern gut auszukennen, hat noch einen weiteren Vorteil. Du erkennst nämlich, warum an vielen Arbeitsplätzen so viel gelogen und intrigiert wird: Getriebene lügen, um sich und ihre Antreiber zu schützen.

Beispiel: Cindy liefert ihr Arbeitspaket zu spät ab. Wäre sie antreiberfrei, würde sie zur Teamleiterin sagen: »Sorry, es kam was dazwischen. Ich hoffe, es reicht zeitlich noch.« Da sie aber eine »Hurry up!« ist, müsste sie sich zu arg schämen, wenn sie ein Versäumnis zugäbe. Also sagt sie: »Regine hat mir damals die Aufgabe bereits drei Tage zu spät übergeben!« Das ist eine glatte Lüge.

Doch weil die Teamleiterin darauf hereinfällt (Getriebene können hervorragend manipulieren), bemitleidet sie Cindy gebührend, geht ins Büro von Regine und macht diese nach allen Regeln der Führungskunst zur Schnecke. Diese ist völlig baff: Sie ist schuldlos, hat der intriganten Cindy das Arbeitspaket nicht nur keinen einzigen Tag zu spät, sondern sogar zwei Tage vor Frist übergeben und muss sich nun von der Chefin rundmachen lassen, bloß weil die zu desorganisiert ist, um Cindys freche Lüge als solche zu entlarven? Wenn dir so was selbst schon passiert ist, dann weißt du, wie schlimm solche Lügen und Intrigen in dir hochkochen können.

In manchen Abteilungen (auch »Schlangengruben« genannt) sind Lügen und Intrigen nicht die Ausnahme, sondern die Regel. 40 bis 70 Prozent der Arbeitszeit gehen dafür drauf. Die Produktivität ist unterirdisch, dafür sind Krankenstand und Fluktuation exorbitant. Und nichts passiert! Niemand schützt dich davor, verleumdet und belogen zu werden. Also musst du das selbst übernehmen. Wer sollte es sonst für dich tun?

➤ Oft sind LügnerInnen so unverschämt, dass dir der Mund offenbleibt, leider stumm. Überwinde diese verständliche Stummheit!

➤ Sprich jede Lüge an. Aber nicht im Feuer der spontanen Empörung: Lügner können Empörung besser als du. Sie werden dich übertrumpfen.

➤ Bleib stattdessen cool und sachlich und räum die Lüge gegenüber der/dem Belogenen aus: »Cindy sagte Ihnen, dass ich das Arbeitspaket drei Tage zu spät übergeben hätte. Das ist eine Lüge. Hier sehen Sie das Übergabeprotokoll, von Cindy unterzeichnet: Ich war sogar zwei Tage zu früh dran. Bitte warten Sie das nächste Mal nicht, bis ich die Lüge aufdecke und zu Ihnen komme. Sprechen Sie immer gleich mit mir. Sie wissen inzwischen, dass Cindy nicht glaubwürdig ist. Gehen Sie in Zukunft davon aus: Wann immer Cindy einen Vorwurf gegen mich erhebt, ist er haltlos.« So kann man mit säumigen Vorgesetzten reden? Nein. So *muss* man mit Vorgesetzten reden, die ihre Führungspflichten verletzen.

➤ Räum die Lüge auch gegenüber der Lügnerin oder dem Lügner aus: »Du hast der Chefin gesagt, ich hätte das Paket drei Tage zu spät übergeben. Das ist eine Lüge. Ich habe den Sachverhalt gegenüber der Chefin richtiggestellt.« Und dann umdrehen und Abgang – bevor dich die Intrigantin oder der Intrigant in eine Rechtfertigungsorgie verwickelt. Denn das wird er oder sie immer versuchen. Lass den Versuch ins Leere laufen.

➤ Lügt der Lügner ungerührt weiter, droh Konsequenzen an – und zieh sie dann auch durch: »Du erwartest von mir, dass ich deine Deckungsbeitragsrechnung gegenchecke? Nachdem du mich letzte Woche bei der Gebäudeverwaltung grundlos angeschwärzt hast? Du musst verrückt sein!« Ja, amtlich, symptomatisch und aktenkundig.

Manche, viele, allzu viele ertragen die tägliche Lügenlawine der modernen Arbeitswelt stumm und duldsam. Damit ruinierst du mittelfristig deine Gesundheit, deine Persönlichkeit und deinen Seelenfrieden. Lass das nicht mit dir machen! Stell jede Lüge kühl, souverän und umgehend richtig. Wenn du dich nicht für dich stark machst, wer sollte es sonst für dich tun?

Du machst es dir zu schwer

Frank ist neben seinem eigentlichen Job bei einem mittelständischen Unternehmen auch Mitglied im Redaktionsteam für die Mitarbeiter- und Kundenzeitschrift desselben Unternehmens. Als Spezialist für Sicherheitsglas schlägt er dem Redaktionsleiter einen Beitrag über eine brandheiße Innovation des Unternehmens vor: abhörsicheres Fensterglas. Die Geheimdienste der Welt werden sich darum reißen!

Für den Beitrag möchte er auch einen Experten des Bundesnachrichtendienstes interviewen, eine Potenzialanalyse mit potenziellen Kunden erstellen sowie den Entwicklern des Unternehmens beim Austesten des neuen Glases über die Schulter schauen. Dafür braucht Frank gut und gerne drei Monate an fundierter Recherche.

»Geile Idee!«, strahlt der Redaktionsleiter. »Das müssen wir unbedingt schon in der nächsten Ausgabe bringen!«

»Dafür müsste ich den Beitrag in nur drei Wochen recherchieren und schreiben!«, empört sich Frank. »Aber allein die Autorisation beim BND dauert schon drei Wochen!«

»Darauf können wir keine Rücksicht nehmen! Wenn wir noch länger warten, kommt uns die Konkurrenz zuvor!«

In dieser Nacht schläft Frank schlecht, weil er immer und immer wieder in Gedanken den Redaktionsplan durchgeht: Wie stark lassen sich seine Recherchen beschleunigen? Wenn er voll reinklotzt? Drei Wochen lang auch feierabends arbeitet? Zur Not an den Wochenenden? Merkst du was?

Du hast es bemerkt: Frank ist auf dem »Work hard!«-Trip. Mitten in der Nacht. Wenn Frank in Stress gerät, arbeitet er nicht smarter, sondern noch härter. Das macht er automatisch. Das ist seine gewohnheitsmäßige Spontanreaktion bei Stress. Was ist deine? Zu welchem Antreiber, zu welchen Antreibern (es sind meist zwei oder drei, manchmal auch mehr) tendierst du unter Druck, Stress und Zeitnot?

Als am andern Morgen seine ausgeschlafene Gattin sich im Ehebett zu Frank umdreht und ihm ins übernächtigte Antlitz blickt – sagt sie was?

Die Lösung ist so offensichtlich, dass wir nicht fassen können, warum Frank während einer ganzen Nacht nicht darauf kam. Dabei ist das leider völlig »normal«: Wenn wir von unseren Antreibern getrieben werden, kommen wir nicht einmal auf die einfachsten, naheliegendsten Lösungen. Die Lösung ist, in den Worten seiner ausgeschlafenen, aber leider verständnislosen Gattin (sie kennt die Antreibertheorie nicht): »Dann lässt du halt die Potenzialanalyse weg und baust das BND-Interview in der übernächsten Ausgabe ein. Das Thema ist so heiß! Das ist sicher mehr wert als ein einziger Artikel!« O Mann! So einfach. So leicht. Aber leicht ist das Einzige, was der »Work hard!« nicht kann. Weil er es nie denkt. Er denkt immer nur: »Wie könnte ich noch härter arbeiten, damit es klappt?«

Um es deutlich zu sagen: Wer hart arbeitet, arbeitet nicht immer und nicht automatisch und noch nicht einmal im überwiegenden Fall auch erfolgreich. Hart ist nicht dasselbe wie erfolgreich. Das versteht Frank. Trotzdem sagt er – was? Er sagt: »Ja, ich mache es mir oft zu kompliziert. Ich sollte vor allem unter Zeitdruck die einfache Lösung wählen. Das sehe ich auch intellektuell ein – aber gefühlsmäßig fühlt sich das einfach falsch an!« Das ist typisch.

> **Antreiber-Hack: Was sich falsch anfühlt, ist richtig!**
>
> Wenn dich ein Antreiber vor sich hertreibt, ist die Lösung, die sich falsch *anfühlt,* die richtige Lösung. Je falscher sie sich anfühlt, desto richtiger ist sie.

Denn in Wirklichkeit fühlt sie sich nicht »falsch« an, sondern lediglich ungewohnt. So ungewohnt, dass du denkst, das sei falsch. Dabei ist es lediglich das: ungewohnt. Wenn du die ungewohnte Lösung drei, vier Mal anwendest, verliert sich das »falsche«/ungewohnte Gefühl mit jeder Wiederholung stärker. In der Regel nimmt es allein dadurch schon ab, dass du dir die Lösung lediglich wiederholt vorstellst; das nennt sich Antizipation, Trockenschwimmen oder gedankliches Probehandeln. Spitzensportler trainieren auf diese Weise.

Ganz oft sagen mir »Work hard!«: »Wenn ich es mir einfach mache, kriege ich ein schlechtes Gewissen! Irgendwie habe ich das Gefühl, ich darf nicht den leichtesten Weg gehen.« Das ist zwar bescheuert, aber völlig normal: Du hast unterbewusst Angst, dass du andere Menschen enttäuschst, wenn du es dir allzu leicht machst im Leben. Denn einige dieser Menschen (du errätst sie) haben dir den »Work hard!« eingebläut. Auch diese unbegründete Furcht lässt sich leicht überwinden:

Antreiber-Hack: Lass die alte Scham los!

Du enttäuschst andere niemals, wenn du Erfolg hast! Selbst wenn sie enttäuscht reagieren (was selten passiert), kannst du ihnen voll Überzeugung sagen: »Leute, hört mal, jetzt echt: Der Erfolg zählt, nicht die Anstrengung. Wer etwas erreicht, hat recht. Nicht, wer sich völlig verausgabt.«

Und Erfolg hast du eher, intensiver, schneller und vor allem nachhaltiger, je weniger du dich von Antreibern treiben lässt. Je öfter du dir das innerlich sagst, desto früher lassen dich deine Antreiber in Ruhe. »Sag das mal meinem Chef!«, sagen mir viele leidende Mitarbeitende. Dann sag ich es ihm oder ihr. Aber mit Sagen ist es nicht getan. Vom Sagen allein wird kein Chef seine Antreiber los. Also hilf ihm dabei. Die Mittel und Instrumente dafür kennst du inzwischen.

Mach dir das Leben leicht(er)!

Es ist richtig, für wichtige Aufgaben reinzuklotzen, bis die Hände qualmen. Wenn sie jedoch ständig qualmen, ist das unangebracht, unangemessen, unverhältnismäßig, gesundheits- und erfolgsschädlich; nicht vernünftig, sondern krank, kurz: »Work hard!«

Es gibt viele Menschen, die sich weiterhin gesundheitlich, geistig und familiär ruinieren wollen. Manche wollen nicht wahrhaben, dass sie sich ruinieren. Andere sehen zwar, dass sie sich selbst fertigmachen, verhalten sich aber wie Süchtige (Antreiber sind Süchte). Sie erfinden ständig neue Ausreden, warum ihre Sucht nötig ist, zum Beispiel:

➤ »Ich kann die anderen doch nicht hängenlassen!« Das tust du bereits, indem du auf dem Zahnfleisch daherkommst, weil du dich immer so verausgabst. Das sagen auch die andern. Sie wollen überhaupt nicht, dass du dich für sie aufopferst. Es ist ihnen eher peinlich.

➤ »Nur Weicheier machen halblang!« Niemand hat was von halblang gesagt.

➤ »Man muss sich immer voll reinhängen!« Das ist nicht rational, nicht effizient, nicht logisch. Logisch (genauer: das Wirtschaftlichkeitsprinzip) ist: mit so wenig Aufwand wie nötig so viel Ergebnis wie möglich erzielen.

Wenn jemand wie ein Süchtiger seine Arbeiten-bis-zum-Umfallen-Einstellung verteidigt, dann lass ihn/sie. Du bist kein Therapeut. Du kannst ihn nicht therapieren. Wünsche ihm/ihr ein friedliches Dahinscheiden. Widme dich lieber jenen Süchtigen, die ihre Sucht als solche erkennen. Das sind eine ganze Menge. Viele Menschen sagen mir: »Ja, ich weiß, ich mache mir die Arbeit und das Leben oft komplizierter und anstrengender, als sie eigentlich sind. Ich mache es mir oft selbst schwerer als nötig!« Exzellente Diagnose: Einsicht ist der erste Schritt … Was ist der zweite? Dieser:

> **Antreiber-Hack: Wir können auch anders!**
> Für jeden Antreiber haben wir einen »Loslasser« in uns!

Das ist das Prinzip von Yin und Yang: kein Schatten ohne Licht. Wir alle tragen antagonistische Persönlichkeitsanteile mit uns herum. Wenn du genau hinhörst, entdeckst du diese inneren Stimmen oder widerstreitenden Gefühle in jeder Sekunde deines (Antreiber-)Lebens; hier drei Selbstbeobachtungen von zwei Managerinnen, einem Architekten und einem Data Scientist:

➤ »Ich stürze mich immer total enthusiastisch in neue Aufgaben und erkenne spätestens am vierten Tag: Du machst es dir wieder komplizierter als nötig!« Aber immerhin ist die rettende Erkenntnis da: Damit lässt sich arbeiten.

➤ »Sobald es stressig wird, schalte ich zwei Gänge hoch. Die leise Stimme, die in meinem Hinterkopf sagt: >Vielleicht solltest du erst mal rechts ranfahren und überlegen, welche Route du am besten nimmst!< – diese leise Stimme der Vernunft überhöre ich meist.« Aber sie ist da!

➤ »Hinterher sehe ich oft: Das hättest du auch viel einfacher haben, viel einfacher machen können! Vor allem, wenn es andere viel einfacher gemacht haben und damit auch noch schneller zum Erfolg gekommen sind!«

➤ »Ich mache es mir oft unnötig komplex und kompliziert. Inzwischen achte ich aber darauf und sage mir innerlich immer wieder: KISS – *keep it simple, stupid!* Kompliziert ist kein Erfolgsrezept. Das ultimative Erfolgsrezept für mich ist: ASAP – *as simple as possible!* So einfach wie möglich.«

Antreiber-Hack: Hör auf die Stimme!

Du wirst keine Antreiberattacke erleben, bei der du nicht die leise Stimme der Vernunft hören oder das Gefühl verspüren würdest: Was mach ich denn da? Ist wieder viel zu kompliziert, aufwändig, megalomanisch! Was wäre der einfachere Weg, der's genauso tut?

Ja, klar, du hörst sie wohl, du hörst aber nicht auf diese leise Stimme? Weil sie zu leise ist? Dann mach sie lauter. Oder hör besser hin. Das kannst du lernen. Indem du den Beschluss dazu fasst, wenn nötig mehrfach. Und indem du das immer wieder übst – Gelegenheiten dafür geben dir deine Antreiber in Hülle und Fülle. In ein, zwei Wochen hörst du mit etwas Übung schon viel besser. Dann kannst du mit beiden »Stimmen« verhandeln: Wie viel Anstrengung ist nützlich? Und wie viel Einfachheit ist nötig? Diese innere Verhandlung führt immer zu einem besseren Ergebnis, als wenn du deinem Antreiber blind folgst oder ihn »mit eisernem Willen« bekämpfst. Und bei jeder erfolgreichen Verhandlung wirst du zum selben Erfolgsrezept kommen wie schon Albert Einstein: Man sollte es sich so einfach wie möglich machen – aber nicht einfacher.

»Die größte aller Schwächen ist, zu fürchten, schwach zu erscheinen.«

Jacques Bénigne Bossuet

9. Rambo, unser Chef

Das Solistensyndrom

Kennst du Rambo? Rambo zieht allein ins Feindesland, erledigt im Alleingang ganze Armeen und erringt glorreich den Sieg ohne fremde Hilfe. Rambo ist ein Held, Rambo ist super, Rambo ist dein Chef? Oder dein Kollege? Dann hast du ein Problem. Wie Claudia auch.

Claudia arbeitet in der Rechtsabteilung ihres Unternehmens und tritt ihrem geschätzten Kollegen Hannes auch in dieser gemeinsamen Schlussbesprechung wieder einmal mit acht Metern Anlauf vors Schienbein: »Du bist völlig ahnungslos, was die juristischen Aspekte des Projektes angeht. Du hast bei einem halben Dutzend hochsensibler Verhandlungspunkte total hemdsärmelig improvisiert. Ohne dich mit uns abzusprechen! Immer machst du solche bescheuerten Alleingänge!« Claudia ist außer sich. Was war passiert?

Hannes ist Projektmanager für den Anlagenbau der Firma. Bei seinem aktuellen Projekt kam es zu einer Reihe von Problemen. So hat sich beispielsweise die Entwicklung um zwei Monate verzögert, weil der Kunde kurzfristig und nach Marktlage seine Projektanforderungen verändert hat. Später wollte der Kunde vom Auftrag zurücktreten, weil ihn ein Konkurrent von Hannes Firma verunsichert hatte und er sich fragte, ob der Auftrag wirklich die beste Entscheidung sei. Nach wochenlangen Nachverhandlungen (auch der juristischen Aspekte) wurde die

Anlage dann doch montiert, genehmigt und in Betrieb gesetzt – und das weitgehend (bis auf die anfangs geschlossenen Verträge natürlich) ohne Rechtsabteilung. Die Juristen der Firma hatten bis zur letzten Minute nur eine vage Ahnung, was los war. Weil Hannes das komplette Projekt – wie immer – im Alleingang stemmte und es nicht für nötig befand, andere zu informieren, um Rat zu fragen oder gar in anstehende Entscheidungen einzubeziehen: »Das hält doch nur auf. Das ist auch unnötig, denn das wupp ich doch alles locker!« Gesprochen wie ein wahrer – ja, was? Du weißt es: Gesprochen wie ein wahrer »Be strong!« (für eine Übersicht der fünf diskutierten Antreiber siehe Kapitel 5). Rambo ist die Actionfigur des »Be strong!«.

Claudia ist sch…egal, was Hannes oder wer Rambo ist. Sie hat Hannes Alleingänge ein für alle Male satt und tobt: »Ich werde der Geschäftsleitung vorschlagen, dass du künftig keine derartigen Projekte mehr leiten darfst. Dieses Geschäft ist zwei Nummern zu groß für dich! Von den rechtlichen Rahmenbedingungen hast du keine Ahnung.« Das weiß Claudia, denn sie ist Juristin. Was Claudia in der Hitze ihrer Empörung nicht so ganz realisiert: Sie legt sich gerade mit Rambo an. Sobald sie ihre Tirade beendet hat, lehnen sich alle in der Sitzungsrunde entweder genüsslich oder schutzsuchend zurück. Denn alle wissen, was jetzt kommt. Rambo lädt durch.

Rambo Hannes entsichert die Bazooka und ballert Claudia vor den Latz: »Du willst der Firmenleitung vorschlagen, dass sie auf zwei Millionen Umsatz verzichtet? Oder sagen wir: Auf fünfundsiebzig Millionen? Denn so viel habe ich in den letzten Jahren reingeholt mit Projekten, von denen ich angeblich völlig überfordert bin. Was bringt ihr Sesselfurzer von der Rechtsabteilung eigentlich an Umsatz? Oh, ich vergaß: null Komma nichts. Ihr produziert ja bloß Kosten. Erinnert ihr euch an das letzte Mal, als ich euch dummerweise um Expertise bat? Ihr habt die Causa juristisch derart verkompliziert, dass der Kunde schließlich entnervt 1,5 Millionen zur Konkurrenz getragen hat. Sag das ruhig der Geschäftsleitung. Ich helf dir dann, dein Büro auszuräumen und deine beiden Umzugskartons zu tragen.«

Das ist fies. Das ist knüppelhart. Aber Rambo ist hart. Rambo ist das Härteste, was es gibt. Claudia verlässt fluchtartig mit hochrotem Kopf den Sitzungssaal. Rambo ist nicht nett. Aber: Rambo schafft die dicken Dinger ran, holt die großen Aufträge, stemmt die heftigen Projekte. Das tut er – eben weitgehend im Alleingang.

Rambo spielt nicht mit den anderen Kindern. Rambo rettet die anderen Kinder. Rambo ist Solist.

Und wenn du selbst Rambo bist?

Rambo als Chef ist ein echter Gewinn. Für dich! Weil er so vieles solo stemmt, kannst du ihn als Packesel benutzen:

Chef-Hack 53: Lass den Chef machen!

»*Be strong!*« stemmen ungeheuer viel ganz alleine. Auch das, was du ihnen kalt aufbrummst oder rückdelegierst. Nutz das! Keine Angst, du nutzt den Chef (im Rahmen des Vernünftigen) nicht aus. Man kann Rambo nicht ausnutzen. Denn er liebt es, stark zu sein. Je stärker, desto besser: viel Feind, viel Ehr'!

Manche »Chefopfer« haben es so gut drauf, ihrem Chef alles aufzuladen, was anfällt, dass ich mich und manchmal auch sie frage, wofür sie überhaupt bezahlt werden, was sie eigentlich noch selbst arbeiten. Als Antwort höre ich oft: »Jedenfalls deutlich weniger als vor dem Zeitpunkt, an dem ich kapiert habe, dass unser Chef am liebsten alles alleine macht.« Oder auch: »Wozu selbst arbeiten, wenn man einen Chef hat, der es für dich erledigt? Demnächst holt er mir noch den Kaffee!«

Der Nachteil eines Rambo-Chefs ist: Wenn du wirklich deinen Anteil leisten möchtest, wenn du einbezogen werden willst, wenn du deine Arbeit gerne machst und gerne sinnvolle Dinge erledigst oder wenn du auch nur darüber informiert sein möchtest, was dein Chef so alles anleiert, und wovon du dann die Konsequenzen tragen musst – dann treibt dich so ein Chef in den Wahnsinn. Weil er dich deine Arbeit nicht machen lässt. Weil er dich kurzhält. Weil er dich ausschließt. Weil er alles für sich haben will. Weil er dir deine Arbeit wegnimmt. Rambo spielt nicht mit den anderen Kindern …

Es ist schon schmerzhaft, einen Rambo zum Chef, zum Kunden oder als KollegIn zu haben. Richtig schlimm wird es jedoch, wenn du selbst getrieben bist. Ich erinnere mich an einen Vortrag über Rambo-Chefs, bei dem eine Zuhörerin aufstand und sagte: »Äh, ist mir jetzt peinlich, aber: Ich bin Rambo.«

Der Saal lachte. Ein Zwischenrufer rief: »Wohl eher Rambos große Schwester!« Sie nahm das mit Humor.

Ich fragte: »Oh, Entschuldigung. Fühlen Sie sich durch meine Ausführungen als Vorgesetzte respektlos behandelt?«

»Nein. Ich bin keine Vorgesetzte. Ich bin Sachbearbeiterin.«

Das ist übel. Wenn nicht dein Chef, sondern wenn du unter allen Umständen stark sein musst, dann sind es mit hoher Wahrscheinlichkeit dein Chef, die KollegInnen, KundInnen, Familienangehörigen …, die dich ausnutzen. Wenn ich mit Chefs (KollegInnen, KundInnen, Familienangehörigen …) von Rambos spreche, sind diese stets voll des Lobes:

➤ »Man kann ihm alles aufhalsen: Der wuppt das! Praktisch mit null Budget und null Ressourcen.«

➤ »Bevor sie mal ›Nein‹ sagt, kriegt sie lieber einen Burnout. Wenn wir kein Budget für Designarbeiten haben, macht sie das Design selbst am PC. Ich glaube sogar, sie hat die Software dafür selbst beschafft und sich darin eingelernt.«

➤ »Wenn wir keine Personenstunden für Marktforschung kriegen, geht sie mit dem Mikro raus und interviewt Leute in der Fußgängerzone.«

➤ »Der Mann spart uns eine schöne Stange Geld! Der ist eine Ein-Mann-Armee.«

Eben Rambo. Es gibt jedoch eine Stelle, an der *Rambo*, der Film, von der Wirklichkeit abweicht: Rambo geht im realen Leben am Ende drauf.

Rambo geht drauf

Die Leiterin einer Seenotrettungsstation am Mittelmeer erzählte einmal von einem Rambo-Rettungseinsatz. Ein Familienvater sei beim sportlichen Schwimmen von der Strömung zu weit hinaus aufs Meer gesogen worden. Als sie ihn mit dem Fernglas draußen entdeckten und ihr Motorboot klarmachten, wusste sie genau, was in seinem Kopf vorging: »Du weißt, dass es um dein Leben geht. Jetzt heißt es: du gegen das Meer. Wer gewinnt?«

Der Mann zog durch. Mit kräftigen Zügen. Doch die Strömung trieb ihn immer weiter vom Badestrand weg die Küste entlang. Als die Retter ihn endlich erreichten und an Bord zogen, war er blau vor Erschöpfung, von Krämpfen geschüttelt und dem Delirium nahe. Die Einsatzleiterin klopfte ihm auf die Schulter und sagte: »Meinen Respekt. Von so weit draußen hat es in den letzten zwanzig Jahren keiner mehr lebend zurückgeschafft. Aber verraten Sie mir eines: Die letzten zweihundert Meter, bevor wir Sie aufgabelten, sind Sie mitten durch den Yachthafen geschwommen. Warum haben Sie sich nicht an der Ankerkette einer der Yachten festgehalten und ausgeruht? Sie wären doch fast vor Erschöpfung ertrunken!« Und der »Be strong!« antwortete ihr mit klappernden Zähnen und irritiertem Blick: »Yachten? Welche Yachten?«

Er war um sie herumgeschwommen, aber er hatte sie nicht gesehen.

Nicht aus Erschöpfung. Sondern wegen des Tunnelblicks. Alle »Be strong!« haben ihn. Sie sehen und fühlen nur die als absolut empfundene Notwendigkeit, jetzt so stark wie möglich zu sein, jetzt bloß keine Schwäche zu zeigen. Mögliche Unterstützung, Abkürzungen oder Hilfen sehen sie nicht. Denn wer Hilfe braucht, ist schwach. Und schwach sein darf der »Be strong!« nicht. Seltsamerweise versuchte der ertrinkende Familienvater also im engeren Sinne des Wortes nicht, sein Leben zu retten. Er versuchte vielmehr, keine Schwäche zu zeigen. Auf keinen Fall. Auch Hannes darf und will nicht schwach sein.

Wenn es rechtliche Probleme im Projekt gibt, sieht er, dass er die jetzt regeln muss. Er und er allein. Denn wenn er es nicht (alleine) tut, empfindet er sich als schwach – und das darf nicht sein. Er verriet mir halb ironisch, halb von sich selbst irritiert: »Wenn die Kacke am Dampfen ist, muss ich das wuppen – sonst geht das Projekt baden. Dass wir auch noch Entwickler, Juristen und Key Accounter hätten, die mir helfen könnten – das fällt mir meist erst hinterher ein.« Wenn der Stress vorüber ist. Wenn seine SSR, seine spontane Stressreaktion abgeklungen ist, wenn der Tunnelblick weicht, wenn sich der gesunde Menschenverstand wieder einschaltet.

Es leuchtet ein, dass man sich mit so einer Solistenattitüde selbst das Leben schwer, wenn nicht zur Hölle macht. Manchmal beendet man es damit auch. »Ich weiß nicht«, sagte die Küstenretterin, »wie viele Menschen ich schon tot aus dem Wasser gefischt habe, weil sie buchstäblich in den Tod geschwommen sind.« Manche ertrinken allein deshalb, weil sie versuchen, den unerreichbaren Badestrand schwimmend zu erreichen: »Anstatt einfach nur Wasser zu treten und zu winken. Überall stehen doch Schilder, die sagen: Geben Sie Seenotrettungszeichen! Wir sehen Sie! Wir holen Sie raus! Aber nein, die Menschen versuchen, sich selbst schwimmend zu retten und verausgaben sich zu Tode.« Nicht »die Menschen«, sondern die »Be strong!«. Nicht nur auf dem offenen Meer, sondern auch im Büro, am Arbeitsplatz, in der Familie. Viel zu viele Mütter zum Beispiel arbeiten sich buchstäblich zu Tode, zumindest aber in die Notaufnahme, den Burnout, die Kur oder die Reha, bevor sie auch nur auf den Gedanken kommen, den arbeitsallergischen Teenie vom Sofa aufzuscheuchen, damit er seine Socken mal selbst aus dem Trockner holt.

Warum?

Warum arbeiten sich Solisten zu Tode?

Hannes wuppt alles alleine. Und ist stolz darauf. Sein Unterbewusstes belohnt ihn mit Endorphinen für seine Alleingänge: »Guck mal! Was ich alles stemme! Ganz alleine!« Stolz ist sozusagen der Antrieb hinter dem Antreiber. Scham und Statusangst sind weitere Motive hinter »Be strong!«.

Etwa die drohende Scham und der drohende Statusverlust von: »Ich bitte doch nicht die Dünnbrettbohrer von der Rechtsabteilung um Hilfe!«, sagt Hannes. »Am Ende denken die noch, ich hab den Job nicht drauf!« Misstrauen und schlechte Erfahrungen sind ebenfalls Motive hinter »Be strong!«. Wer mit anderen, die ihm eigentlich helfen sollten, schon schlechte Erfahrungen gemacht hat oder diese befürchten muss, macht es lieber allein. Du kennst sicher den häufigsten Spruch von Delegationsallergikern, oder?

Ja, natürlich: »Bevor ich ihm lang und breit erklärt habe, wie es geht, habe ich es schon dreimal selbst gemacht!« Du kennst noch einen? Ja, klar: »Wenn man will, dass es gut wird, muss man es selbst machen!« Das ist kein Erfolgsrezept, sondern Rambos Standardausrede für vermeidbare und synergiekillende Alleingänge. Und oft hast du ja recht: Wenn du es alleine machst, kannst du stolz auf dich sein, bist auf keine Dünnbrettbohrer angewiesen und hast volle Kontrolle über das Ergebnis. Was du auch noch hast, ist eine zerrüttete Gesundheit, zu wenig Zeit für das wirklich Wichtige und jede Menge Feinde, die deine Alleingänge hassen. Wer in einer arbeitsteiligen Wirtschaft zu viel selbst macht, macht sich und andere, macht Qualität und Effizienz kaputt:

Antreiber-Hack: Lass dich nicht unbewusst antreiben, sondern wäge bewusst ab!

Jedes Mal, wenn es dich wieder juckt, ein Solo hinzulegen, wäge beide Seiten ab. Welche Waagschale wiegt schwerer? Es mal wieder selbst zu machen, dich dabei zu verausgaben und eventuell andere mit deinem Egotrip gegen dich aufzubringen? Oder andere einzubeziehen und dir die Zusatzaufgabe aufzubürden, sie führen und koordinieren zu müssen?

Wenn du diese Abwägung ganz bewusst für den relevanten Einzelfall triffst, kommt immer mehr dabei heraus, als wenn du dich unbewusst von deinem Antreiber zum Solotrip verführen lässt. Wenn ich mit kurierten Rambos spreche, sagen die oft: »Natürlich hätte ich es lieber wieder alleine gemacht. Und natürlich habe ich ständig hinter den KollegInnen her sein müssen, damit sie das liefern, was ich erwarte. Aber das Ergebnis ist einfach besser. Und schneller. Ich habe trotzdem noch genügend Solistenauftritte, bei denen ich glänzen kann!«

Not Tough Enough for Business

Wer von »Be strong!« getrieben wird, möchte nicht nur (fast) alles alleine machen:

➤ Ein/e »*Be strong!*« verwechselt auch Freundlichkeit mit Schwäche – und schwach ist das Letzte, was ein »*Be strong!*« sein möchte.

➤ Der/die »*Be strong!*« sagt und glaubt Sachen wie: »Emotionen sind was für Weicheier!«

➤ Oder auch: »Job ist Job, und Schnaps ist Schnaps! Privates hat im Job nichts zu suchen!«

Privates hat im Job nichts zu suchen? Für jeden guten Verkäufer, jede gute Beraterin, jeden guten Kollegen, jede gute Kollegin ist das Gegenteil der Fall: Mit Privatem bricht man das Eis, pflegt die Beziehung. Wenn ich mich in persönlichen Dingen öffne, tut das auch mein Gegenüber. Wenn ich von einem Kunden weiß, dass er Hundeliebhaber ist, erkundige ich mich ganz selbstverständlich nach seinem besten Freund – und er schätzt das und geht darauf ein. Der »Be strong!« kann so was nicht und macht das nicht, weil er Gefühle und damit auch Privates (das oft sehr emotional ist) für Schwäche hält. Das erklärt übrigens auch das Phänomen der toughen Businessfrau.

Es ist politisch nicht korrekt, über das Thema zu reden. Doch ich höre viele Klagen von Männern wie Frauen, die sagen: »Unsere Chefin (Kollegin, Kundin …) ist kaltherzig und brutal! Wie kann sie so kalt und brutal sein – als Frau?« Das ist zwar verständlich, aber bereits grenzsexistisch (bei einem Mann würde man so was nie fragen). Du kennst die Antwort: Es hat nichts damit zu tun, dass sie eine Frau ist. Es hat alles damit zu tun, dass selbstverständlich auch viele Frauen von »Be strong!« getrieben werden. Ist das der Fall, dann ist sie eben nicht »kalt und brutal«. Sie mag es lediglich nicht, über Gefühle, Persönliches, Privates oder Familiäres zu reden. Und das ist ihr gutes Recht. Die Frage ist nicht, ob sie das darf (sie darf!). Die Frage ist: Wie gehst du damit um? Hoffentlich nicht, indem du bockbeinig auf deinen illusorischen Erwartungen beharrst, sondern indem du sie relativierst: Deine Chefin ist dir nicht emotional, feminin, konziliant genug? Dann erwarte das nicht länger von ihr. Such Emotionalität woanders. Eine Chefin ist kein Mutterersatz.

Stark sein ist was für Schwachköpfe

»Aber es ist doch toll, immer stark zu sein!«, sagen mir viele mit leuchtenden Augen. Das ist zwar eine verbreitete Sehnsucht, aber auch ein Irrtum. Stark ist gut. Aber immer stark? Das ist nicht gut. Das ist neurotisch. Ich denke dabei an Mia.

Bei jedem Familientreffen wird auch über den Job geredet. Und während alle anderen über blöde Chefs, die ständige Überlastung, verknöcherte Abläufe, mobbende KollegInnen, lästige KundInnen und schwierige Lieferanten lästern, lässt Mia die Runde wissen: »Ich weiß nicht, was ihr habt! Ich arbeite gerne. Mir macht der Job Spaß! Vielleicht sind wir Frauen einfach resilienter als ihr Männer!«

Worauf einer der Verwandten, der selbst Chef ist, routinemäßig erwidert: »Genau deshalb arbeite ich so gern mit Frauen zusammen. Weil die angeblich so viel widerstandsfähiger sind. Denen kannst du aufladen, was du willst – die stemmen das, ohne mit der Wimper zu zucken (= »Work hard!«). Und meist noch ohne jede Unterstützung (= »Be strong!«). Die mucken nicht auf, arbeiten bis zum Umfallen und fragen nicht mal nach einer Gehaltserhöhung. Weil sie ja resilienter sind als Männer.«

Danach geht das Familientreffen regelmäßig in Tumult über. Bis der Kaffee serviert wird, dann vertragen sich alle wieder. Das Problem ist nicht der Tumult. Das Problem ist, dass Mia selbst glaubt, was sie sagt.

Es gibt zwei Arten von Getriebenen: Die einen wissen's, die andern nicht. Zu welcher Art gehörst du?

Mia weiß nicht, dass sie an einem Antreiber leidet. Sie liebt ihren Job wirklich. Sie hat wirklich Spaß dabei. Das liegt daran, dass Antreiber im Sinne des Wortes irrsinnig viele Stress- und andere Hormone ausschütten. Die Wohlfühlhormone schaffen in Verbindung mit den Stresshormonen etwas, das wie eine Sucht wirkt. Das merken wir daran, wenn ein Getriebener »runterkommt«, »auf Entzug ist«. Wie Mia nachts.

Pünktlich wie die Kirchturmuhr wird sie nachts gegen drei munter, weil sie an die Arbeit denkt, die ihr so viel Spaß macht. Und kann nicht mehr einschlafen. Sie ahnt, dass da irgendwas nicht zusammenpasst. Wie kann sie nachts wach liegen wegen einer Arbeit, die ihr Spaß macht?

Wenn ihr Gatte versucht, ihr zu helfen und zu hinterfragen, warum sie tagsüber so viel arbeitet und so vieles alleine macht, dass sie nachts wach liegt, kommen ihr die Tränen. Woher? Aus dem Unterbewusstsein. Denn das Unterbewusste »weiß«, dass da was nicht stimmt. Aber es kommuniziert eben in der Regel nicht mit Memos und E-Mails, mit klaren Gedanken oder der häufig zitierten »inneren Stimme«, sondern mit körperlichen Symptomen wie Tränen. Deshalb arbeitet Mia anderntags einfach noch ein bisschen mehr und ein bisschen alleiner. Ein Teufelskreis. Mia müsste ihren Antreiber als solchen erkennen und dann ihr Leben ändern. Alle reden ständig davon, doch: Wie geht das? Wie ändert man sein Leben?

Ändere dein Leben! In drei Schritten

Als die erwachsene Tochter einmal zu Besuch ist und die Mutter nachts um drei schlaflos in der Küche vor dem Kühlschrank ertappt, holt sie ihr Tablet und googelt Eric Berne, die Antreibertheorie und insbesondere »Be strong!«. Die Tochter kannte das alles schon. Jetzt geht auch der Mutter ein Licht auf:

> **Antreiber-Hack: Feed Your Mind!**
> Psychoedukation ist der erste Schritt aus dem Antreiber-Teufelskreis heraus.

Mia ahnte vorher schon, dass sie ein Problem hat. Leider ist Ahnen nicht Wissen. Erst wenn du schwarz auf weiß siehst, was dein Problem ist, kannst und willst du es angehen. Erkenntnis ist der erste Schritt zur Besserung. Der zweite ist: kleine Schrittchen.

Wir alle wollen ständig was an uns und/oder unserem Leben ändern. Fünf Kilo abnehmen, mehr Sport treiben, mehr Zeit für die Familie.

In der Regel scheitern wir. Warum? Es gibt eine Menge Gründe: destruktives Umfeld, mangelnde Antizipation von Hindernissen, innere Konflikte, Trauma-Spätfolgen … Der häufigste Erfolgskiller jedoch ist hausgemacht – du errätst ihn: überzogene Ziele. Fünf Kilo abnehmen – in drei Wochen? Du hast sie ja nicht mehr alle …

Auch Mia überfordert sich, will zu schnell zu viel (typisch »Try hard!«): »Ab sofort streiche ich alle Alleingänge und hole mir stets die Unterstützung meines Teams!« Das ist gleich dreimal zu viel: »sofort«, »alle« und »stets«. Aber das ist typisch »Be strong!«: Man will stets die dicksten Dinger stemmen. Das ist im Kraftsport gut. Bei mentalen Veränderungen gilt dagegen: Small is beautiful. Es gilt, was Steve de Shazer, einer der berühmtesten Psychologen unserer Zeit, sagte: »Die kleinsten Veränderungen haben die größte Wirkung. Also fang klein an!«

Deshalb nimmt sich Mia vor: »Okay, ich fange klein an. Ich lass die Protokolle unserer Sitzungen künftig von Teammitgliedern schreiben.«

Darauf ihre Tochter entsetzt: »Was? Du schreibst als Abteilungsleiterin noch Protokolle? Mama, du hast ein Rad ab!«

»Ja. Das sehe ich jetzt auch.«

Doch weil der Verzicht aufs Protokollieren ein relativ kleines »Opfer« für eine »Be strong!« ist, schafft Mia den Verzicht tatsächlich auf Anhieb. Und wenn nicht? Du errätst es: Dann hätte sie einfach einen noch kleineren Solotrip ausgewählt und es damit probiert.

Antreiber-Hack: Hätten Sie's nicht 'ne Nummer kleiner?

Wenn du etwas nicht tust, was du dir vorgenommen hast, ist es noch zu groß. Erst wenn du es tust, war es klein genug. Also mach es kleiner, bis du's tust! *Small is beautiful!*

Mia verzichtet in der Folge zwei-, dreimal aufs Protokollschreiben – und dann? Du errätst es: Dann wird sie rückfällig. Wie wir alle, wenn wir abnehmen, mehr Sport treiben oder mehr Zeit für die Familie einplanen wollen. Und wie wir alle weiß auch sie genau, woran es scheitert: »Mir fehlt es am nötigen Willen. Ich hab einfach nicht genügend

Disziplin!« Das ist eine häufige Erklärung, aber leider ein Irrtum: Disziplin verleiht keiner Veränderung Nachhaltigkeit. So viel Disziplin hat kein Mensch (Ausnahmen bestätigen die Regel). Disziplin ist wie ein Muskel: Irgendwann erlahmt sie. Mit »Disziplin!« und »eisernem Willen« hält niemand (lange) eine Veränderung aufrecht. Aber damit:

> **Antreiber-Hack: Übung, nicht Motivation oder Disziplin, macht den Meister!**
>
> Wenn du etwas nachhaltig machen möchtest, warte nicht auf mehr Disziplin oder stärkere Motivation. Mach es (oder kleine und noch kleinere Teile davon) einfach stumpf und stur so oft, bis es dir zur Gewohnheit wird. Der Mensch ist kein Motivations-, sondern ein Gewohnheitstier.

Die kritische Schwelle der Gewohnheitsbildung liegt im Schnitt bei ein bis zwei Dutzend Wiederholungen – mit weiter Streuung nach oben und unten. Es gibt Menschen und eingefahrene Verhaltensweisen, bei denen erst nach fünf oder sechs Dutzend Wiederholungen die Gewohnheitsbildung einsetzt. Ich befürchte immer, dass diese Information viele Menschen frustriert und abschreckt, erlebe aber regelmäßig das Gegenteil: »Was? Ich muss etwas nur oft genug wiederholen, damit es sitzt? Ist mir doch egal, wie oft das sein muss. Ich dachte sonst immer: Das lernst du nie! Aber ich hab einfach zu früh aufgegeben.«

Erstaunlich viele Raucher wissen das: »Du musst lediglich siebzehnmal nicht zur Zigarette greifen, wenn es dich juckt – dann hast du es dir abgewöhnt!« Die siebzehn stimmen nicht ganz. Bei manchen sind es sieben, bei anderen siebenundsiebzig Wiederholungen. Doch das Prinzip stimmt: Mit der richtigen Anzahl Wiederholungen wird alles zur Gewohnheit. Ich kenne eine »Be strong!«, die sich in einer einzigen Woche ihren Antreiber abgewöhnt hat, der sie siebenunddreißig Jahre lang gequält hatte. Sie nahm sich einfach vor: »Egal, was diese Woche an neuen Aufgaben hereinkommt: Ich mach daraus keinen Solotrip mehr, sondern verteile die Aufgabe gleichmäßig auf mein Team.« Es kamen achtundzwanzig neue Aufgaben herein. Aus keiner machte sie einen Solotrip – danach war die Sache gegessen. Sie fiel seither nie wieder auf »Be strong!« herein.

Nehmen wir an, du möchtest dir gerade … und … und … abgewöhnen (füll die Lücken mit deinen Wünschen aus):

➤ Such dir die leichteste von den drei Aufgaben aus.

➤ Brich die Aufgabe so weit herunter, bis du bei einer kleinen Teilaufgabe denkst: »Das trau ich mir zu! Das kann ich aus dem Stand umsetzen!«

➤ Wann? Gib dir selbst einen Termin.

➤ Du hast ihn nicht eingehalten? Macht nix.

➤ Gib dir einen neuen Termin und starte einen weiteren Versuch!

➤ Wie viele Versuche gibst du dir?

➤ Unter fünf? Dann meinst du es unmöglich ernst.

➤ Probier es nochmal: Wie viele Versuche?

➤ Schon besser. Starte einen nach dem anderen.

➤ Feiere selbst Minimalerfolge!

➤ Wiederhole den Erfolg so lange, bis das neue Verhalten »sitzt«.

➤ Geh beschwingt und erfolgreich zum nächsten Wunsch weiter.

Wahre Stärke

Die große Tragödie von »Be strong!« ist, dass sie zwar im Sinne des Wortes für ihr Leben gerne stark sein wollen, jedoch eine völlig falsche Vorstellung von Stärke haben.

Die Rambos dieser Welt denken, dass stark ist, wer möglichst viel alleine macht und dabei möglichst kräftig auf den Tisch haut. Sie setzen auf die falsche und verkennen die wahre Stärke. Diese Fehleinschätzung macht sie zu tragischen Helden (der Aspekt der inhärenten Tragik kommt in den Rambo-Filmen zu kurz). Rambo ist nur im Film stark. Ben dagegen ist in echt stark. Derzeit arbeitet er seinen jungen Kollegen Jonas ein.

Beide sollen im Auftrag des Chefs einen der Firmenwagen verkaufen, einen BMW X5. Ben unterrichtet den Chef am Vormittag: »Wenn Sie mir das Okay geben, geht der X5 morgen für 45.000 Euro übern Tisch.«

»Wir wollten zwar 50.000 haben, aber bevor er noch länger im Fuhrpark Platz wegnimmt: ab dafür!«

Ben und Jonas lassen sich das nicht zweimal sagen, starten die Finalisierung des Deals und holen beim potenziellen Käufer sogar noch was raus, weshalb Ben am Nachmittag desselben Tages dem Chef mailt: »Der Käufer übernimmt den X5 schon morgen im Lauf des Tages. Und wir kriegen sogar 43.000 dafür!«

Darauf die Mail des Chefs: »43.000? Das ist ein verdammt lausiger Preis!«

Ben und Jonas starren auf die Mail wie auf die Erscheinung des Herrn. Jonas, als der Jüngere im Gespann, spricht es aus: »Der Alte ist wohl übergeschnappt! Heute Morgen gibt er grünes Licht für 40.000 als allerunterstes Limit, und keine fünf Stunden später sind ihm nicht mal 43.000 gut genug!« Ben pflichtet ihm schulterzuckend bei, während Jonas von einer Trotzreaktion gepackt wird: »Also dann geh ich (ich statt wir = »Be strong!«) nochmal die Liste der Interessenten durch (sie ist lang = »Work hard!«) und such bis heute Abend (= »Hurry up!«) so neun, zehn (= »Be perfect!«) Interessenten heraus, die unter Umständen mehr zu zahlen bereit sind.« Jonas will sich von diesem Zickzack-Chef nicht unterkriegen lassen, will nicht in die Knie gehen, sondern Stärke zeigen. Wie falsch diese Art von Stärke in dieser Situation ist, zeigt ihm Bens Reaktion.

Der bricht nämlich in schallendes Gelächter aus: »Nun mal langsam mit den jungen Pferden! Ich sage dir, was wir bis morgen machen: nämlich nichts!«

Jonas klappt die Kinnlade herunter. Insgeheim spürt er einen Hauch Verachtung für Ben, seinen Mentor: Der alte Mann lässt wohl nach, wird weich auf seine alten Tage, zeigt Schwäche, und Schwäche ist verachtenswert: Das ist das Credo des »Be strong!«. Denn er verwechselt auch Taktik, Diplomatie, Fingerspitzengefühl und Street Smartness mit Schwäche. Anderntags geht Ben mit dem Kaufvertrag zum Chef und fragt: »Scheißtag gestern?«

»Sie haben ja keine Ahnung, was ich gestern wieder durchgemacht habe!«

»Kann ich mir vorstellen. Hier habe ich eine kleine Aufmunterung: der Kaufvertrag, unterschriftsreif.«

»Ja, schon gut: Die 43.000 sind nicht so schlecht. Vor allem, wenn man bedenkt, dass wir den Wagen schon gut ein Jahr loshaben wollen. Also geben Sie her!«

> **Chef-Hack 54: ruhig Blut!**
>
> Chefs sind manchmal so stark neben der Spur, dass man ihnen nicht mit Vernunft und gutem Zureden kommen kann – und vor allem nicht mit »Be strong!«. In der Ruhe liegen die Kraft und die Lösung: Den Chef wieder runterkommen, sich vom akuten Anfall erholen lassen, den rechten Zeitpunkt abwarten und es dann nochmal probieren.

Dein Chef (Beziehungspartner, Kunde ...) kommt aber nie runter? Der ist seit seiner Geburt auf hundertachtzig und lässt nie nach? Dann hilft nur eines: Geh da weg! Wir beschäftigen uns ausführlich mit dieser Ultima Ratio in Kapitel 12.

Rambo im Porzellanladen

Kinogänger und Medien vergöttern Rambo, Captain America, Black Widow und andere »Be strong!«-Helden. Schleierhaft ist mir daran, wie die Leute den Flurschaden, den solche Haudraufs regelmäßig anrichten, einfach übersehen können. Was geht bei der Arbeit mit solchen Solisten am schnellsten und unwiederbringlichsten verloren? Klar, das gegenseitige Vertrauen.

Niemand vertraut Rambo. Denn du hast buchstäblich keine Ahnung, was er auf seinen ständigen Alleingängen jetzt wieder ausheckt. Er setzt dich ja nicht ins Bild! Er bezieht dich nicht ein. Er arbeitet an dir vorbei, heimlich, hintenherum. Er vollbringt Heldentaten, aber vertrauenswürdig? Das ist er nicht. Also misstraust du ihm. Zu Recht. Und er dir, eben weil er es nie auch nur für nötig hält, dich einzubeziehen. Rund um die Rambos dieser Welt entsteht nach deren Auftauchen in Windeseile eine üble Misstrauenskultur, unter der viele Firmen, Familien, Ministerien und Nationen (Stichwort Rambo-Trump) leiden. Meist nehmen wir nicht einmal mehr das zugrunde liegende Misstrauen wahr, sondern lediglich seine üblen Folgen, zum Beispiel die unselige Mailflut und die endlosen Aktionen im Dienste von Cover your ass. Wenn ich unterwegs in Praxisunternehmen bin, erlebe ich so einiges, beispielsweise:

Mail des Vertriebsleiters an seinen Verkäufer: »Warum hat der Kunde den Vertragsentwurf noch nicht unterschrieben?«

Mail des Verkäufers an seinen Vertriebsleiter: »Weil er sich noch nicht ganz schlüssig ist.«

Die weiteren Mails:

»Haben Sie das schriftlich?«

»Natürlich nicht, das sagte er am Telefon.«

»Dann holen Sie das schriftlich von ihm ein!«

»Ich kann ihn doch nicht zwingen, eine Mail zu schreiben!«

»Dann schicken Sie mir stattdessen eine Mail mit dem Sachverhalt!«

»Das mach ich doch schon seit fünf Mails!«

»Das reicht nicht für meine Dokumentation. Kommt der Deal nicht zustande, brauche ich es schriftlich hieb- und stichfest, dass wir alles versucht haben!«

Aha, das ist also die Ursache hinter der unseligen Mailflut, die einen ganzen Tag lang tobte und es auf insgesamt siebenundvierzig Mails brachte: Der Vertriebsleiter misstraut dem Verkäufer, der Verkäufer dem Vertriebsleiter. Mit gutem Grund: Der Verkäufer ist seinem Vorgesetzten etwas zu eigenständig, informiert diesen nicht umfassend, zettelt ohne sein Wissen riskante Deals an. Der Vorgesetzte hat das Gefühl, Rambo nicht mehr unter Kontrolle zu haben (das hat kein Vorgesetzter von Rambo).

Der »Be strong!« mag Heldentaten vollbringen. Doch per Saldo bringen diese gar nicht mehr so viel, wenn man gegenrechnet, wie viel Produktivität, Effektivität und Effizienz das grassierende Misstrauen vernichtet, das Rambo unweigerlich schürt:

➤ Nimm deinen Rambo an die Kandare! Sonst versinkt hier alles in einer Unkultur des Misstrauens.

➤ Oder aber bring ihm bei, seine Alleingänge mit mehr Transparenz zu absolvieren.

➤ Oder kontrolliere ihn engmaschig, damit du rechtzeitig mitkriegst, was er so alles anzettelt.

Wahre Stärke ist nicht »Be strong!«. Wahre Stärke geht mit gegenseitigem Vertrauen einher. Betriebswirtschaftler gehen sogar davon aus, dass gegenseitiges Vertrauen die wahre Stärke jeder Organisation ist. Denn eine Organisation, eine Familie, ein Verein, in dem man sich gegenseitig misstraut, ist brüllend ineffizient.

VF

Chefs, die ständig Druck und Hektik machen (»Hurry up!«), sind stressig. Kunden, die Haare spalten (»Be perfect!«), sind nervig. Wenn du es allen recht machen möchtest (»Please people!«), bist du ein Burnout-Fall auf Abruf. Ein »Work hard!«-Chef verschleißt dich schneller, als du »Sabbatical!« rufen kannst. Und ein »Be strong!« in deiner Abteilung treibt dich mit seinen ewigen Alleingängen in den Wahnsinn. Andererseits:

➤ Wenn ihr unter Zeitdruck steht (an vielen Arbeitsplätzen inzwischen die Regel), rettet euch der *Hurry up!*« den Hintern, weil er/sie eben auch superschnell arbeiten kann.

➤ Wenn es um »null Toleranz« oder höchste Qualität geht, dann lässt du am besten nur *Be perfect!*« ran.

➤ Einen sauer gefahrenen Kunden (Ehepartner, Verwandten, Elternteil, Systemlieferanten, Investor ...) holt nur ein/e »*Please people!*« zuverlässig wieder vom Baum runter.

➤ Wenn du in ein Death March Project gerätst, rettet dich der »*Work hard!*« im Team.

➤ Die »*Be strong!*« drei Bürotüren weiter wuppt solo, wozu man normalerweise drei TeamkollegInnen bräuchte.

Ergo: Selbst der schlimmste Getriebene hat auch seine Vorzüge. Jeder Antreiber hat zu den bekannten Nachteilen auch Vorteile. Das heißt für dich persönlich:

➤ Wenn du unter Zeitnot wie auf Knopfdruck auf »*Hurry up!*« umschalten kannst, wirst du erfolgreich sein: Die schnellen Fische gewinnen das Rennen.

➤ Wenn Top-Qualität verlangt wird und du deinen inneren »*Be perfect!*« nicht aktivieren kannst, hast du die Arschkarte gezogen.

➤ Einen aggressiven Chef, Kollegen, Kunden ... bringst du mit Kontra geben eher noch mehr gegen dich auf, während ein wenig »*Please people!*« die Wogen glättet.

➤ Mal wieder total mit Arbeit überlastet? Dann kannst du jammern, aufgeben, depressiv werden und dich zum Opfer machen – oder du sagst dir: Jetzt erst recht! »*Work hard!*« bringt dich auf Spitzenleistung.

➤ Bei all den Pfeifen am Arbeitsplatz (in der Familie, auf den Ämtern, in der Regierung ...) ist es manchmal wirklich besser, du wuppst das alleine – sonst wird das nie was.

Antreiber-Hack: Who drives the car?
Haben deine Antreiber dich oder hast du deine Antreiber im Griff?

Antreiber sind ärgerlich, kontraproduktiv, ineffizient und zwanghaft, wenn sie dich unbewusst, reflexhaft, spontan und instinktiv erfassen: dann treiben sie dich vor sich her (daher der Name Antreiber). Wenn du jedoch bewusst mit Antreibern umgehst, drehst du den Spieß um. Du nutzt ihre oft unbändige Kraft. Eine Spartenleiterin in einem Pharmaunternehmen (die gerne *Game of Thrones* anschaut) sagte: »Entweder der Drache treibt dich vor sich her – oder du reitest den Drachen.« Ein schönes Bild.

Etwas weniger pittoresk und konkret gesprochen: Es geht um Verhaltensflexibilität (VF). Die meisten Menschen sind wie Automaten: Du wirfst oben 50 Cent rein, und unten kommt Kaugummi heraus. Du sagst beiläufig: »Die Zeit drängt!«, und schon verliert der »Hurry up!« neben dir das Bewusstsein und schaltet auf Autopilot Hektik. Jemand sagt beiläufig: »So können wir das aber nicht dem Kunden schicken!«, und schon bricht beim »Be perfect!« der Perfektionismus aus. Genau das ist das Gegenteil von Verhaltensflexibilität: Kaum triggert man den Getriebenen an, übernimmt ihn auch schon sein Antreiber mit Haut und Haaren. Vorhersehbar, vollkommen starr, völlig unflexibel. Mach das nicht.

Mach das Gegenteil. Sei nicht verhaltensstarr, sondern flexibel; heute sagt man »agil«. Lass dich nicht antriggern und austricksen! Verhalte dich in jeder Situation so, wie es am besten für dich, deine Ziele und die Situation ist. Situationsgerecht. Verhaltensflexibel. Und eben nicht nach Antreiber-Schema F. Menschen, die das schaffen, sagen zum Beispiel:

➤ »Ich dachte erst, das schaffen wir nie! Aber dann trat ich mir selbst in den Hintern und brachte meinen inneren ›*Work hard!*‹ auf Touren.«

➤ »Ich hätte ihm am liebsten sein fehlerhaftes Protokoll wie einen nassen Lappen um die Ohren gehauen. Aber dann dachte ich: Was soll der Aufriss? Ist doch bloß ein Protokoll. Liest ja außer mir eh keiner. Und wenn, können wir die Fehler im Nachgang auch noch ausmerzen. Kein Anlass für Perfektionismus.«

Letzteres sagte übrigens eine für ihre Pedanterie berüchtigte Vorgesetzte: Auch getriebene Chefs können ihre Antreiber und damit sich in den Griff bekommen; das nennt sich auch innere Führung oder Selfmanagement.

Viele andere Chefs, die noch in ihren Antreibern feststecken, beichten mir: »Ich würde ja gerne! Aber ich merke das meist erst hinterher, dass mich wieder ein Antreiber geritten hat!« Geht dir auch so? Geht uns allen manchmal so. Und für uns alle hat Viktor Frankl, der berühmte Psychologe, der das KZ überlebt hat, das passende Rezept parat:

Antreiber-Hack: die entscheidende Sekunde

»Zwischen Reiz und Reaktion liegt ein Raum. In diesem Raum liegt unsere Macht zur Wahl unserer Reaktion. In unserer Reaktion liegen unsere Entwicklung und unsere Freiheit.«

Das ist das, was neuerdings als Mindfulness oder Achtsamkeit so sehr in Mode ist: Wer sich wie ein Automat triggern lässt, bleibt der Sklave seiner Antreiber. Wer jedoch zwischen den Hunderten Triggern und Reizen, die uns täglich überfluten, und seiner eigenen Reaktion das achtsam einlegt, was die Buddhisten »the sacred pause«, die heilige (Denk-)Pause nennen, der befreit sich vom Zwang der Antreiber und kann sein Leben erst im Sinne des Wortes selbst führen. In Freiheit. Und mit Erfolg.

»Bittet, so wird euch gegeben.«

Matthäus 7,7

10. Wer rebelliert, kassiert!

Was ist das Ärgerlichste an schlechten Chefs?

Das Ärgerlichste ist: Sie sind nicht nur schlecht, sie bezahlen auch meist schlecht. Häufig höre ich Chefopfer klagen:

➤ »Für das, was er sich mir gegenüber leistet, bezahlt er deutlich zu wenig!«

➤ »Egal, was sie mir zahlt: Es ist zu wenig verglichen mit dem Ärger, den ich mit ihr habe!«

Je schlechter ein Chef führt, desto besser müsste er eigentlich bezahlen. Quasi als Schmerzensgeld für seine charakterliche und/oder Führungsschwäche. Leider ist meist das Gegenteil der Fall.

Jürgens Chef bezahlt zu wenig. Das beklagt Jürgen regelmäßig, auch beim sonntäglichen Netflix-Gucken mit der Gattin: »Stell dir vor! Jetzt hat sogar die Berger eine Gehaltserhöhung bekommen! Und mich hat der Chef wieder übersehen!«

»Dann mach doch was! Sitz nicht bloß rum und schau zu, wie die anderen abräumen. Geh zu deinem Chef! Sag ihm, dass du auch mehr Geld willst!«

Guter Tipp? Absolut. Man sollte meinen, dass Jürgen schon selbst darauf gekommen sein sollte. Ist er auch. Er weiß, was zu tun ist. Er tut's bloß nicht – es geht uns allen manchmal so.

Je mieser ein Chef ist, desto mehr Geld sollten wir von ihm verlangen. Quasi als Ausgleich für seine Minderleistung, als Schadenersatz, als Wiedergutmachung für erlittenes Unrecht. Leider machen wir meist das Gegenteil: Je mieser ein Chef ist, desto seltener belästigen wir ihn mit Gehaltsforderungen. Schon der Gedanke, mit einem blöden Chef über die Dinge des Arbeitsalltags reden zu müssen, löst bei den meisten Menschen Würgereiz aus. Und dann soll man mit diesem Kotzbrocken auch noch übers Gehalt verhandeln? Vergiss es! Das ist einfach zu unangenehm – doch darauf kommt es paradoxerweise nicht an.

Es kommt nicht darauf an, wie unangenehm der Chef (der Stress, die aktuelle Beziehung, ein Teenager in der Familie …) ist. Es kommt darauf an, was wir daraus machen. Was machen wir oft genug daraus? Wir reden uns raus.

Schluss mit Ausreden!

Gehaltsgespräche sind unangenehm. Ein Gehaltsgespräch mit einem unangenehmen Chef ist außerordentlich unangenehm. Also vermeiden wir es. Wir schieben es hinaus. Aber das sagen wir nicht. Auch Jürgen sagt das nicht. Er sagt – und wir alle kennen/gebrauchen diese irre logischen Erklärungen hin und wieder:

➤ »Man sollte meinen, dass der Chef inzwischen mitgekriegt hat, was ich alles für die Firma tue!« Das hat er ganz offensichtlich nicht – sonst müsstest du es nicht beklagen.

➤ »Schon mein Großvater meinte: Was nix kost, ist nix wert!« Da hat dein Opa recht. Leider ist dein Chef nicht dein Opa. Er hält sich nicht an diesen Grundsatz.

➤ »Wie schaut das aus, wenn ich beim Chef reinplatze und von ihm mehr Geld verlange?« Es schaut entschlossen aus, selbstbewusst, von dir selbst und deiner Leistung überzeugt – was soll daran falsch sein? Einmal ganz davon abgesehen, dass dein Chef genau das von dir erwartet. Glaubst du, er gibt dir mehr Geld, ohne dass du es von ihm verlangst? Bloß, weil das bequemer für dich wäre?

> ➤ »Die Berger ist blond und zieht sich aufreizend an. Kein Wunder, dass er sie bevorzugt behandelt!« Klar: Wenn der Bauer nicht schwimmen kann, ist die Badehose schuld. Schuld sind immer nur die anderen. Selbst wenn die Berger nicht blond wäre, würde Jürgen etwas an ihr finden, weshalb der Chef sie angeblich bevorzugt.

Auch wenn die Berger mehr Kohle kriegt, bloß weil sie blond ist und sich adrett kleidet: Deshalb musst du dich nicht blond färben und anders anziehen (obwohl blond und aufreizend bei Chauvichefs nach wie vor zieht). Nein, die Sache ist viel einfacher und deutlich weniger sexistisch:

Chef-Hack 55: Sag es!
Es gibt nur eine einzige Möglichkeit, außertariflich mehr Geld zu bekommen: Sag es deinem Chef!

Das klingt logisch, doch die meisten Menschen glauben und hoffen: »Wenn ich mehr leiste/brauche, bekomme ich mehr!« Leider ist dieser fromme Glaube falsch – aber das verraten sie dir nicht einmal im BWL-Studium:

Chef-Hack 56: Nicht wer mehr leistet, kriegt mehr Geld!
Sondern wer mehr fordert.

Wer mehr fordert, kriegt mehr. Wer gegen die herrschenden Umstände (sprich: aktuelles Lohn-/Gehaltsniveau) rebelliert, kassiert! Also lautet das Rezept nicht: Beklage die Ungerechtigkeit der Welt und warte darauf, bis der Chef endlich einsieht, dass du mehr verdient hast, sondern: Fordere mehr! Fordere öfter, besser begründet, intensiver, smarter, fundierter, selbstbewusster, überzeugender, besser dokumentiert, souveräner, flexibler, kreativer, stärker mit nachweisbarer (Zusatz-)Leistung unterfüttert und taktisch klüger. Am besten ist natürlich, wenn du beides zusammennimmst:

Chef-Hack 57: das sicherste Rezept für mehr Geld
Leiste mehr und fordere mehr!

Da verrate ich dir nichts Neues? Nein, natürlich nicht. Auch für Jürgen ist das nicht neu. Seiner Frau gegenüber verschweigt er das, aber mir sagt er: »Das weiß ich doch längst. Aber ich trau mich nicht. Was soll ich denn sagen, warum ich mehr Geld will? Und was, wenn er mich hochkant aus dem Büro schmeißt?«

Wenn wir ehrlich sind, plagen auch uns diese Fragen hin und wieder. Nicht nur beim Gehalt. Auch sonst geben wir viel zu oft und nicht nur gegenüber dem Chef, sondern auch gegenüber Kunden, Lieferanten, Ehepartnern, Eltern und Kindern klein bei, anstatt höflich, aber dezidiert zu sagen, was wir möchten. »Vielleicht fehlt mir der Mut dazu«, meint Jürgen. Ja. Oder die Motivation.

Mit dem Mut eines Löwen: das Geheimnis der Motivation

Jürgens Gattin ist Anhängerin der Tschakka!-Motivation. Sie sagt: »Du schaffst das! Du packst das! Geh einfach rein und sag ihm, dass du mehr Gehalt willst!« So ein verbaler Tritt in den Hintern macht auch dir Mut? Prima. Dann tritt dich oder lass dich treten.

Die Tritt-in-den-Hintern-Methode funktioniert bei dir leider nicht? Dann geht es dir wie den meisten Menschen. Deshalb hört man nicht mehr viel von der Tschakka!-Methode – außer in US-Filmen. Hollywood verwendet gerne Methoden, die zwar auf der Leinwand, aber nicht im wirklichen Leben funktionieren. Besser funktioniert im realen Leben der Skalenansatz. Er hat sich in vielen Bereichen der Psychologie als Standard durchgesetzt:

<u>Erste Motivationsfrage:</u>

Auf einer Skala von 0 (total demotiviert) bis 10 (ich könnte Bäume ausreißen!): Wie motiviert fühlst du dich beim Gedanken an dein nächstes Gehaltsgespräch?

Auf diese Skalenfrage hat jeder Mensch eine Antwort. Manche antworten sogar mit Dezimalstelle; wie Jürgen: »Ich muss gestehen: höchstens eine 4,5!«

Das deckt sich mit seiner qualitativen Aussage. Du erinnerst dich, Jürgen sagte vorhin: »Das weiß ich alles längst. Aber ich trau mich nicht. Was soll ich denn sagen, warum ich mehr Geld will? Und was, wenn er mich hochkant aus dem Büro schmeißt?« Redet so ein Mensch, der so stark motiviert ist, dass er es nicht erwarten kann, seinen Chef von seinem Gehaltswunsch zu überzeugen? Sicher nicht. Also stellt man so jemandem die

Zweite Motivationsfrage:

Du bist bei einer 4 (oder was auch immer): Was wäre nötig, damit du auf eine 5 kommst? (Bei besonders mutlosen Zeitgenossen empfehlen sich auch Halbschritte: von 4 auf 4,5, von 4,5 auf 5 ...).

Motivationsamateuren entgeht in der Regel das Geniale an dieser zweiten Frage. Denn Menschen mit Motivationsproblemen (also wir alle gelegentlich) betrachten Motivation binär, dichotomisch, schwarzweiß, entweder-oder: Ich bin entweder motiviert oder nicht. Denkt man so, ist man es nie dann, wenn man es sein möchte: voll motiviert. Denn man kommt zwar mit dem Auto von null auf hundert – aber du bist kein Auto. Motivation funktioniert so nicht. Motivation (wie alle anderen Fähigkeiten) funktioniert skaliert, inkrementell, step by step: Wer von der 4 auf die 5 kommt, kommt auch von der 5 auf die 6 und von der 6 ... und am Ende der Schrittfolge bist du total motiviert. Wenn du dich Schritt für Schritt motivierst. Willst du dagegen in einem einzigen Schritt von der 4 auf die 10 kommen, scheiterst du bei 99 von 100 Anläufen. Damit haben wir das Geheimnis der Motivation aufgedeckt: Motivation ist eine skalierbare Fähigkeit – aber das nur nebenbei. Denn die eigentliche Aufgabe lautet:

Chef-Hack 58: Step-by-Step-Motivation

Du willst dich für den (Gehalts-)Clinch mit dem Chef motivieren? Dann komm auf den nächsthöheren Skalenwert! Was wäre dazu nötig?

Wenn wir die Step-by-Step-Motivation in Workshops trainieren, fragen mich TeilnehmerInnen oft: »Wie hoch auf der Skala muss ich denn kommen, damit ich mich zum Chef reintraue?« Der Daumenwert liegt bei einer 7. Aber du brauchst diesen Daumenwert gar nicht: Verlass dich einfach auf dein Gefühl! Wenn sich nach einigen Schritten der Eigenmotivation bei dir das Gefühl einstellt »Hey, das packe ich doch! Ich geh zu ihm rein und leg die Karten auf den Tisch!« – dann packst du es auch, denn dann bist du motiviert (wir ignorieren an dieser Stelle die sogenannte Volition, die Psychologen gerne im Zusammenhang mit der Motivation diskutieren). Also bau deine Motivation Schritt für Schritt auf!

Stell dir Schritt für Schritt die Frage: Was wäre nötig, damit ich auf die nächste Motivationsstufe komme? Jürgen ahnt das zumindest. Erinnerst du dich? Er sagte: »Und was, wenn er mich hochkant aus dem Büro schmeißt?« Dahinter steckt die Angst vor Ablehnung, die Angst vor Versagen oder auch die Angst vor Autoritäten, vor sozialer Sanktionierung (also die Angst vor Scham). Kurz: Die Angst vor dem Chef. Angst vor dem Chef ist ein schlimmer Motivationskiller. Diese Angst hält Jürgen davon ab, auf die nächste Motivationsstufe zu kommen. Doch auch die Angst vor dem Chef kannst du loswerden. Und das Beste daran: Du weißt auch schon wie.

Nie wieder Angst vor dem Chef

In Kapitel 8 (Unterkapitel »Die Angst der Antreiber«) hast du einen sehr wirkmächtigen Anxiety Buster, einen Angstkiller, kennengelernt. Sein Wirkprinzip besteht schlicht darin, jene Konsequenz laut und mehrfach zu sagen oder zu denken, die in einer konkreten, zukünftigen Situation am schlimmsten für dich wäre. Mit Jürgen mache ich im Coaching die etwas beschleunigte Executive-Version der Methode (du brauchst keinen Coach dazu – es geht bloß schneller und besser mit):

»Wenn du jetzt an das nächste Gehaltsgespräch mit dem Chef denkst: Wie hoch ist deine Motivation?«

»Wie gesagt: 4,5. Was ist, wenn er mich hochkant rauswirft?«

»Okay, das wäre immerhin denkbar. Es könnte sein, dass er dich rausschmeißt. Sag das bitte ein paar Mal!« (Wir hatten die Methode natürlich zuvor gut trainiert).

»Es könnte sein, dass er mich rausschmeißt. Es könnte sein ...«

»Und? Hat sich was am Skalenwert verändert?«

»Ja, seltsam, nach ungefähr der fünften Wiederholung habe ich gemerkt: So eine Katastrophe wäre das gar nicht. Er kann mir ja kein Bein brechen. Ich bin schon schlimmer aus Kneipen rausgeflogen. Also, ich würde sagen: Ich bin auf 6.«

»Warum ist es keine 7?« (Eine Variation der zweiten Motivationsfrage.)

»Weil ich fürchte, dass er sich nach einem Gehaltsgespräch an mir rächt und mich danach tagelang piesackt.«

»Sag das bitte auch mehrmals.«

»Es könnte sein, dass er mich noch übler piesackt. Es könnte sein ...«

»Und? Ändert sich was?«

»Ich fasse es nicht. Es fühlt sich wie eine 7 an!«

»Warum?«

»Na, dann piesackt er mich halt! Das kenne ich doch bereits. Das macht er im Prinzip jetzt schon den ganzen Tag. So viel macht mir das auch nicht mehr aus. Ein paar Tage stehe ich das durch. Dann legt sich das wieder.«

Chef-Hack 59: keine Angst vor Monstern!

Die Angst vor dem Chef ist zwar oft heftig, beruht aber auf einem Denkfehler. Genauer: auf einer Denkverweigerung. Wir kriegen Angst – und stellen dann das Denken ein. Deshalb dreht sich unser Verstand endlos in der Angstspirale. Wir brechen aus der Spirale aus, indem wir schlicht jenen Gedanken fassen und explizit wiederholen, der uns am meisten Angst macht. Bis alle Angstgedanken entschärft sind.

Turbo-Motivation

Es gibt noch eine zweite Art, sich zu motivieren, sozusagen Motivation für Fortgeschrittene:

> **Motivations-Hack: Keine Motivation ist oft die beste Motivation**
>
> Warte nicht, bis du motiviert bist, mit dem Chef zu reden: Mach's ohne Motivation! *Just do it!*

Vielleicht ist es dir schon aufgefallen: Du machst bereits jetzt eine Menge Dinge ohne jede oder lediglich mit minimaler Motivation. Bei den meisten Menschen sind es: Zähne putzen, Müll runtertragen, Fenster putzen, Hemden bügeln, Keller aufräumen, Steuererklärung, mit der Gattin in die Oper gehen, mit dem Gatten Fußball gucken … Was machst du regelmäßig ohne die mindeste Lust? Jeder Schüler, jede Schülerin macht 80 Prozent der Hausaufgaben ohne jede Motivation – und trotzdem werden sie gemacht. Würden wir das alles nur und erst dann machen, wenn wir uns danach fühlen, es würde nie erledigt. Es ist schön, wenn wir für eine Aufgabe motiviert sind. Doch wenn wir es nicht sind, ist »Null Bock!« kein Hinderungsgrund, das nicht zu tun, was getan werden muss. Das nennt sich dann wie?

Disziplin. Willensstärke. Zähne zusammenbeißen. Mit der Faust in der Tasche arbeiten. Arschbacken zusammenkneifen, durchbeißen, Biss zeigen, Steherqualität beweisen. Sportler kennen diese Einstellung: »Quäl dich, du Sau!«, rief Udo Bölts bei der Tour de France 1997 an einem besonders harten Anstieg seinem sichtlich demotivierten Kapitän Jan Ullrich zu – und der gewann am Ende die Tour.

Manchmal fragen mich Coachees: »Wie kann ich zum Chef gehen, auch wenn ich mich nicht danach fühle?«

Ich sage dann: »Wer sitzt am Steuer deines Lebens? Deine Gefühle oder du? Und wenn du das Gefühl hast, auch noch das achte Bier trinken zu müssen und danach dein nagelneues Auto deinem Saufkumpan zu schenken, weil du dich danach fühlst – machst du es?«

Feelings are not facts. Gefühle sind prima, aber wenn sie das Steuer deines Lebens übernehmen oder wenn du ein bestimmtes Gefühl brauchst, um ein Ziel zu erreichen, dann gute Nacht. Gefühle sind nicht immer die besten Ratgeber. Und Gefühle können auch keinen festen Willen ersetzen.

> **Motivations-Hack: Entscheidung schlägt Emotion**
>
> Besser und schneller als eine oft wackelige Motivation empowert dich ein fester Entschluss, eine Entscheidung, ein Beschluss: »Das und das mache ich jetzt einfach!«

Ein Entschluss aus freien Stücken pusht dich stärker und vor allem zuverlässiger als jede flüchtige Emotion oder Motivation. Die Motivation kommt mit dem Entschluss. Viele Leute verwechseln das. Sie denken: Erst wenn ich motiviert bin, kann ich mich dazu entschließen. Andersherum funktioniert es viel eher und besser: Ich entscheide mich erst mal dafür – die Motivation kommt danach von selbst. Sobald du einen Entschluss fasst, wirst du ein neues Gefühl spüren: Entschlossenheit, Willen, Kampfgeist.

Jürgen hat noch einen zweiten Grund genannt, warum er sich nicht zum Chef reintraut. Erinnerst du dich? Jürgen meinte: »Was soll ich denn sagen, warum ich mehr Geld will?« Das ist neben der Motivation der zweite Grund, warum Menschen, die mehr Gehalt verdient haben, es sich nicht holen. Auch dieser Hinderungsgrund ist leicht auszuräumen. In vier Schritten.

Schritt 1: Denke wie ein Chef!

Wer Schach oder Fußball oder Vergleichbares spielt, weiß: Wer im Kopf des Gegners denkt, spielt besser und gewinnt eher. Leider denken wir oft nicht wie ein Chef, wenn wir vom Chef mehr Geld wollen. Das sieht man daran, was wir sagen, wenn wir mehr Geld wollen:

Was wir sagen	Was der Chef denkt
»Der Maier kriegt ja auch mehr!«	»Ich bin der Chef. Es ist meine Sache, wem ich wie viel gebe. Außerdem: Leiste du erst mal so viel wie der Meier, dann kriegst du auch so viel!«
»Ich hab schon drei Jahre nicht mehr um eine Gehaltserhöhung gebeten!«	»Dann warst du vermutlich drei Jahre nicht gut genug für eine Gehaltserhöhung.«
»Jetzt, wo das zweite Kind da ist, brauchen wir natürlich mehr.«	»Bin ich die Wohlfahrt? Fürs Kindergeld ist der Staat zuständig, nicht ich!«
»Im letzten Jahr habe ich alle meine Ziele erreicht!«	»Und genau dafür hast du auch dein Gehalt bekommen!«
»Ich arbeite viel mehr als die anderen!«	»Vermutlich können sich die anderen besser organisieren als du.«
»Es ist nicht fair, dass ich mit so wenig auskommen muss!«	»Was ist schon fair? Glaubst du, das Leben ist fair zu mir?«
»Aber ich habe extra eine Weiterbildung gemacht!«	»Die Weiterbildung habe ich dir schon bezahlt. Du kriegst mehr Geld, wenn du aufgrund der Weiterbildung mehr leistest!«
»Die neue Wohnung ist viel teurer als die alte!«	»Dein Problem, nicht meines. Habe ich dich gezwungen umzuziehen?«

Vielleicht hast du beim Anblick der rechten Spalte gedacht: »Was für ein Arsch!« Und du hast damit recht. Bloß: Was nützt dir das? Anders gefragt: Möchtest du lieber recht haben oder lieber mehr Gehalt? Dann lerne zu denken wie ein Chef! Das ist nicht schwer. Chefs denken und kalkulieren relativ einfach:

Chef-Hack 60: Leistung = Gegenleistung

Wann kann ein Chef mehr Geld rausrücken? Wenn er mehr fürs Geld kriegt. Das Prinzip lautet: Leistung = Gegenleistung. Also zeig ihm, dass deine Leistung gestiegen ist, dann gibt es auch mehr Gegenleistung/Geld.

Chefs kalkulieren im Prinzip nach dem Muster: Was muss ich bezahlen? Und was kriege ich dafür? Damit ist die Sache einfach: Kriegt der Chef mehr fürs Geld, kann er dir auch mehr bezahlen. Also: Was hast du seit der letzten Gehaltserhöhung an zusätzlichen Leistungen übernommen? Ich hoffe, du hast das alles fein säuberlich dokumentiert, sodass du jetzt damit argumentieren und überzeugen kannst. Je mehr Zusatzleistungen du dabei aufzählen kannst, desto überzeugender wird deine Argumentation, und desto weniger kann sie der Chef widerlegen. Trotzdem wird er natürlich genau das versuchen: Er wird Einwände erheben.

Schritt 2: Behandle die Einwände des Chefs!

Antizipiere die Einwände deines Chefs, und leg dir Erwiderungen zurecht. Es geht dabei immer darum, die Ausflüchte des Chefs auf das Prinzip Leistung = Gegenleistung zurückzuführen, zum Beispiel:

Chefeinwand	Schwaches Gegenargument	Starkes Gegenargument
»Die Firma kann sich das im Moment nicht leisten!«	»Bei dieser Konjunkturlage? Das kann doch nicht sein.« Dann kontert der Chef mit einem Bilanz-Argument, ihr fangt an zu streiten, und keiner gewinnt.	»Wer mehr leistet, hat mehr verdient. Ich leiste für 400 Euro mehr, will aber bloß 200 von Ihnen – Sie kommen also noch gut dabei weg!«
»Das würde den Gehaltsrahmen sprengen!«	»Dann muss der Rahmen eben korrigiert werden!« Das kann der Chef nicht.	»Danke für das Kompliment. Meine außerordentliche Leistung sprengt also den Rahmen. Dann möchte ich auch außerordentlich bezahlt werden.«

Chefeinwand	Schwaches Gegenargument	Starkes Gegenargument
»Wenn ich bei Ihnen eine Ausnahme mache – dann könnte ja jeder kommen!«	»Es kommt aber nicht jeder!« Das nimmt dem Chef nicht die Angst davor.	»Ich habe nachweisbare Zusatzleistungen erbracht. Ich möchte lediglich das honoriert bekommen, was ich bereits geleistet habe.«
»Für mehr Gehalt bräuchten Sie erst eine Weiterbildung!«	»Dann mache ich die halt!« Und danach? Vertröstet er dich wieder!	»Wer mehr leistet, hat auch mehr verdient. Ich habe mehr geleistet, ich bringe Ihnen damit mehr, Sie profitieren von mir – also möchte ich auch ein wenig profitieren.«
»Im nächsten Jahr sieht es besser aus!«	»Ich brauche das Geld aber jetzt!«	»Oh, gut, dann warte ich mit dem, was ich bislang zusätzlich leiste, einfach bis zum nächsten Jahr.«

Welche anderen Einwände erhebt euer Chef normalerweise noch? Es gibt tatsächlich Menschen, die das nicht wissen – und trotzdem mehr Gehalt erwarten. Sorry, aber wer so wenig über seinen Chef weiß, verliert jeden Anspruch auf die Erfüllung von Gehaltswünschen. Wie schon Sunzi sagte: »Kenne deinen Feind!«

Du kennst seine üblichen Ausflüchte? Dann probe, übe, trainiere ihre Behandlung. Vor dem Gespräch. Vor dem Spiegel. Oder mit deinem Beziehungspartner. Von mir aus vor dem Hund oder einem anderen Haustier (oder mit Coach). Aber übe! Training is the breakfast for champions. Training gibt Sicherheit und Mut. Manchmal rufen mich Trainees nach dem Gehaltsgespräch lachend an und erzählen: »Er hat exakt die Einwände gebracht, die ich geprobt habe! Nichts hat mich überrascht! Ich habe total souverän einen nach dem anderen wegargumentiert.« Oder: »Ich kannte alle ihre Einwände bereits! Am Ende hat sie mir die Gehaltserhöhung gegeben!«

Und wenn nicht?

Schritt 3: Leg nicht alle Eier in einen Korb!

Trotz bester Vorbereitung und bravourös vollzogener Schritte 1 und 2 kann es passieren, dass der Chef schlicht unter Sachzwängen steht: Er kann ums Verrecken nicht mehr Kohle rausrücken. Was machst du dann?

Resignieren?

Niemals!

Du greifst zu Plan B! Du hast keinen Plan B? Sag bloß! Du willst mir doch nicht weismachen, dass du sämtliche Eier in einen Korb gelegt hast und der Korb jetzt am Boden liegt?

Chef-Hack 61: Plan B

Wenn der Chef nicht mehr Kohle rausrückt, dann soll er wenigstens rausrücken: bessere Arbeitsmittel (neues Notebook, neue Büroausstattung, neue Software ...), eine schöne teure Weiterbildung, Fahrtkostenzuschuss, Direktversicherung, eine Seminarreise aus dem Incentive-Angebot ...

Jede Firma hat eine ganze Palette solcher Sonderleistungen: Finde sie heraus (niemand bindet dir sie auf die Nase)! Oder erfinde selbst welche. Und nutze sie alle als Verhandlungsmasse nach dem Motto: Ich geh hier nicht mit leeren Händen raus!

Manche Firmen sind so knauserig, dass sie so gut wie nie außertarifliche Gehaltserhöhungen geben und auch bei den Sonderleistungen »die Hand darauf halten«. Wer in so einer Firma arbeitet, hat echt die Arschkarte gezogen. Manchmal sagen mir die Beschäftigten solcher Unternehmen: »Ich fordere schon seit Jahren mehr, kriege aber nicht mehr!« Ich zucke dann immer zusammen: »seit Jahren«? Das ist zu viel:

Chef-Hack 62: Plan C

Wenn dein Gehaltswunsch dreimal hintereinander abgelehnt wurde, wird er nie genehmigt. Denn dein Chef denkt sich dann: »Der/die hat sich dreimal mit einer Absage abgefunden – dem/der geb ich nie außertariflich mehr Geld!«

Also lautet Plan C: erst in Ruhe was Besseres suchen, dann kündigen. Hast du etwas Besseres gefunden, kannst du dem Chef auch vorschlagen: »Ich habe ein attraktives Angebot von einer namhaften Firma erhalten. Das liegt ... Euro über meinem derzeitigen Gehalt/Lohn. Möchten Sie Ihr Angebot angleichen?« Du drohst mit so einer Formulierung praktisch mit deiner Kündigung. In diesem speziellen Fall lohnt sich die Drohung: Entweder dein alter Arbeitgeber legt was drauf, oder du gehst.

Schritt 4: Tritt selbstbewusst auf!

Viele Menschen tragen ihren Gehaltswunsch wie Bittsteller vor: devot, unterwürfig, mit gerunzelter Stirn, zögerlicher Mimik, zweifelndem Blick, Schweiß auf der Stirn, krampfhaft knetenden Händen, Opferhaltung und verkrümmtem Rückgrat. Wenn du jetzt wieder wie ein Chef denkst (siehe oben, Schritt 1): Würdest du so einem Häuflein Elend auch nur einen Lutscher geben?

> **Chef-Hack 63: Kopf hoch, Brust raus!**
> Wenn du schon forderst, was dir zusteht, dann fordere es souverän und selbstbewusst!

»So souverän bin ich aber nicht!«, gestehen mir viele, darunter auch Menschen aus dem Management. Meine Antwort: So souverän ist niemand. Niemand wird souverän geboren. Souveränität ist wie Motivation: Sie kommt nicht von alleine. Du musst sie dir holen. Zum Beispiel, indem du dich daran erinnerst und es dir so oft sagst, bis dein Selbstbewusstsein die Skala hochrutscht:

➤ »Das steht mir zu! Das habe ich mir verdient!«

➤ »Nicht ich will was von ihm. Er will was von mir! Nämlich, dass ich hierbleibe und weiter gerne für ihn arbeite.«

➤ »Lieber schmeiße ich hin und such mir was anderes, als noch länger für diese paar Kröten zu arbeiten.«

➤ »Wir machen das wie Kaufleute: Angebot und Gegenangebot. Darüber muss man sich gar nicht streiten. Das wird kühl hanseatisch ausverhandelt.«

➤ »Ich fordere, was ich fordere, weil ich es mir wert bin!«

➤ »Ich bin es mir selbst schuldig, dass ich mich nicht unter Wert verkaufe.«

➤ »Gehalt ist auch ein Zeichen von Anerkennung, und mit so wenig Anerkennung gebe ich mich nicht zufrieden!«

➤ »Ich schäme mich doch nicht für das, was mir zusteht!«

Welche Ego-Booster-Sätze fallen dir noch ein? Je mehr, desto besser. Sag sie dir gedanklich vor wie ein Mantra. Ein Mantra, das stärkt und Flügel verleiht und die Zweifel vertreibt.

Schlaue Chefs

Wir reden hier so viel über schwache Chefs, dass leicht in Vergessenheit geraten könnte, wie es gute Chefs mit Gehaltserhöhungen halten.

Gute Chefs riechen förmlich, wenn du mal wieder mehr Kohle fordern willst – und kommen dir zuvor! Sie machen dir von sich aus ein Angebot. Das ist zwar sehr nett von schlauen Chefs, aber außerdem auch gerissen.

Denn indem sie dir zuvorkommen, ersparen sie sich (und dir) die üblichen langen Diskussionen während der von dir initiierten Gehaltsgespräche, die sich nur darum drehen, warum, wie viel und ab wann sie dir mehr geben sollen.

Wenn der Chef dir von sich aus ein Angebot macht, nutzt er damit auch eine erprobte Verhandlungstaktik: Wer das erste Angebot macht, beeinflusst die nachfolgende Verhandlung maßgeblich. Denn dann redet ihr über, sagen wir, die 200 Euro mehr, die er dir bietet. Vielleicht handelst du ihn auch auf 300 hoch – aber sicher nicht auf die 500 Euro, die du eigentlich im Sinn hattest (und vielleicht bräuchtest, weil du ein Haus kaufen willst).

Wenn Chefs von sich aus ein Angebot machen, bestimmen sie auch, welche Gegenleistung sie dir dafür abknöpfen: »Lucy, ich lege Ihnen 700 Euro im Monat drauf!«

»Wow, danke! Das kam jetzt unerwartet – aber höchst willkommen!«

»Dafür übernehmen Sie ab sofort das Projekt der Kollegin. Die ist nämlich in zwei Wochen in Mutterschutz, und wir konnten bislang keinen finden, der für sie einspringt.«

Erst nach Wochen im Projekt bemerkt Lucy: »Ich habe praktisch einen zweiten Hundert-Prozent-Job übernommen! Und das für bloß 700 Euro mehr!« Cleverer Chef – oder schon ein gerissener Arsch?

Schlaue Chefs sind so schlau, dass sie dir noch nicht einmal Geld geben müssen für eine Gehaltserhöhung. Stattdessen schicken sie dich zum Beispiel auf ein sündhaft teures, mehrmoduliges Managementtraining. Obwohl du dich (noch) gar nicht zum Manager/zur Managerin berufen fühlst (und obwohl noch überhaupt keine freie Stelle im Management in Aussicht ist). Doch damit hält dir der Chef eine Karotte vor die Nase. Die Karotte schaut so lecker aus, dass du in den nächsten zwölf Monaten nicht auf die Idee kommst, eine Gehaltserhöhung zu fordern. Weil der Chef dir ja gerade ein sündhaft teures Managementtraining bezahlt.

Ähnlich clever ist ein Dienstauto. Ich kenne etliche Mittelständler, die geben Mitarbeitern einen Dienstwagen, noch bevor diese auch nur in die Nähe von Personalverantwortung kommen, geschweige denn nennenswerte Ergebnisse fürs Unternehmen erzielt haben. Aber unter Ausnutzung aller Steuer- und Abschreibungseffekte ist so ein Dienstwagen ein Super-Deal – fürs Unternehmen! Plus: Der Wagen erspart dem Chef in den meisten Fällen eine Gehaltserhöhung. Viele junge Leute sind ganz scharf auf den Firmenwagen. Denn ein Auto, das die Firma bezahlt, hat nicht jede(r): Distinktionsgewinn! Statusaufwertung! Protzpotenzial!

Was machst du, wenn du so einen schlauen Chef hast, dass er dich mit cleverer Verhandlungstaktik, mit Managementtraining, Firmenwagen oder anderen Winkelzügen von einer Gehaltserhöhung abbringen will? Du kannst Wagen, Training und andere Wohltaten annehmen, weil ein

Firmenwagen ja auch nicht schlecht ist. Oder du kannst dir sagen: »Ein Firmenwagen ist schön und gut, aber nur Bares ist Wahres!«

> **Chef-Hack 64: Das ganze Leben ist Verhandlung!**
>
> Generell gilt: Alles ist Verhandlungssache. Du kannst immer alles verhandeln! Vielleicht erreichst du damit nicht alles, was du dir wünschst – aber langfristig immer deutlich mehr, als wenn du *nicht* verhandelst.

Also kannst du sagen:

➤ »Chef, danke für den neuen Firmenwagen – aber ich will natürlich auch mehr Kohle für das, was ich in letzter Zeit mehr leiste!«

➤ »Chef, danke für das Managementtraining, das ich nicht antreten möchte, weil ich lieber Geld hätte statt Training.«

Das kannst du selbstverständlich sagen, fordern – und danach mit dem Chef verhandeln. Wer sollte es dir verbieten?

Wer bist du?

Wie viel dein Chef dir bezahlt, hängt auch davon ab, wer du bist. Nein, das hat nichts mit deinem Geschlecht, deiner Größe, Attraktivität oder Haarfarbe zu tun. Vielmehr hat das sehr viel damit zu tun, wie du von außen wahrgenommen wirst, welches Image du transportierst, welches Standing du hast, welchen Ruf du pflegst. Im Zeitalter der (un)sozialen Medien ist das so leicht wie nie. Meike weiß das.

Meike ist Verkäuferin bei einem Mobilfunkunternehmen – und eine Granate! Ich meine damit nicht ihr Aussehen, sondern ihren durchschlagenden Erfolg. Woher ich das weiß? Logisch, Facebook.

Fast alle von Meikes KundInnen und KollegInnen sind ihre »Freunde«; mittlerweile mehr als zweitausend, darunter auch Meikes Chef. Und alle werden wöchentlich über Meikes neueste Taten informiert.

Zum Beispiel: Meike neben »unserer neuen Kundin: Elisabeth L.!« Elisabeth L. kennen alle aus dem Regional-TV, sie ist dort eine beliebte Moderatorin. Auf dem nächsten Bild »Mein tausendster Kunde!« strahlt Meike neben einem offensichtlich gut betuchten Kunden und seinem Porsche. Das ist billige Manipulation? Angeberei? Vielleicht. Aber diese Imagepflege beeindruckt selbst skeptische Menschen. Any promotion is good promotion. Wenn Meike und Michael eine Gehaltserhöhung fordern, wer kriegt sie dann eher, wenn beide in etwa vergleichbare Leistung bringen?

Natürlich ist das ungerecht, weil eben nicht ausschließlich nach Leistung entschieden wird, sondern auch nach Image. Aber warum pflegt Michael seinen Ruf nicht ähnlich gut und attraktiv wie Meike? Ist ihm eine Gehaltserhöhung nicht das bisschen Aufwand wert?

Du musst dafür noch nicht mal auf Fratzebook sein, das in gewissen Kreisen ja bereits wieder als uncool gilt. Aber du musst wer sein! Wer bist du? Bist du aus Sicht deiner Peers und Personalverantwortlichen:

> Paul – ein Verkäufer von vielen,

> oder Paul – unser Top-Seller?

> Hanna, Projektmanagerin,

> oder Hanna, die Managerin für Projekte, an die sich sonst keiner rantraut?

> Igor, der irgendwas in der Rechtsabteilung macht,

> oder Igor, unser Experte für EU-Förderwesen – hat uns letztes Jahr sechsstellige Fördergelder geangelt?

> Natalie, die Einkäuferin,

> oder Natalie, die unsere Kosten bei den eingekauften Dienstleistungen um 20 Prozent reduziert hat?

Wer bist du? Du kannst sein, wer du willst. Du hast es in der Hand. Ach ja? Viele wenden ein: »Ich bin nicht gut darin, mich selbst zu verkaufen.« Oder: »Ich prostituiere mich doch nicht!« Das musst du auch nicht. Du kannst es auch ganz unverfänglich und anständig machen: Tue Gutes und rede darüber.

Tue Gutes und rede darüber – mit dem Chef!

Warum bezahlt dir der Chef nicht mehr Lohn/Gehalt? Weil er buchstäblich nicht weiß, was du alles für ihn tust. Deshalb überlädt er dich auch mit zu vielen Aufgaben. Er weiß wirklich nicht, was er dir schon alles aufgebrummt hat.

> **Chef-Hack 65: Dein Chef ist ein Goldfisch!**
> Goldfischen sagt man nach, dass ihr Kurzzeitgedächtnis nur fünf Sekunden weit reicht. Also erinnere ihn ständig daran, was du ihm Gutes tust!

Ich bin entsetzt, wenn ich mit Chefs durch deren Abteilung gehe, und keiner quatscht sie an. Neun von zehn ihrer Mitarbeitenden ducken sich förmlich weg, wenn der Boss vorbeikommt. Nur der/die Zehnte macht, was gemacht werden muss, wenn du jemals eine außertarifliche Gehaltserhöhung willst: der Statusbericht en passant, im Vorübergehen, zum Beispiel: »Chef! Schön, dass Sie vorbeischauen. Nur ganz kurz: Letzten Freitag habe ich den Auftrag Müller (scheißegal, ob der Chef weiß, wer Müller ist) unter Dach und Fach gebracht. 45.000 Euro Umsatz, guter Fang!« Das macht Eindruck. Das soll es auch. Je mehr Eindruck, desto mehr Erfolg beim nächsten Gehaltsgespräch.

Auch sehr wirksam: der Elevator Pitch. Manche Chefs fragen im Aufzug oder wenn ihr nebeneinander zum Parkplatz geht, wie es so bei dir läuft, und du sagst (ruhig auch ungefragt): »Ein Wahnsinnstag! Erst hab ich den Kunden Friedrich nach seiner Reklamation beruhigt – der wollte doch glatt abspringen! Dann habe ich die dreiundvierzig Fehlbuchungen von letzter Woche korrigiert, das Problem mit den verschwundenen Plakaten in der Zweigstelle gelöst und sogar noch den Vertragsentwurf rausgeschickt, der eigentlich erst morgen fällig gewesen wäre!« Beeindruckend? In der Tat. Es ist so leicht, dem Chef zu imponieren. Du musst ihn nicht bestechen, du musst ihn nicht bedrohen, du musst ihm nicht die russische Mafia auf den Hals hetzen – du erzählst einfach jedes Mal, wenn du ihn zu Gesicht bekommst, etwas von deinen Leistungen und Erfolgen. Hast du ständig drei, vier davon parat? Nein? Dann weißt du, was zu tun ist.

Viele sagen mir: »Aber meine Arbeit hat nichts Glamouröses! Und Erfolge ernte ich auch nicht jeden Tag!« Mit Verlaub: Das ist Quatsch. Genauer: eine kognitive Fehlleistung, eine Wahrnehmungsverzerrung, ein sogenannter Bias. Jede Arbeit hat an jedem Tag etwas vorzuweisen! Du musst bloß den Blick dafür schärfen. Generell gilt:

Chef-Hack 66: good News für den Chef!

Alles, was du erledigt hast und was eigentlich als »selbstverständlich« gilt, ist eine Erfolgsmeldung wert!

Zum Beispiel: »Heute fiel mir eine Verzögerung in unserem Workflow-Programm auf – und als ich die IT alarmiert hatte, stellte sich heraus: Das war ein Virus! Eine halbe Stunde später entdeckt, und der komplette Laden hätte stillgestanden!« Jeder Chef ist dafür dankbar oder merkt sich das zumindest – auch fürs nächste Gehaltsgespräch.

Besonders beeindruckt zeigen sich Chefs von Aufgaben, die über deine eigentliche Pflicht hinausgehen. Eigentlich entwickelst du, sagen wir, Kunststoffverkleidungen. Aber dann hast du dich mal am Design eines besonders nutzerfreundlichen Bedienfeldes für eine eurer Maschinen ausgetobt, zerrst den Chef in dein Büro (»Das müssen Sie unbedingt sehen!«) und präsentierst ihm deine Fleißaufgabe. Wie kann ein Mensch davon nicht beeindruckt sein?

Hochwirksam ist auch die Tour-de-France-Methode: Die Nachricht vom Gewinn der Tour beeindruckt exakt einmal. Doch wenn du über jeden Etappensieg berichtest, kannst du Dutzende Male beeindrucken:

Am Montag: »Chef, aus der aktuellen Marktoffensive habe ich zehn neue Interessenten rausgekitzelt!«

Am Dienstag: »Chef, von den zehn neuen Interessenten könnten sich mindestens drei, wenn nicht vier als Großkunden herausstellen.«

Am Mittwoch: »Von den zehn Interessenten sind fünf bereits in engeren Gesprächen mit dem Verkauf!«

Am Donnerstag: »Chef, der erste Auftrag ist da! In Rekordzeit!«

Das ist Angeberei? Das denkst du vielleicht. Was denkt dein Chef? Daran denken Menschen, die Selfpromotion für Angeberei halten, nie. Wenn ich Chefs danach frage, sagen die: »Es ist gut, wenn mich der Meier/die Schmitz auf dem Laufenden hält. Alle anderen kommen immer nur mit Problemen zu mir. Er/sie ist der/die Einzige, der/die auch mal eine Erfolgsmeldung bringt!« Dein Chef liebt Erfolgsmeldungen. Gib sie ihm!

Wer schreibt, der bleibt

Es ist schön, wenn du deinen Chef mit deinen Erfolgen mündlich auf dem Laufenden hältst. Doch du solltest sie auch dokumentieren, aufschreiben, mit Terminen und allen möglichen Messzahlen festhalten. Damit du mit einer beeindruckenden Liste von Leistungen und Erfolgen ins nächste Gehaltsgespräch gehen kannst. Das macht man nicht aus dem Kopf oder aus dem hohlen Bauch heraus! Schriftlich überzeugt immer besser. Auch historisch gesehen.

Die Schotten und die Iren haben jahrhundertelang darüber gestritten, wer von beiden den Whiskey erfunden hat. Der Streit wurde letztlich zugunsten von Irland entschieden. Warum? Weil die Iren nachweislich den Whiskey erfunden haben? Nein: Weil sie die Ersten waren, die es aufgeschrieben haben. Also halte deine Erfolge schriftlich fest! Und lass deinen Chef auch schon vor dem nächsten Gehaltsgespräch an deinen Notizen teilhaben:

➤ Leite den Vertragsentwurf für den Kunden deinem Chef zur Info weiter.

➤ Schickt dir ein Kunde eine lobende E-Mail, reiche sie an den Chef weiter (clevere Mitarbeiter regen den Kunden an, das von sich aus zu tun).

➤ Wenn eine Arbeit sauber erledigt ist und ein gutes Bild abgibt: Fotografiere sie (muss man heutzutage ohnehin oft zu Dokumentationszwecken) und whatsappe/maile deinem Chef das Bild.

➤ Wenn Internet oder Medien über einen Erfolg berichten, der in deinen Bereich fällt: Schick dem Chef den Link oder das Clip-out!

> Der Kunde bestätigt schriftlich die Abnahme eines Projektmeilensteins? Sofort dem Chef weiterleiten!

So, nun bist du an der Reihe: Was fällt dir noch ein?

Undankbare Chefs

Es gibt Chefs, die reagieren allergisch auf Erfolg – auf deinen Erfolg. Meist sind es Narzissten, die nicht ertragen, dass außer ihnen noch jemand Erfolg hat, ja überhaupt auf der Welt ist. Sie gelten gemeinhin als Feedbackunfähig. Solche bedauerlichen Wichte reagieren auf deine Erfolgsgeschichten meist mit:

> »Lassen Sie mich damit in Ruhe! Machen Sie lieber Ihre Arbeit!« Lass dich nicht davon abschrecken. Einfach weitermachen wie bisher. Du musst erst dann reagieren und damit aufhören, wenn er sich dreimal kurz nacheinander darüber beschwert hat.

> »Nichts anderes habe ich von Ihnen erwartet! Schließlich bezahle ich Sie dafür!« Das heißt nicht: »Hören Sie auf damit!« Das heißt schlicht: »Ich kann kein positives Feedback geben, da ich als Kind nur mit negativer Anerkennung aufgewachsen bin.« Also einfach weitermachen. Der Chef reagiert rotzig, ist aber weiter von dir beeindruckt.

> Ganz gleich, welche Erfolge du auch vorzuweisen hast: Der Chef bevorzugt deine KollegInnen, weil deren Nasen ihm besser passen (der legendäre »Nasenfaktor«) oder weil er mit einer deiner Kolleginnen schläft oder weil ein Kollege der Neffe vom Vorstand ist oder … Das sogenannte Favoritentum hat viele Ursachen, aber nur eine Lösung: Such dir in aller Ruhe was Neues und kündige dann! Denn wenn ein Chef derart voreingenommen ist, ändert er sich nicht.

> Dein Chef nutzt dich aus, indem er deine Erfolge gegen dich verwendet: »Die neue Broschüre haben Sie super konzipiert! Wenn Sie mir jetzt noch meinen Bericht zum Jahresabschluss redigieren und korrigieren, lege ich ein gutes Wort bei der Geschäftsleitung für Sie ein!« Das hat er bei den letzten drei Jahresabschlüssen auch

schon versprochen – und nie gehalten. Frage: Wie lange möchtest du noch für einen wortbrüchigen Halunken arbeiten? Wie lange möchtest du dich ausnutzen lassen? Fünf Jahre? Zehn? Dein ganzes Leben?

➤ »Ja, das ist ganz ordentlich – aber da geht noch mehr!« Ganz gleich, welchen Erfolg du auch vermeldest, dem Chef ist es nie genug (siehe Kapitel 6, Antreiber »Be perfect!«). So ein Chef gibt dir eine Gehaltserhöhung nur dann, wenn du perfekt bist. Perfekt ist aber niemand, also … kündige! Oder finde dich damit ab und pass deine Leistung entsprechend an. Nach unten – was dachtest du?

Geht's nur ums Geld?

Manche von uns brauchen das Geld. Je mehr, desto besser. Einer meiner Nachbarn meinte mal: »Ich hätte die Hypothek schon gerne abbezahlt, bevor ich ins Gras beiße. Hypothekenfrei sterben, das ist doch was!« Wenn es fehlt, ist Geld sehr wichtig. Manchen fehlt es nicht. Die Soziologen gehen davon aus, dass es verschiedene »Karriereanker« gibt, also Kernmotive fürs Arbeiten. Grob gesagt arbeiten

➤ manche Menschen, weil man es muss, weil Arbeit lästig, aber nötig ist, um leben zu können;

➤ andere wegen des Geldes (je mehr, desto besser);

➤ und wieder andere, um sich auch bei der Arbeit selbst zu verwirklichen.

Wofür arbeitest du? In der Regel benutzt jede(r) von uns zwei oder gar drei Anker in unterschiedlicher Stärke, je nach Lebenssituation. Ich kenne etliche Menschen, die nicht nur oder nicht hauptsächlich wegen des Geldes arbeiten. Noch einmal: Wir brauchen etwas zu essen und ein Dach über dem Kopf. Aber meine Nachbarin zum Beispiel ist glücklich, wenn sie an möglichst vielen Wochentagen schon um drei nach Hause gehen kann. Ich weiß das, weil ich sie dann bis spät abends in ihrem wirklich beeindruckend schönen Garten herumwerkeln sehe. Das macht sie glücklich.

Sie könnte natürlich auch rund um die Uhr arbeiten und jede Menge Kohle scheffeln. Denn sie ist eine exzellente Programmiererin, die sich vor Arbeit nicht retten kann. Doch das will sie nicht. Also hat sie mit ihrem Chef einen Deal ausgehandelt: Sie übernimmt nicht alles, was anfällt. Sie übernimmt nur jene Aufgaben und Projekte, für die sie unabdingbar ist. Auch ihr Chef ist zufrieden mit dem Deal: »Wenn sie nicht mindestens drei Nachmittage die Woche in ihrem Garten werkeln kann, macht sie sich womöglich noch selbstständig! Dann hätte ich noch weniger von ihr.«

> **Chef-Hack 67: Du kannst alles verhandeln**
>
> Nicht nur Lohn/Gehalt, sondern auch Arbeitszeit, Arbeitsbedingungen, Projektarbeit, Arbeitsmittel, Weiterbildung, Incentives …

Ich erinnere mich an einen Verkäufer in der Industrie, der – bei strenger Regelarbeitszeit, Beginn Schlag 7 Uhr morgens – jeden Morgen erst um zehn vor neun fröhlich pfeifend über den Fabrikhof zu seinem Büro schlenderte. Als nach Wochen der heimlichen Lynchwut einige KollegInnen den Personalchef grün vor Neid fragten, warum der Kollege das dürfe und sie nicht, war der Personalchef ganz verwundert: »Warum? Na, weil der das in seinen Arbeitsvertrag hat reinschreiben lassen! Warum habt ihr das nicht?« Weil sie nie auf die Idee gekommen waren. Trotzdem waren sie sauer auf den Kollegen. Warum? Was hat er, was die anderen nicht haben? Selbstbehauptung (siehe Kapitel 11).

Mir fallen dazu auch jene MetallarbeiterInnen ein, die in einer größeren Fabrik lediglich für den gesetzlichen Mindestlohn am Band stehen. Als ich mich vor langer Zeit mit deren Chef darüber unterhielt, sagte er mir: »Für meine Leute ist es das Schönste, wenn sie sich am Morgen vor der Arbeit, in den Arbeitspausen und nach Feierabend mit ihren Kolleginnen und Kollegen im Aufenthaltsraum treffen und sich mit ihnen über Fußball, die Kleinen daheim oder den Tatort vom Sonntag unterhalten. Es kommt wirklich ganz selten vor, dass eine oder einer sagt, er oder sie hätte gerne mehr Geld.« Doch wenn der Chef ihnen die Erholungszeiten vor, während oder nach der Arbeit kürzen möchte oder wenn der Aufenthaltsraum wegen Renovierung oder Infoveranstaltungen längere Zeit geschlossen ist, dann verhandeln die Leute knochenhart mit ihm – um das zu schützen und zu bewahren, was ihnen bei und an der Arbeit wichtig ist. Wichtiger als Geld. Du kannst das auch machen! Schütze und verhandle das, was dir wichtig ist!

Was dir wichtig ist, ist aber leicht exotisch? Na und? Ist das ein Grund, nicht zu deinen Wünschen zu stehen? Bist du schon so überangepasst? Dein Anliegen kann nicht exotischer sein als zum Beispiel der Wunsch einer Kundenberaterin im Innendienst, die ihren Chef wochenlang wegen eines Tablets quälte. Eigentlich gehört ein Tablet nicht zu den üblichen Arbeitsmitteln an ihrem Arbeitsplatz. Sie brachte aber ständig die Rede darauf, »um auch außerhalb des Büros meine Kundenmails bearbeiten zu können«, wie sie immer wieder betonte. So die offizielle Version. Die inoffizielle: Sie singt gerne und gut und tritt deshalb bei Hochzeiten und anderen Anlässen oft als Solistin auf. Seit sie dem Chef ein Tablet aus dem Kreuz geleiert hat, hat sie ihr ganzes Repertoire an Karaoke-Songs ständig digital bei sich. Der Chef ahnt das auch, aber: »Sie bearbeitet tatsächlich auch unterwegs und nach der Arbeitszeit ihre Kundenmails. Was sie sonst noch mit dem Ding macht, ist ihre Sache. Außerdem habe ich dann endlich meine Ruhe vor ihr.« Selbst schwache Chefs sind keine Unmenschen. Wenn ihnen du nur lange genug (höflich!) lästig fällst, lässt sich so mancher erweichen.

Manchmal verraten mir genervte Menschen auch Wünsche, die überhaupt nichts mit Geld oder Sachleistungen zu tun haben, zum Beispiel: »Ich will doch nur, dass der Kollege das Werkzeug in der Werkstatt nach Gebrauch sauber aufräumt und ich es nicht ständig zusammensuchen muss. Was ich dabei an Zeit verliere! Und am Ende des Tages schaffe ich deshalb nicht mein Pensum und werde vom Chef abgewatscht! Ich will nicht jedes Mal, wenn ein Auto zur Reparatur reinrollt, auf Geocaching-Tour gehen!« Willst du nicht? Dann verhandle!

Erst mit dem Kollegen: Warum tut er das? Was könnte ihn dazu motivieren und ihm dabei helfen, seinen Dreck aufzuräumen? Und wenn diese Verhandlung nach drei bis fünf Versuchen nicht entscheidend weiterführt: Verhandle mit dem Chef! Verhandeln hilft. Immer. Immer eher und besser, als bloß zu jammern.

Das Leben ist kein Beamten-Mikado!

Beamten-Mikado (nichts gegen Beamte!) kennst du sicher schon: Wer sich zuerst bewegt, hat verloren. Viele denken das auch über Gehaltsverhandlungen: »Soll der Chef sich zuerst bewegen! Ich beweg mich nicht!« Oft höre ich: »Warum sollte ich denn jetzt wieder so ein Sch… projekt übernehmen? Was hab ich denn davon? Wenn der Chef mir jetzt gleich was drauflegt, denke ich drüber nach. Aber sonst nicht!« Ich kenne eine Menge netter Menschen, die denken, dass im Berufsleben gilt: Mein Chef muss sich bewegen, muss in Vorleistung treten! Wenn er was von mir will, muss er erst was springen lassen!

Es ist schön (oder auch nicht), wenn diese Regel an deinem Arbeitsplatz gilt. Meine Erfahrung ist: Das ist eher die Ausnahme. Weil das so ist, verscherzen sich viele Menschen die nächste Gehaltserhöhung oder Beförderung:

> **Chef-Hack 68: Leiste was, dann kriegste was!**
> Business ist ein gegenseitiges Geben und Nehmen. Meist lohnt es sich, wenn du in Vorleistung trittst. Du investierst damit praktisch in die nächste Gehaltserhöhung oder Beförderung.

Dazu habe ich mal im Vorübergehen eine Unterhaltung zweier Kolleginnen aufgeschnappt:

Kollegin 1: »Da, schau mal! Ich hab am Wochenende den Entwurf für das Kundenschulungsprogramm ausgetüftelt, das der Chef will!«

Kollegin 2: »Am Wochenende? Spinnst du? Ohne Bezahlung? Also, wenn der Chef was von mir will, muss er dafür bezahlen! Umsonst kriegt er nichts von mir!«

»Unter der Woche hab ich einfach nicht genügend Ruhe, so was zu machen. Außerdem: Was ich geleistet habe, ist doch vorzeigbar. Damit habe ich sicher gute Karten bei der nächsten Gehaltsrunde.«

»Aber das ist alles andere als sicher!«

Stimmt. Es ist nicht sicher. Es ist quasi ein Wettrennen: Wer mitrennt, kann gewinnen oder verlieren. Wer nicht mitrennt, hat schon verloren.

Die Kollegin 2 rennt nicht mit. Sie weigert sich. Sie hat schon verloren. Kann sein, dass der Chef die Vorleistung von Kollegin 1 bei der nächsten Runde Gehaltsverhandlungen oder Beförderungen ignoriert. Aber wenn er es nicht tut, wer hat dann die besseren Karten von den beiden? Jene, die sich verweigert, oder jene, die was leistet?

Außerdem: Wenn der Chef Vorleistungen drei-, viermal ignoriert – dann wird ein kluger Mitarbeiter künftig und zu Recht auf Vorleistung verzichten. Der Chef ist dann nachweislich ein undankbarer Arsch und Menschenschinder, der am eigenen Ast sägt, weil er die Produktivität seiner Leute in den Keller treibt. Aber so ist das halt in dieser Welt: Manche Chefs nutzen ihre Mitarbeiter aus. Manchmal ist das auch umgekehrt: Mitarbeiter nutzen Chefs aus. Besonders eindrücklich zu beobachten ist das beim Gehalt. Manchen geht es nur um die Kohle, von der sie den Hals nicht vollkriegen.

Wer den Hals nicht vollkriegt

Es ist nicht immer der Chef, der das Gehalt als Druckmittel einsetzt. Es gibt auch eine Menge Arbeiter und Angestellter, denen es nur ums Geld geht – ein leider tabuisiertes Thema. Niemand spricht darüber, Medien und Presse schweigen sich aus, viele Wirtschaftsjournalisten wissen noch nicht einmal davon. Brechen wir das Tabu, um dich vor einer verbreiteten Dummheit zu bewahren. Brechen wir das Tabu mit Karsten.

Karsten hat BWL studiert und war direkt nach seinem Abschluss bei drei großen, internationalen Konzernen beschäftigt, jeweils nicht länger als drei Jahre. Danach wechselte er zu einem Unternehmen mit hundert MitarbeiterInnen: Dort war er, der gleich drei weltberühmte Konzerne in seiner Vita vorzuweisen hatte, natürlich vom Start weg ein Star. Er wurde als die große Nachwuchshoffnung gehandelt. In weniger als zwei Jahren durchlief er Positionen, für die andere gut das Zwei- bis Dreifache an Jahren gebraucht hatten. Es konnte ihm nicht schnell genug gehen. Er war ehrgeizig und erfolgreich – und sich seines Wertes (oder seiner Ansprüche?) bewusst. Denn kaum war Karsten sechs Monate beim Unternehmen, forderte er eine Gehaltserhöhung.

Sein Chef war beeindruckt: »Der ist gut, und der traut sich was!« Nach einem Jahr verlangte Karsten einen Dienstwagen – nicht gerade üblich in diesem Unternehmen. Nach zwei Jahren leierte er seinen Vorgesetzten ein MBA-Studium aus dem Kreuz. In St. Gallen – exklusiver geht's höchstens in Harvard. Kaum hatte er seinen MBA in der Tasche, bewarb sich Karsten bei der Konkurrenz: Erkennst du den Trend?

Bei der Konkurrenz verlangte er fast das Doppelte seines alten Gehalts – und bekam es. Sein alter Chef wurde blass, als er die Höhe des Gehalts mitbekam: »Das hätten wir uns in hundert Jahren nicht leisten können!«

Heute arbeitet Karsten im Back-Office eines kleinen Unternehmens mit dreißig Mitarbeitenden. Ohne Firmenwagen und für weniger als die Hälfte seines Spitzengehalts von damals. Warum?

Weil sein neuer Chef, der ihm das Doppelte seines alten Gehalts zu zahlen bereit war, rechnen konnte. Er sagt: »Der Mann verlangte das Doppelte, und wir dachten alle: Wow, der traut sich was, der ist gut und liefert dann auch das Doppelte. War aber nicht.« Karsten blieb weit hinter den Erwartungen zurück, die er mit seiner übersteigerten Gehaltsforderung selbst aufgestellt hatte. Und da Gehaltsanpassungen nach unten unüblich sind, entließ man Karsten kurzerhand. Karsten hatte sich verzockt.

Seine StudienkollegInnen von damals drücken es anders aus. Sie sagen: »Der Karsten war schon damals führend in Gier und Selbstüberschätzung. Er hat praktisch nur studiert, um später den großen Reibach zu machen.«

Es ist schön und gut, wenn man viel verdienen will. Ich kenne eine Menge Senkrechtstarter, die ihren Wert rein am Gehalt und an den Sonderleistungen bemessen, die sie kassieren. Und weil es nie genug sein kann, fordern sie immer mehr. Was sie dabei regelmäßig vergessen: Wer immer mehr fordert, muss auch immer mehr leisten.

Und irgendwann klaffen Forderungen und Leistungen unweigerlich so heftig auseinander, dass es jeder merkt. Weil sich Leistungen im Gegensatz zu Forderungen nicht beliebig steigern lassen.

Es kann sein, dass ein oder zwei Arbeitgeber eine Zeit lang mehr bezahlen, als ein Kandidat wert ist. Doch sobald der Bluff des Zockers auffliegt, ist man unten durch und hat seinen Ruf weg, da Arbeitgeber regional meist gut vernetzt sind. Es heißt zwar »Gehaltspoker«. Doch wer das tatsächlich mit einem Pokerspiel verwechselt, sein Blatt überreizt, blufft und mehr reizt, als er Stiche machen kann – der/die verliert. Das bedeutet nicht: Hör auf zu fordern! Das bedeutet: Überreiz dein Blatt nicht! Fordere nur so viel, wie du leisten kannst – oder etwas mehr. Es geht hier nicht um Bescheidenheit. Es geht darum, seinen eigenen Wert realistisch einschätzen zu können und vor allem zu wollen und sich nicht von der Gier blenden zu lassen.

Du leistest? Dann fordere!

Was du in diesem Kapitel gelesen hast, ist weder neu noch revolutionär. Es ist schlicht außerordentlich nützlich. Das weiß auch jede(r) – nur es macht eben nicht jede(r). Was nützlich ist, sollte man auch nutzen. Doch genau das tun viele nicht. Sie beklagen sich über zu wenig Lohn/ Gehalt. Bei KollegInnen und Familienangehörigen. Nicht beim Chef. Und das mit guten Gründen.

Ein häufig vorgebrachter Grund ist zum Beispiel: »Ich finde nichts Besonderes an meinem Job, das ich als Leistungsnachweis in Gehaltsverhandlungen vorbringen kann!« Das stimmt. Der- oder diejenige findet nichts Besonderes am eigenen Job. Dabei ist es da. In jedem Job.

Ein guter Bekannter arbeitet zum Beispiel in einer Autowaschstraße. Man sollte meinen, dass das wirklich ein 08/15-Job ist, bei dem man lediglich das Geld kassieren und den richtigen Knopf drücken muss. Da solltest du aber mal meinen Bekannten hören! Du solltest ihm zuhören, wenn er davon erzählt, wie er einen nagelneuen Mercedes mit Speziallackierung so umsichtig und fachkundig versorgt hat, dass der Besitzer sagte: »An mein Auto lasse ich nur noch Wasser und Sie ran!« Oder wie er einer Dame mit Cabrio die Aluspeichenfelgen so auf Hochglanz gebracht hat, als wäre der Golf frisch aus dem Schauraum.

Wer ein bisschen Begeisterung entwickelt für das, was er/sie macht, tut sich auch leichter mit der Begründung von Gehaltsforderungen.

Mein Bekannter sagte zu seiner Chefin: »Ist Ihnen schon mal aufgefallen, dass die Leute mit den teuren Wagen alle zu uns kommen? Weil die wissen: Wir ruinieren im Gegensatz zu unseren Konkurrenten keine Sonderlackierung, kein Cabrioverdeck, und bei uns blitzen auch die filigransten Felgen wieder wie neu!«

Die Chefin konnte keine Gehaltserhöhung rausrücken. Doch seine Familie und seine Freunde waschen jetzt zum Mitarbeitertarif. Beim nächsten Gehaltsgespräch, sagt er, handelt er ein Schulungswochenende bei einem der Hersteller für Carwash-Chemie heraus: Berlin, Fünf-Sterne-Hotel, all inclusive, plus Zertifikat für Zusatzqualifikation. Ergo: Man kann dir nur dann geben, was du willst, wenn du weißt, was du willst – und es höflich, aber dezidiert forderst. Genau dagegen wehren sich aber – wer? Die Chefs?

Ja, die auch. Aber noch viel häufiger die Mitarbeiter selbst. Was hörst du, wenn du jemandem rätst, er solle doch mal wieder ein Gehaltsgespräch führen? In der Regel keine enthusiastische oder zerknirschte Zustimmung. Sondern Ausreden. Als ich einer kleinen Gruppe von Laboranten bei einem Chemieunternehmen zum Beispiel von Meike, der Verkaufskanone beim Mobilfunkunternehmen erzählte, die mit ihrem Facebook-Auftritt mit potenten Kunden eine kolossale Ausgangsbasis für alle Gespräche rund um Gehalt und Beförderung pflegt (siehe oben), sagten doch glatt einige aus der Gruppe: »Wir dürfen das nicht! Wir haben eine Geheimhaltungsklausel unterschrieben! Wir dürfen nichts auf Facebook posten!«

Ich war beeindruckt. Also sprach ich mit der Personal- und der Rechtsabteilung des Unternehmens. Dort sagte man mir: »Ach, Unfug! Wir können doch Mitarbeitern keine sozialen Medien verbieten! Das wäre gegen die guten Sitten, und Betriebsrat und Gewerkschaft würden uns die Hölle heißmachen. Natürlich darf niemand Firmengeheimnisse posten. Aber ein Bild mit guten Kunden vor deren Produkten, die sie mit unserer Chemie herstellen und veredeln – so was veröffentlichen wir doch auch in unseren Pressemeldungen.«

Was also war die Geheimhaltungsklausel? Eine bequeme Ausrede, damit man sich weiter über den Chef aufregen kann und kein Gehaltsgespräch führen muss. Das ist okay, wenn einem die eigene Bequemlichkeit mehr wert ist als eine Gehaltserhöhung. Aber dann sollte man aufhören, darüber zu klagen, dass man zu wenig bekommt.

»Ich bin aber nicht bei Facebook!«, sagte daraufhin einer aus der Gruppe. Jetzt wird's kindisch, dachte ich bei mir. Warum kommt er nicht darauf, dass es auch noch XING oder LinkedIn gibt? Weil er nicht will. Er will kein Gehaltsgespräch führen. Vielleicht, weil er noch über zu wenig Selbstbehauptung verfügt. Das ändern wir im nächsten Kapitel.

»Meine Chefin ist immer im Stress. Die hat keine Zeit, sich meine Erfolgsgeschichten anzuhören!« Das ist eine interessante Ausrede, dachte ich mir. Ich sprach mit Elviras Chefin. Zu meinem Erstaunen gab die Chefin ihr recht: »Stimmt! Schon wenn ich sie von Weitem kommen sehe, lege ich einen Zacken zu, rase an ihr vorbei und wimmle sie ab. Weil sie mir das Ohr blutig quasselt mit ihren Problemchen, die sie gut und gerne alleine lösen können sollte. Sie hat auch Erfolgsgeschichten? Die würde ich schon gerne hören. Das wäre wirklich was Neues.«

Der Fairness halber erzählte ich Elvira davon. Schonend. Behutsam. Auf einen Wutausbruch oder eine akute Depressionsattacke gefasst. Beides blieb aus. Elvira fasste sich an die Stirn und sagte: »Jetzt wird mir manches klar! Da hätte ich auch selbst draufkommen können. Aber manchmal braucht mal halt einen Anstoß von außen. Danke auch für den Hinweis!« Und dann sagte sie etwas, das ich nur voll und ganz unterschreiben kann: »Man hat halt immer die Chefs, die man sich erzieht!«

»Things do not change. We change.«

Henry David Thoreau

11. Neeeeiiiinnn!

Lass dir das nicht gefallen!

Dein Chef, deine Chefin, ein Kollege, Mitarbeiter, Kunde oder Liefe-rant ist ein ausgemachter Arsch? Dann hast du zwei Möglichkeiten:

➤ Du schluckst die Kröte und lässt das weiter mit dir machen.

➤ Du stellst dich auf die Hinterbeine und lässt dir das nicht länger ge-fallen.

Wenn wir ehrlich sind, ist die Lösung des Problems überraschend ein-fach:

> **Chef-Hack 69: Es gehören immer zwei dazu**
>
> Einer, der's macht und einer, der es mit sich machen lässt. Eine, die's macht und eine, die es mit sich machen lässt.

Du kannst nicht immer verhindern, dass ein Arsch was mit dir macht. Aber du kannst immer und ausnahmslos beeinflussen, wie viel er oder sie mit dir macht. Wie viel du ihn oder sie machen lässt. Das klingt lo-gisch, doch viele fragen: »Aber was kann ich gegen so jemanden schon ausrichten?« Die meisten Opfer denken, sie hätten zu wenig Macht. Vor allem wenn der Arsch ein Vorgesetzter ist, ein wichtiger Kunde, der Beziehungspartner oder ein marodierender Teenager. Doch da sitzen sie einem Irrtum auf: Es liegt nicht an der Macht.

Es liegt an einer Fähigkeit. Sich zu wehren ist keine Machtfrage, sondern eine Fähigkeit – sonst hätte David nie Goliath besiegt. Goliath war ein supermächtiger Riesenarsch. David war ein völlig machtloser Knirps mit einer Schleuder. Lächerlich, dachten alle. David nicht. Denn als Schafhirte hatte er seine Fähigkeit, sich zu wehren, jahrelang im Kampf gegen wildernde Hunde und Wölfe trainiert. Er hatte nicht gigantisch viel Mut. Er hatte lediglich eine gut trainierte Fähigkeit, sich von den Ärschen dieser Welt nicht alles gefallen zu lassen. Heike ist noch nicht so weit.

Die Chefin hat Heike vor wenigen Minuten noch eine weitere Zusatzaufgabe übertragen, obwohl sie schon jetzt total überlastet ist. Sieht die doofe Chefin das denn nicht? Nein, offensichtlich nicht. Warum lädt sie immer alles bei Heike ab? Weil Heike immer alles prompt erledigt. Heike schimpft innerlich auf die blöde Kuh. Aber nach außen zeigt sie nichts. Warum nicht? Weil sie denkt: »Was kann ich als kleine Angestellte schon gegen die Chefin ausrichten?« Heike denkt, es fehle ihr an Macht. Dabei fehlt es ihr lediglich an der sogenannten Abgrenzungsfähigkeit. Das ist die Fähigkeit, »Nein« zu sagen, Grenzen zu ziehen, rote Linien zu markieren, »Bis hierher und nicht weiter!« zu sagen, seine eigenen Belange und Interessen zu schützen, auch mal dem Chef zu sagen, dass nicht geht, was nicht geht. Tom kann das auch nicht wirklich gut.

Abgrenzen – selbst behaupten

Tom hat seinem Chef schon zig Mal gesagt, dass er mit seinem alten Notebook beim Kunden viel zu lange braucht, und dass die alte Software bei den neuen Anwendungen immer öfter Fehler produziert. Trotzdem will der Chef, dass Tom seine Aufträge in immer kürzerer Zeit erledigt – und selbstverständlich fehlerfrei! Sieht der Trottel nicht, dass das ein Widerspruch in sich ist? Offensichtlich nicht. Tom schimpft: »Er müsste bloß die Anweisung zur Beschaffung für das neue Notebook unterschreiben! Die liegt seit Wochen auf seinem Tisch!« Sein Kollege hat den neuen Rechner bereits. Tom wundert sich: »Ist der verwandt mit dem Chef? Hat er ihn bestochen?« Weder noch. Nachdem auch die Anforderung des Kollegen wochenlang auf dem Schreibtisch des Chefs versandet war, schrieb der Kollege einfach eine zweite Anforderung, lauerte dem Chef auf dem Flur auf, drückte ihm einen Stift in die Hand und sagte: »Eine Unterschrift, bitte!«

»Das würde ich mich nie trauen!«, meint Tom. Das ist der springende Punkt. Tom fehlt die nötige Selbstbehauptung. Selbstbehauptung ist die Fähigkeit, für die eigenen Wünsche und Belange aktiv, nachdrücklich, dezidiert und selbstbewusst einzustehen. Sich für seine eigenen Interessen stark zu machen, beharrlich in eigenen Belangen, ein starker Fürsprecher für die eigenen Bedürfnisse zu sein – auch gegenüber dem Chef und anderen Ärschen. Für alles, was du in diesem Buch liest, und für alles, was gegen Ärsche hilft, brauchst du diese beiden Fähigkeiten: Abgrenzung und Selbstbehauptung. Beide Fähigkeiten fließen ineinander, eine Trennung ist weder nötig noch nützlich. Doch beide Fähigkeiten sind exorbitant wichtig:

Chef-Hack 70: der wichtigste Tipp

Wenn du dich behaupten und abgrenzen kannst, wirst du gerne, oft und erfolgreich all das anwenden, was dir dieses Buch schenkt. Wenn du dich nicht selbst behaupten und abgrenzen kannst, nützen dir die Chef-Hacks wenig, weil du dich nicht (oft genug) traust, sie anzuwenden.

Selbst wenn du sämtliche Chef-Hacks über Nacht vergessen und nur noch deine Selbstbehauptungs- und deine Abgrenzungsfähigkeit behalten solltest: Jeder Arsch wird dir aus der Hand fressen. Denn wer sich abgrenzen und selbst behaupten kann, dem/der liegt die Welt zu Füßen. Das ist kein Versprechen. Das ist eine Tatsache.

Vergiss die Egoismus-Lüge!

Jeder Mensch weiß, dass er nicht alles mit sich machen lassen darf. Trotzdem sagen viele, insbesondere viele Frauen: »Ich will aber nicht egoistisch oder aggressiv sein!« Das behauptet die Egoismus-Lüge: »Wer seine Wünsche äußert, ist egoistisch!« Natürlich ist das Quatsch.

Wenn ein Baby schreit, weil es Hunger hat, ist es nicht egoistisch. Doch sobald man das Baby durch einen Erwachsenen ersetzt, der mit einem uralten Notebook seine Arbeitsziele erreichen muss und deshalb protestiert, soll dieser Erwachsene »egoistisch« sein? Das behauptet die Lüge. Es ist eine der dümmsten Lügen überhaupt.

Denn wie schon die Wörter zeigen, gibt es einen deutlichen Unterschied zwischen Egoismus und Selbstbehauptung, zwischen Aggression und Abgrenzungsfähigkeit. Aber dass diese Wörter oft verwechselt werden, erklärt, warum so viele Menschen sich nicht abgrenzen und selbst behaupten wollen. Sie wollen ja nicht egoistisch erscheinen ... Bitte lass diesen Irrtum nicht dein Leben ruinieren! Deshalb noch einmal in aller Deutlichkeit:

➤ Wer für sich selbst einsteht, ist nicht egoistisch, sondern erwachsen, selbstständig und verantwortungsvoll.

➤ Wer sich abgrenzt, ist nicht aggressiv, sondern geistig gesund, selbstbewusst und weiß einfach, was ihm guttut und was nicht.

Selbstbehauptung und Abgrenzung sind unverzichtbare Fähigkeiten im Leben eines Menschen. Das hat dir noch nie jemand gesagt? Na siehste, dann wurde es Zeit. Oder auf eine kurze Formel gebracht:

Chef-Hack 71: die Goldene Regel

Niemand kann es mit dir machen, wenn du es nicht mit dir machen lässt.

Vielleicht kannst du das, was die Ärsche der Welt mit dir anstellen, nicht zu 100 Prozent verhindern. Doch du kannst es weitaus stärker zu deinen Gunsten beeinflussen, wenn du dich selbst behauptest und abgrenzt. Das leuchtet jedem ein.

Trotzdem meinen viele: »Schon als Kind konnte ich schlecht ›Nein‹ sagen!« Wer das sagt, glaubt: Was Hänschen nicht lernt, lernt Hans nimmermehr. Der Spruch ist alt, aber Quatsch. Das Gegenteil trifft zu: Was Hänschen leider nicht gelernt hat, sollte Hans umso dringender lernen. Selbstbehauptung und Abgrenzung sind Fähigkeiten wie Tennisspielen auch. Niemand wurde mit dem Racket in der Hand geboren, nicht einmal Roger Federer. Fähigkeiten werden nicht vererbt oder verschenkt. Sie werden erworben. Genau das machen wir jetzt:

Wir machen dich stark!

Um stärker im Kampf gegen die Ärsche der Welt zu werden, musst du keine Gewichte stemmen oder rabiat werden. Es bringt dich schon immens weiter, wenn du etwas tust, was du sowieso kannst: reden. Jedoch mit einem etwas überraschenden Gesprächspartner.

Rede mit dir!

Niemand von uns schreit innerlich »Hurra!«, wenn ein Arsch sich uns gegenüber etwas herausnimmt, was gar nicht geht. Im Gegenteil. Wir reagieren wütend, schockiert, empört. Am liebsten würden wir dem Arsch sofort sagen: »Hör mal! So geht das aber nicht!« Warum sagen wir es nicht? Weil wir uns einreden, dass wir das nicht dürfen:

Chef-Hack 72: Sprich mit dir!

Oft wollen wir uns abgrenzen, selbst behaupten. Doch oft genug flüstert uns eine innere Stimme ein: »Das kannst du nicht machen!« Weil der Arsch immerhin dein Chef ist, dein Partner, dein Kind, dein Vater, deine Mutter, ein wichtiger Kunde … Dann hilft nur eines: Mach nicht, was die innere Stimme dir einflüstern möchte. Rede stattdessen mit der inneren Stimme!

Das nennt man konstruktiven inneren Dialog. Dieser Dialog löst ein Problem, das so alt ist wie die Menschheit: Unsere Gedanken und Gefühle sind meist innere Monologe. Wir denken oder fühlen etwas (Dummes), und prompt machen wir etwas (Dummes). Weil sich dem inneren Monolog keine andere Stimme, zum Beispiel die der Vernunft, entgegenstellt. Deshalb heißt es »innerer Monolog«. Sobald du aus dem inneren Monolog einen Dialog machst, hast du das Problem gelöst:

Was der innere Monolog dir einzureden versucht	Wie dein innerer Dialog dich vor einem voreiligen Ja bewahrt
»Ich will eigentlich ›Nein‹ sagen. Aber ich möchte den Kollegen nicht vergraulen.«	»Wenn du ihm höflich, freundlich, respektvoll, sachlich gut begründet und nachvollziehbar absagst, akzeptiert er das und bringt dir vielleicht sogar Verständnis entgegen: Er möchte dich ja nicht überstrapazieren!«
»Wer mich um Hilfe bittet, den kann ich doch nicht abweisen!«	»Stimmt! Gilt das auch für dich? Du bist doch total überlastet und bittest dich sozusagen innerlich schon lange um Hilfe. Warum weist du dich selbst ab? Steht nicht schon in der Bibel: Du sollst deinen Nächsten lieben *wie dich selbst!?*«
»Nachher gelte ich noch als zickig.«	»Auf keinen Fall. Nicht, wenn du höflich und freundlich absagst. Dein Gegenüber ist doch kein Sadist! Und selbst wenn: Einem Sadisten kannst du jederzeit absagen.«
»Ich möchte ein guter Teamplayer sein.«	»Dann lass dich nicht ausnutzen! Was meinst du, wie böse dein Team reagiert, wenn herauskommt, dass du dich fürs Team zerfleischst? Das will doch niemand. Und wenn doch: Dann sag erst recht ›Nein‹!«
»Was, wenn ich dann mal was von ihr benötige?«	»Dann sorg bitte dafür, dass eure Leistungen in einem gesunden Verhältnis stehen. Und dass es nicht 10:1 zu deinen Ungunsten steht, wo du das Zehnfache leistest und sie nur Peanuts liefert.«
»Bis der sich durchs Haus gesucht hat, wer ihm das neue Passwort gibt, habe ich das doch dreimal selbst erledigt!«	»Natürlich! Und welche deiner Aufgaben leidet in der Zeit, die du für ihn dransetzt? Würde es für den Anfang nicht reichen, wenn du ihm sagst, woher er das Passwort kriegt? Wenn er es nicht schafft, kannst du immer noch übernehmen.«

»Ich kann ihr das doch nicht abschlagen so kurz vor Feierabend. Wenn sie das selbst macht, kommt sie womöglich zu spät zu ihrem Lauftreff!«	»Ihr Lauftreff ist dir also wichtiger als dein Feierabend, deine Erholung, dein Privatleben. Jetzt mal ehrlich: Hast du sie noch alle? Warum opferst du dich für sie auf? Bist du so viel weniger wert als sie? Ist sie deine Domina?«
»Aber der Chef hat mir das doch delegiert! Also muss ich das machen!«	»Entschuldigung, aber du bist kein Sklave! Der Chef kann dir das Was delegieren. Das Wie kann und will er nicht anweisen (selbst wenn er den Anschein erweckt). Das liegt ganz in deinen Händen.«
»Ich will nicht streiten, sondern einfach nur meine Ruhe haben!«	»Und wenn du ›Ja‹ sagst und dir etwas aufschwatzen lässt, das dir danach jede Ruhe raubt, bis es erledigt ist? Dann hast du gerade nicht deine Ruhe! Außerdem musst du doch gar nicht streiten! Du kannst auch ganz ruhig, sachlich und freundlich ›Nein‹ sagen – und dich auf keine Diskussion einlassen!«

Dass wir mit uns selbst »diskutieren«, wenn uns innere Stimmen etwas einreden wollen, wird auch »Disputation« genannt. Der Ausdruck und die Technik stammen von der Rational-Emotiven Therapie nach Albert Ellis. Sie ist fester Bestandteil der CBT, der Kognitiv-Behavioristischen Verhaltenstherapie. Das heißt: Diese Technik hat sich selbst in extremen Situationen seit vielen Jahren hunderttausendfach bewährt.

Die Arsch-Antizipation

Steffi und Holger freuen sich aufs Wochenende. Die Kinder sind bei den Großeltern, der Wetterbericht verkündet ein Hoch – Steffi und Holger wollen endlich all das machen, was sie schon lange nicht mehr gemacht haben. Sie schmieden seit Tagen Pläne fürs Wochenende. Es ist Donnerstagnachmittag.

Kurz vor Feierabend schaut Steffis Chefin im Büro rein und sagt: »Houston, wir haben ein Problem! Unser Verkaufsleiter, der eigentlich schon seit heute Morgen auf der Messe stehen sollte, hat sich das Bein gebrochen. Du musst für ihn einspringen und nach Barcelona. Flieger geht morgen früh.« Was sagt Steffi?

Sie sagt »Okay«, denn: »Ich kann die Firma doch nicht hängenlassen!« Das ist ihr erster Gedanke. Wie gesagt: Es gibt immer gute Gründe, »Ja« zu sagen, wenn man eigentlich »Nein« sagen möchte oder sollte.

Der zweite Gedanke, der Steffi kommt, ist: »Die blöde Kuh hat dich schon wieder drangekriegt! Immer lädt sie die Scheißjobs bei dir ab. Und du hast dich schon wieder breitschlagen lassen! Holger wird rasen vor Wut und dir vorwerfen, dass er dir nicht mehr wichtig ist, und dass du eure Beziehung ruinierst! Du kannst am Wochenende nicht ausschlafen und dich erholen! Du wirst nächste Woche wieder kurz angebunden mit den Kindern sein, weil du so unausgeschlafen bist. Und der Knüller: Warum immer ich? Warum nicht die beiden Kollegen, die ranggleich mit mir sind und ebenfalls auf der Messe einspringen könnten? Warum fällt mir das erst jetzt ein?« Weil das bei allen Menschen so ist, die nicht gut »Nein« sagen können: Der eine Grund für das unfreiwillige Ja fällt ihnen sofort ein, die dreißig Gründe für ein Nein immer erst zu spät. Dir passiert das auch? Wie kannst du das verhindern?

Chef-Hack 73: Antizipier deinen Arsch!

Du sagst auch deshalb viel zu oft und voreilig »Ja«, weil du dich noch zu oft überrumpeln lässt: Sei nicht so naiv! Du kennst deinen Arsch doch. Also sieh seine nächste Arschattacke voraus. Denn die nächste Attacke kommt bestimmt.

Das nennt man Antizipation. Fuß- und andere Ballspieler kennen das: Schon jetzt dort stehen, wo der Ball erst in der nächsten Sekunde auftaucht. Weil sie das Spiel so gut »lesen«, antizipieren können. Steffi kann das inzwischen auch: »Wenn ich mich einmal im Monat auf ein freies Wochenende freue, dann funkt ganz sicher die Arbeit dazwischen! Ist doch immer so! Also treffe ich Vorkehrungen.« Wer innerlich vorbereitet ist, mit dem Schlimmsten rechnet, den nächsten Arschzug antizipiert, lässt sich nicht zu einem Ja überrumpeln, wenn er eigentlich »Nein« sagen möchte.

Steffi zum Beispiel nimmt für ihr freies Wochenende seither offiziell Urlaub. Beim ersten Mal lachten alle darüber: »Für Wochenenden gibt es keine Urlaubsanträge!« – »Doch«, erwiderte Steffi. »Bei mir schon. Denn wenn ich kommendes Wochenende nicht frei habe, dann wird die nächste Woche für uns alle hier die Hölle! Also wagt es bloß nicht!« Funktioniert bis heute. Nach dieser Ankündigung wendet sich die Chefin immer gleich an Steffis Kollegen, wenn es wieder Wochenendarbeit zu verteilen gibt … Welche Marotten deines Arschs kennst du inzwischen auswendig? Wann ist die nächste Marottenattacke zu erwarten? Wie kannst du dem zuvorkommen? Welcher Kollege, welche Kollegin hat das Problem am besten gelöst?

Sei Optionist!

Warum sagen wir oft »Ja«, wenn wir eigentlich »Nein« sagen wollen? Weil wir (berechtigte) Angst davor haben, Erwartungen zu enttäuschen. Je mächtiger, pubertärer oder zickiger ein Arsch ist, desto schlimmer könnte er sich für dein Nein rächen. Im Grunde lässt sich das einfach vermeiden:

> **Chef-Hack 74: Biete alternative Optionen an!**
> Niemand ist von deinem Nein enttäuscht, wenn du ihm Optionen auf ein Ja woanders anbietest.

Bei Steffi liegen die Alternativoptionen auf der Hand: in Person ihrer beiden Kollegen, die ebenfalls nach Barcelona fliegen könnten. Womöglich besucht einer von ihnen sogar sehr gerne Messen im Ausland! Und diesen einen schlägt sie der Chefin nicht vor? Das ist bescheuert. Grausam. Und unkollegial. Niemand ist sauer auf dich, wenn du ihm ein Nein + Option(en) anbietest. Hier eine Auswahl von Optionen, die von geübten Neinsagern erfolgreich verwendet werden:

➤ »Nicht jetzt, aber später gerne!«

➤ »Nicht heute/diese Woche, aber morgen/nächste Woche.«

➤ »Nicht das Ganze, aber einen Teil.«

➤ »Was davon könntest du schon selbst machen?«

➤ »Wer könnte uns noch dabei helfen?«

➤ »Wer könnte das besser/schneller als ich?«

➤ »Das hast du doch schon oft selbst gemacht!«

➤ »Normalerweise hilft dir dabei doch der/die ..!«

➤ »Muss das sein? Geht es auch weniger aufwändig?«

➤ »Da ist doch der/die X ExpertIn dafür!«

➤ »Ich glaube, das haben wir schon sehr gut mit Maßnahme Z abgedeckt.«

Was fällt dir noch an Optionen ein? Optimismus ist gut, Optionismus ist besser!

Mehr Mut? Mehr Klarheit!

Viele kommen ins Coaching und bitten: »Machen Sie mich mutiger, damit ich den Ärschen öfter Kontra geben kann!« Sie erwarten dann, dass wir über glühende Kohlen laufen oder uns wie Gorillas an die Brust trommeln, um mutiger zu werden. Das geht natürlich auch. Aber bist du ein Gorilla? Und wenn du mitten in einem Meeting mehr Mut brauchst, wo findest du dann glühende Kohlen? Unter dem Flipchart?

Spaß beiseite: Meist ist Mut keine Frage des Mutes, sondern der Klarheit. Mit der Klarheit kommt auch der Mut. Das verstand der Werksleiter eines Anlagenbauers nicht auf Anhieb. Er kam ins Coaching, »weil mein Chef ein Arsch ist! Und die Kollegen auch! Und die Kunden erst! Ständig wollen die Extrawürste von mir. Ich sollte viel öfter >Nein< sagen. Aber mir fehlt die Courage! Ich brauche einfach mehr Mumm.« Mehr Mumm? Eher mehr Klarheit. Ich bat ihn, alle anstehenden Aufgaben des morgigen Tages aufzulisten – du kannst das parallel für deinen eigenen Tag machen. Der Werksleiter listete auf:

➤ Vorstandspräsentation vorbereiten

➤ Tagesordnung für Kick-off-Meeting aufstellen

➤ Rechtsanwalt Krüger anrufen

➤ neue CNC-Maschine justieren und abnehmen

➤ Terminplan für Dienstreise mit Head Office abstimmen.

Dann bat ich ihn, rechts neben die einzelnen Tätigkeiten den voraussichtlichen Zeitaufwand zu notieren und alle Zeiten zu addieren. Er kam auf zehn Stunden. Er kam noch auf etwas anderes: »In den zehn Stunden sind ja noch nicht mal Mittagessen oder Pinkelpausen drin! Also, wenn dann so ein Heini mit einer Extrawurst ankommt, kann er mir mal im Mondschein begegnen! Dafür hab ich nicht auch noch die Zeit, sonst arbeite ich ja zwölf Stunden, wenn nicht mehr!« Was zu beweisen war: Klarheit macht Mut. Wir können uns bildhaft vorstellen, wie er allein mit dieser Klarheit seinen Extrawurst-Ärschen seither viel entschlossener entgegentritt.

Auch ich habe immer einen kleinen Zettel mit meinen Tagesaufgaben und ihren Zeitumfängen bei mir. Wenn KollegInnen etwas von mir wollen, wofür ich nicht auch noch Zeit (oder Lust) habe, zeige ich ihnen meinen kleinen Zettel. Das beeindruckt zuverlässig. Noch keiner hat mir gesagt: »Vergiss den Zettel und mach gefälligst, was ich von dir will!« Schöner Nebeneffekt des Zettels: Du siehst am Abend jeden Tages klar und deutlich, was du heute alles geleistet hast. Das gibt ein gutes Gefühl.

> **Chef-Hack 75: Klarheit macht Mut!**
> Wenn du weißt, was machbar ist, weißt du auch, was nicht machbar ist – und kannst es viel überzeugter und überzeugender ablehnen.

Über die Machbarkeit eines Wunsches, der an dich herangetragen wird, gibt nicht nur deine zeitliche Tagesplanung Auskunft. Du kannst dafür auch schlicht das Warteschlangenprinzip anwenden: Wer zuerst kommt, mahlt zuerst.

Vor allem bei Ärschen, die dir gleichrangig (oder untergeben) sind, funktioniert das gut: »Gerne, Helmut! Aber erst muss ich die Sache für Gerda erledigen, dann kommt noch was für Susi dran, Stefan wartet auch schon zwei Tage auf mich – aber dann bist gleich du dran!« Ich kenne eine Sachbearbeiterin, die zieht das nicht nur verbal, sondern tatsächlich mit Kärtchen durch, wie auf dem Amt: Jeder, der etwas von ihr möchte, kriegt ein Kärtchen mit seiner laufenden Nummer drauf. Sie nimmt seine Unterlagen in Empfang und legt das persönliche Kärtchen des Bittstellers drauf. Dann arbeitet sie Nummer für Nummer ab – und die Ärsche haben keine Macht mehr über sie.

Du kannst dich auch anders wehren. Du kannst jederzeit auf deine aktuellen Prioritäten verweisen: »Sonst gerne, aber nicht jetzt. Ich arbeite die nächsten Tage mit Vorrang an einem Vorstandsprojekt. Alles andere muss warten.« Du willst wissen, ob man das auch sagen kann, wenn man an keinem vorrangigen Projekt arbeitet? Meinen Respekt, du kommst auf den Geschmack. Das nennt man Bluff. Du musst dafür noch nicht einmal lügen.

Denn du kannst immer sagen: »Sonst gerne, aber jetzt gerade habe ich diese unheimlich wichtige und zeitraubende Sache auf dem Tisch – jetzt geht's leider nicht!« Da du dich im Job generell nicht mit Trivialem abgibst, hast du eigentlich immer eine »wichtige und zeitraubende Sache auf dem Tisch«. Das Erstaunliche an diesem Bluff: Wenn die Leute dich lediglich ausnutzen wollen, fragen sie nie, was denn diese »unheimlich wichtige und zeitraubende Sache« ist.

Manchmal steht an dieser Stelle einer oder eine im Workshop oder beim Vortrag auf und fragt: »Warum muss ich bluffen, damit die Ärsche mich in Ruhe lassen? Warum kann ich nicht ganz einfach und ehrlich sagen: ›Nee, mache ich nicht! Lasst mich in Ruhe!?‹«

Gute Frage.

Wut macht Mut

Auch Steffi stellt sich diese Frage: »Warum kann ich der Chefin nicht klipp und klar sagen, dass das mein erstes freies Wochenende seit Wochen ist? Dass ich jetzt auf keinen Fall nach Barcelona fliegen möchte?« Und sie gibt sich selbst die Antwort: »Dafür fehlt mir der Mumm!« Was ist das?

Nicht einmal die Experten wissen das so genau. Sie wissen, was Mut bewirkt. Aber nicht, wie er entsteht, wie er sich anfühlt, und wie ein Mensch »seinen ganzen Mut zusammenkratzt«. Jeder kennt diese Formulierung. Aber hast du schon mal jemanden seinen Mut zusammenkratzen sehen? Etwa mit dem Teigschaber? Oder dem Eiskratzer vom Auto? Niemand hat das je gesehen. Niemand weiß im Grunde, was Mut ist. Doch was Gefühle sind, wissen wir alle. Aus eigener Erfahrung. Also frage ich Steffi: »Was hast du denn im ersten Augenblick gefühlt, als deine Chefin dich auf die Messe abkommandiert hat?«

»Ich war wütend. Aber ich hab die Wut runtergeschluckt. Ich kann der Chefin ja nicht an die Gurgel gehen.«

Da liegt der Fehler.

Nein, nicht bei der Gurgel, sondern beim Runterschlucken: So behandeln wir »negative« Gefühle. Wir verdrängen sie. Das ist ein Fehler. Oder was meinst du, was eine Mannschaft antreibt, die 1:3 hinten liegt, sich mit Mühe aufrappelt, alles nach vorne wirft und noch 4:3 gewinnt? Jeder, der schon ein Ballspiel gespielt hat, weiß es: Es sind Wut, Angst, Scham, Frust oder die nackte Verzweiflung, die einem oft übermenschliche Kraft verleihen. Genau dafür wurden »negative« Gefühle von der Evolution, die viel älter und weiser ist als wir, »erfunden«: um uns Kraft zu geben. Wer im Neandertal keine negativen Gefühle entwickelte, floh nicht vor dem Säbelzahntiger und wurde daher von demselben verspeist. Und wir verkneifen uns die Wut am Arbeitsplatz? Das ist bescheuert. Und schwächt uns genauso wie den Neander vor dem Tiger. Deshalb fühlen wir uns im Angesicht von Ärschen oft so hilflos, hoffnungslos und ohnmächtig. Weil wir exakt das unterdrücken, was uns die Evolution seit 400.000 Jahren als bestes Stärkungsmittel schenkt: miese Gefühle. Was für eine Verschwendung! Deshalb fragte ich Steffi – und du kannst dich das selbst fragen: »Wenn du dir deine Wut nicht verbieten, sondern für etwas Sinnvolles nutzen würdest – was könnte das sein?‹«

»Na, zum Beispiel der Chefin sagen, dass nicht immer ich die Kastanien aus dem Feuer holen muss. Dass die beiden Kollegen zur Abwechslung auch mal rankönnen!«

Chef-Hack 76: Wut ist gut!

Als wir Kinder waren, hat man uns beigebracht, dass Wut nicht gut ist. Da hat man uns belogen (weil viele Erwachsene mit wütenden Kindern nicht umgehen können). Im Furor einen anderen zu verletzen ist nicht gut. Aber die eigene Wut zu nutzen, um sich zu behaupten oder abzugrenzen, ist durch und durch gut. Und vor allem natürlich. Menschlich. Nützlich.

Die komplette Evolution beruht auf dem Prinzip der gesunden, arterhaltenden Stärke. Gewalt ist schlecht. Sich zu behaupten ist gut, sonst wären wir längst ausgestorben. Also nutze deine Wut klug! Nutze sie als Treibstoff. Surf auf ihrer Welle an dein Ziel. Lass dich von ihr tragen.

Du spürst aber oft keine Wut, wenn ein Arsch dich überfällt? Du fühlst dich eher hilflos und ohnmächtig? Dann kannst, darfst und sollst du deine Wut wecken. Denn jedes Gefühl ist besser als Hilflosigkeit. Hilflosigkeit macht passiv und schwach; Wut macht stark. Den meisten Chefopfern gelingt es mit einiger Übung, ihre natürliche Wut und gesunde Empörung zu wecken,

➤ indem sie sich die schreiende Ungerechtigkeit vieler Arschattacken bewusst machen: »So fies lasse ich mich nicht behandeln!«;

➤ indem sie aktiv gegen die Opferrolle rebellieren: »Ich habe mich lange genug klein gemacht! Jetzt ist Ende Gelände!«;

➤ indem sie realisieren, wie jämmerlich sie sich verhalten: »Ich bin doch nicht der Fußabtreter der Abteilung!«;

➤ indem sie die Anmaßung des Arschs zum Anlass für gerechte Empörung nehmen: »Was fällt der blöden Kuh ein, mich so zu behandeln? Das steht ihr nicht zu!«;

➤ indem sie sich an übergeordnete, allgemein akzeptierte Werte der Zivilisation erinnern: »Das kann er nicht mit mir machen! Es gibt immerhin so etwas wie Menschenrechte!«

An dieser Stelle heben einige Coachees den Finger und sagen: »Aber mein Problem ist doch gerade die Wut! Oft bin ich auf einen Arsch derart wütend, dass es mir die Sprache verschlägt oder dass ich am liebsten Aktenordner durch die Gegend schmeißen würde! Also ist Wut nicht gut!« Doch, ist sie immer noch. Du lenkst sie bloß in falsche Bahnen. Wut ist wie Beton: Es kommt darauf an, was du daraus machst. Wenn du seit zig Jahren auf Wut mit Verstummen oder Herumtoben reagierst, dann ist dir das natürlich zur Gewohnheit geworden. Das ist nicht schlimm: Gewohnheiten lassen sich ändern. Stell dir einfach die nächste (oder letzte) Arschattacke vor, und wie du die Wut, die in dir hochkocht, jetzt dazu verwendest, dem Arsch klipp und klar, aber sehr höflich zu sagen, was geht und was nicht geht. Wer seine Wut in bessere Bahnen lenkt, der lebt besser.

Power Moves

Hast du schon einmal beobachtet, wie ein Arsch einen Kollegen, eine Kollegin, einen Kunden oder sonst jemanden »zusammenfaltet«?

Die Opfer sehen danach wirklich zusammengefaltet aus, in typischer Opferhaltung: eingesunken, verkrümmt, fötal, verkrampfte Hände, eingezogenes Genick, gesenkter Blick, leise Stimme. Das ist normal, menschlich: Der Geist steuert den Körper. Wenn der Geist »Wie kann der/die bloß so gemein sein!« denkt, rollt sich der Körper zur Schutzhaltung zusammen: fight, flight or freeze. Das wissen wir.

Was die wenigsten wissen: Das funktioniert auch umgekehrt! So wie der Geist den Körper steuert, kann auch der Körper den Geist steuern. Denn das Gehirn »fragt« alle paar Sekunden die Stellung von Gelenken und die Spannung von Muskeln ab. Und wenn die Gelenke zusammengefaltet und die Muskeln schlaff (oder überspannt) sind, dann denkt das Gehirn: »Oh, wir sind wohl grad total deprimiert!« Und dann fühlst du dich auch so. Obwohl du es eigentlich gar nicht bist.

Der Philosoph William James hat aus diesem umkehrbaren Zusammenhang ein erstaunliches und erstaunlich wirksames Prinzip abgeleitet: Act as if! So tun, als ob. Wenn du mit deinem Körper so tust, als könne dir keiner, als ob du jeden Arsch im Griff hast, dann glaubt das auch dein Geist – und plötzlich bist du so mutig, souverän und selbstbewusst, wie du es bei einer Arschattacke sein musst. Unter anderem der Tennisspieler Boris Becker nutzte das reichlich: Mit der »Bekker-Faust« machte er sich auf dem Platz selbst Mut – google das doch mal (fünf Millionen Hits). Sein Gehirn dachte dann immer: »Aha, die Faust ballt sich gerade – also muss der Boris total gut drauf sein!« Das Gehirn lässt sich von den sogenannten Power Moves (Gesten, aber auch Mimik und Körperhaltung) schnell anstecken. Probier das aus: Ball jetzt deine dominante Hand zur Faust, am besten auf Schulterhöhe! Was spürst du?

Manager setzen bei schwierigen Verhandlungen seit Jahrhunderten Power Moves ein (zum Beispiel das sprichwörtliche Auf-den-Tisch-Hauen oder den stählernen Blick), um sich so stark zu fühlen, wie sie es für den Erfolg der Verhandlung sein müssen. Unser Geist steuert unseren Körper – doch das funktioniert auch umgekehrt:

Chef-Hack 77: Fake it till you make it!

Wenn du sprichst, stehst, gehst, sitzt, denkst und atmest wie ein souveräner und mutiger Mensch, dann *bist* du auch bald souverän und mutig.

Du brauchst das nur lange genug durchzuziehen. Und je öfter du das durchziehst, desto weniger lang musst du so tun, als ob: Dein Gehirn lernt schnell dazu. Manchmal reichen schon kurze Symbolgesten (sogenannte »Anker« wie die Becker-Faust), damit dein Gehirn auf »unbesiegbar!« stellt.

Mach dich stark!

Lust auf ein kleines Experiment? Wie stark und souverän fühlst du dich gerade? Auf einer Skala von 0 (völlig schlapp) bis 10 (könnte Bäume ausreißen)? Kritzle deinen Skalenwert hier an den Rand des Buches, und jetzt:

➤ Streck deine Wirbelsäule! Richte dich sitzend oder stehend zu deiner vollen Größe auf. Richte dich Wirbel für Wirbel auf. Mach dich lang und groß.

➤ Nimm den Kopf und das Kinn nach oben!

➤ Stemm die Fußsohlen fest in den Boden.

➤ Beiß die Zähne aufeinander und zeig der Welt dein breitestes Grinsen!

➤ Stemm die Fäuste in die Hüften!

➤ Und jetzt schnaub ein paarmal die Luft durch die Nase!

Erstaunlich, nicht? Was zahlreiche Studien zu diesem Experiment zeigen: Du fühlst dich danach auf jeden Fall anders. Die meisten Menschen fühlen sich nicht nur anders, sondern merklich stärker, souveräner, selbstsicherer. Menschen, bei denen das nicht funktioniert, leiden oft unter einem inneren Antreiber (siehe Kapitel 5 bis 9): »Du darfst nicht stark sein!« Dieser lässt sich in ein, zwei Coachingsitzungen oder durch forciertes eigenes Nachdenken und Ausprobieren in der Regel abstellen und umschreiben.

Bei allen Menschen ohne Stärkeverbot geht ihr Skalenwert nach dieser kleinen Übung nach oben. Bei manchen moderat, bei anderen heftig. Die Wirkung ist oft so stark, dass sogar depressive Menschen ihre Medikation innerhalb von Studien absetzen oder deutlich reduzieren konnten, nachdem sie lediglich eine halbe Stunde täglich eine aktive, aufgerichtete Körperhaltung einnahmen und zur Decke guckten (niemand, der einige Minuten zur Decke guckt, fühlt sich deprimiert). Wenn du es hochtrabend magst, kannst du dieses Wirkprinzip auch Body-Mind-Connection nennen. Ganz gleich, wie du es bezeichnest: Es wirkt. Wenn du also das nächste Mal einen Arsch konfrontieren musst oder von ihm attackiert wirst und dich dabei kein bisschen wie Superman oder Wonder Woman fühlst: Stell dein Postural Setting (so wird die Body-Mind-Connection auch genannt) auf »unbesiegbar«. Mach deinen Körper stark – und dein Geist wird folgen.

Programmier dich richtig!

Warum sollten wir uns programmieren? Und dazu noch »richtig«?
Weil wir es bereits tun. Ständig. Und leider falsch. Auch Steffi.

Als einer ihrer beiden Kollegen sich mal wieder eine Unverschämtheit erlaubt und vor der Chefin so tut, als ob er eine Aufgabe erfolgreich erledigt
habe, deren Erfolg voll und ganz auf Steffis Konto geht, da ist Steffi erst
mal sprachlos. Wie wir es alle wären. Sie weiß, dass sie das nicht auf sich
beruhen lassen darf. Sie weiß, dass sie dem Arsch entgegentreten und den
Marsch blasen muss, aber: »Ich bin nicht so die Kampftussi oder die Zik-
ke vom Dienst. Das bring ich einfach nicht.« Ich weise Steffi freundlich
darauf hin, dass sie sich gerade selbst programmiert. Sie versteht das nicht:
»Aber es stimmt doch! Ich bin kein aggressiver Mensch!« Sie tut es schon
wieder! Sie programmiert sich negativ mit dem, was sie über sich sagt (ob
das stimmt oder nicht stimmt, spielt bei der Programmierung keine Rolle).

Ich erzähle ihr von einer Studie, bei der Probanden eine lange Liste von
Wörtern lesen sollten. Die eine Gruppe las Dutzende neutraler Wörter,
in die auch einige Wörter aus den Themenbereichen Alter, Krankheit
und Tod unauffällig eingestreut waren. Die andere Gruppe las Dutzende neutraler Wörter, in die auch einige Wörter aus den Themenbereichen Jugend, Sportlichkeit und Kraft eingestreut waren.

Der Test war leicht fies. Denn er bestand nicht darin, die Liste zu lesen.
Aber das sagte man den Probanden nicht. Man sagte ihnen lediglich:
»Wenn Sie die Liste gelesen haben, geben Sie sie bitte beim Versuchs-
leiter ab. Den langen Gang runter, letztes Büro auf der rechten Seite.«
Das war der Test. Was tippst du?

Natürlich: Jene Probanden, die nur wenige Wörter zu Alter, Krankheit
und Tod gelesen hatten, bewegten sich deutlich langsamer den Gang
hinunter als die andere Gruppe, die Wörter zu Jugend, Sport und Kraft
gelesen hatte. Man hatte die Langsamen nicht künstlich altern lassen
und die Schnellen nicht gedopt! Man hatte ihnen »bloß« Wörter zu lesen gegeben: Das reichte, um sie zu »programmieren«.

Wörter geben Kraft. Oder rauben sie. Wörter programmieren uns. Das
Prinzip ist so wirksam, dass es einen eigenen Namen hat: Priming, grob

übersetzt »Prägung«. Wir können uns selbst prägen. Steffi machte das jahrelang mehr schlecht als recht. Indem sie Sachen sagte oder dachte wie: »Ich schaff das einfach nicht! Ich bin nicht so die Kampftussi oder die Zicke vom Dienst. Das bring ich einfach nicht.« Selbst wenn das stimmt – was es ja meist tut: Sag so was nicht! Denk es nicht einmal! Denn du prägst dich damit auf alt, schwach und doof. Präg dich besser!

Steffi tut das inzwischen. Sie hat sich beigebracht, die unvermeidlichen negativen Gedanken des Alltags sinnvoll, positiv, aber wahrheitsgemäß zu ergänzen mit Sätzen wie: »Das wird jetzt mächtig unangenehm, wenn ich dem Arsch ins Gesicht sagen muss, dass er sich eine Unverschämtheit geleistet hat. Das wird heikel, das wird nervig – aber das zieh ich jetzt verdammte Hacke nochmal durch!« Das sind noch nicht mal deine eigenen Worte – aber du fühlst dich bereits besser? Siehste. Es wirkt schon. Programmier dich richtig. Programmier dich auf Erfolg:

➤ Welche Arschattacke wird absehbar auf dich zukommen?

➤ Was denkst du normalerweise davor und dabei?

➤ Und was möchtest du jetzt stattdessen oder zusätzlich denken?

➤ Übe das ein paar Mal, lass die Szene vor deinem geistigen Auge einige Male ablaufen – mit deinen neuen Gedanken!

➤ Denk an eine Arschattacke in der Vergangenheit: Was dachtest du dabei?

➤ Und was hättest du stattdessen oder zusätzlich denken können?

➤ Übe auch das ein paar Mal – bis es »sitzt«.

Das Imperium schlägt zurück

Wenn wir selbstbewusster werden wollen, uns besser behaupten und abgrenzen wollen, dann erwarten wir instinktiv, dass uns andere dabei unterstützen. Auch Viktor.

Viktor ist ein Manager vom alten Schlag: aufrecht, erfolgreich, arbeitet bis zum Umfallen. Leider hat er es nicht so mit der modernen Technik

– wie viele von uns. Auch deshalb hat die Geschäftsleitung ihm eine junge, moderne, IT-affine Assistentin zur Seite gestellt.

Bei einem gemeinsamen Projekt müssen Viktor und ich laufend mit einer hochmodernen Software Datensätze hin- und herschicken. Wenn ich ihm einen Datensatz schicke, bekomme ich auch immer prompt eine Antwort. Von Viktor? Pustekuchen. Von seiner Assistentin. Wozu sie ja auch da ist. Gutes Team? Man ergänzt sich gegenseitig? Das wäre ideal.

Leider ist das Leben oft nicht ideal, sondern real. Die Geschäftsleitung hat vor, Viktor durch zwei junge ManagerInnen zu ersetzen: weniger teuer, dafür mit Digitalkompetenz. Wann immer Viktor deshalb Tipps von seiner Assistentin möchte, wie er sich mit dem neuen System vertraut machen kann, blockt die Assistentin ab. Vielleicht, weil sie sich unentbehrlich machen, Viktor von sich abhängig machen möchte. Oder weil sie lieber selbst mit ihrem IT-Wissen glänzen möchte. Oder weil sie sich eigene Chancen ausrechnet, Viktor aus dem Amt zu drängen. Doch Viktor ist nicht blöd und riecht den Braten.

Er sagt: »Man sollte meinen, mein Umfeld freut sich, wenn ich eine neue Kompetenz erwerbe, und unterstützt mich dabei!« Irrtum: Ärsche unterstützen dich nicht dabei, wenn du dich behauptest und besser abzugrenzen lernst. Daran erkennst du übrigens einen Arsch: Er freut sich nicht mit dir, wenn du selbstständiger wirst, sondern will dich partout in der Opferrolle gefangen halten. Ärsche brauchen Opfer.

Chef-Hack 78: Rechne mit Sabotage!

Wenn du lernst, dich besser abzugrenzen und zu behaupten, werden dich die Ärsche dabei nicht unterstützen. Sie werden versuchen, dich zu behindern. Also rechne damit! Hör auf, von den Ärschen Unterstützung zu erwarten. Und mach unbeirrt weiter!

Es ist schwer, aus der Opferrolle herauszukommen. Aber Viktor hat es geschafft. Neulich habe ich wieder einen Datensatz gemailt und prompt eine Antwort erhalten. Etwas zynisch mailte ich ihm daraufhin: »Danke für das schnelle Feedback! Mit wem habe ich denn die Ehre?«

Sekunden später klingelte mein Telefon: »Mit mir, du Schlaumeier! Ich habe es endlich gerafft und kann jetzt mit dem neuen System arbeiten.«

»Und? Ist deine Assistentin traurig, weil sie nicht mehr unentbehrlich ist?«

»Nein, eher wütend, weil sie mich jetzt nicht mehr mit dem neuen System bevormunden kann.«

Wenn Menschen, die dich unten halten wollen, wütend sind, ist das ein gutes Zeichen. Du machst alles richtig! Mach weiter so.

Klug ist besser als mutig

Fred marschiert zum Abteilungsleiter: »Ich brauch ein neues Smartphone!«

»Ihr altes funktioniert doch noch einwandfrei! Getauscht wird alle zwei Jahre. Das wissen Sie doch inzwischen!«

»Aber das neue Modell ist viel besser als das alte. Es würde mir die Arbeit deutlich erleichtern.«

»Sorry, aber ich halte mich an die bestehende Regelung. Mir sind die Hände gebunden.«

Fred ist enttäuscht und denkt: »So ein Arsch! Das neue Smartphone wäre doch locker in seinem Budget drin! Warum muss er denn immer so ein Paragrafenreiter sein?« Seine Enttäuschung nimmt zu, als einige seiner KollegInnen sagen: »Für deine Zwecke wären die zusätzlichen Features des neuen Modells wirklich besser. Frag den Chef doch einfach noch einmal!« – »Ach, das bringt doch nichts!«, meint Fred. Übersetzt: Ihm fehlt der Mut. Eine Woche später hat er das neue Smartphone. Ohne dass er in dieser Woche mutiger geworden wäre. Wie das?

Seinem Chef erklärte er das so: »Die Kinder haben das alte Smartphone mit ins Badezimmer genommen, um Musik zu hören – und da ist es in der Badewanne abgesoffen.« Der Chef war nicht wütend. Er unterstellte Franz noch nicht einmal Absicht oder grobe Fahrlässigkeit. Er sagte lediglich: »Was kaputtgeht, muss ersetzt werden.«

Ich möchte keinesfalls dazu aufrufen, Arbeitsmittel kaputt zu machen, um neue zu bekommen (obwohl das in vielen Firmen eine unheilige Praxis ist). Worauf ich hinausmöchte:

Chef-Hack 79: Viele Wege führen nach Rom!
Wenn dir der Mut fehlt, von einem Arsch das zu fordern, was du brauchst, liegt es oft nicht am Mut. Es liegt daran, dass du andere Wege übersiehst, für die es keinen/weniger Mut braucht.

Eine Kollegin von Fred lachte und sagte: »Du bist mir zuvorgekommen! Wenn du nicht deine Kinder für die Badewannenaktion engagiert hättest, wäre mir mein Smartphone aus Versehen im Treppenhaus aus dem fünften Stock runtergefallen!« Doch da sie eine clevere Frau ist, hat sie inzwischen einen anderen Weg nach Rom gefunden:

»Chef, ich brauche ein neues Smartphone!«

»Sorry, gibt es nur alle zwei Jahre!«

»Aber mein A-Kunde hat bereits das neue, und die App vom Anlagenservice läuft darauf viel schneller und in einer neuen Version, die mit dem alten ständig hängt. Der Kunde ist sauer, wenn wir nicht mitziehen.«

»Ja dann. Kundenpflege ist was anderes. Ist genehmigt.«

Wieso soll es »clever« sein, wenn der Kunde der Kollegin aus der Bredouille hilft? Weil die Kollegin zum Kunden sagte: »Ich krieg in meiner Firma kein neues – aber Sie in Ihrer Firma. Also legen Sie sich eines zu, damit ich auch eines kriege!«

Mut ist Gewohnheitssache

Warum sind wir nicht viel mutiger, wenn uns ein Arsch drangsaliert? Weil wir unseren Mut auch dann nicht pflegen, wenn kein Arsch uns drangsaliert: Wir trainieren zu wenig ohne Arschattacken, deshalb sind wir bei Arschattacken oft nicht mutig genug. Wirklich mutige Menschen sind im Gegensatz dazu nicht wirklich mutig. Sie sind Mut einfach nur gewohnt:

Chef-Hack 80: Mach das immer so!

Wenn du ein normales Leben führst, ist Mut etwas so Außergewöhnliches, dass du das Außergewöhnliche exakt dann nicht schaffst, wenn du es bräuchtest. Also mach Mut nicht zur Ausnahme, sondern zur Regel.

Ich gehe mit schlechtem Beispiel voran: Ich war mit einem guten, wichtigen Kunden auf Dienstreise. Als wir in einem Hotel Station machten, meinte er: »Es ist spät – aber ich habe Hunger. Gehen wir noch was essen? Sie sind eingeladen!« Da sagt man nicht »Nein«. Wir gingen in ein Restaurant am Ort, das uns der Concierge des Hotels empfohlen hatte.

Beim Blick in die Weinkarte stellten sich mir die Nackenhaare auf: nichts unter 25 Euro. Mein Kunde und Gastgeber fragte: »Herr Ober, haben Sie denn einen Rotwein so um die 30 Euro?« Der Ober huschte von hinnen und kam mit einer Flasche Cabernet Sauvignon 2016 wieder.

»Einen zwei Jahre jungen Roten kann man doch nicht trinken!«, meinte mein Kunde und fragte den Ober: »Was kostet denn der 2015er?«

»45 Euro.«

»Das ist zu teuer. Wer trinkt schon Wein für 45 Euro!«

Mit gesunder Schamesröte im Gesicht schaltete ich mich ein: »Vorschlag: Wir nehmen den 2015er. Sie zahlen 30 Euro, und ich beteilige mich mit 15 Euro.«

»Gut. Aber immer noch zu teuer.«

Das Essen war wirklich hervorragend, und auch der Wein war ein Genuss. Dann kam die Rechnung. Mein Kunde sagte zum Ober: »Kriegen wir den Wein für 40 Euro?«

»Tut mir leid, das übersteigt meine Kompetenz. Da müsste ich den Chef fragen.«

»Tun Sie das bitte!«, sagte mein Kunde.

Kaum eine Minute später kam der Ober zurück und strahlte übers ganze Gesicht: »Sie kriegen ihn um 40 Euro!« Mein Kunde bedankte sich bei ihm, gab mir einen 5-Euro-Schein zurück und sagte: »Weißt du,

251

Klaus, du solltest viel öfter verhandeln. Eigentlich geht das überall. Alles im Leben ist Verhandlungssache.«

Ja, das auch. Aber vor allem war mir die Sache hochnotpeinlich gewesen. Ich hätte mich nie getraut, in einem Nobelrestaurant über den Preis zu feilschen wie auf dem Orientbasar! Mir kam der Gedanke, dass es den meisten Menschen mit ihrem Arsch so gehen muss: Man verhandelt nicht mit dem Chef (wütenden Partner, randalierenden Teenager, arroganten Werkstattleiter beim Kundendienst …). Man macht, was er sagt, um sich die Peinlichkeit zu ersparen. Weil man es halt so gewohnt ist! Weil man es sonst auch nicht anders macht.

Ich nahm mir vor, es »sonst« zu probieren. Also nicht gegenüber einem Arsch, sondern in einer ganz normalen, alltäglichen Situation. Wie es sich ergab, gingen meine Gattin und ich kurz danach Schuhe kaufen. Sie leistete sich wunderschöne Pumps. Ihr Preis war schwindelerregend, aber das Designermodell war jeden Cent wert. Ich hätte »sonst« nie verhandelt. Also verhandelte ich diesmal. Und – Überraschung: Ich hatte Erfolg! Ich handelte nicht viel heraus, aber immerhin sehr viel mehr, als ich jemals zuvor herausgeholt hatte, weil ich in solchen Situationen niemals meinen Mut auf die Probe gestellt hatte. Jetzt war es an meiner Gattin, peinlich berührt zu sein: »Ich habe mich für dich geschämt. War das wirklich nötig?«

Ja, war es. Denn der Mensch ist ein Gewohnheitstier. Wenn mich ein Arsch attackiert und ich in zwei Sekunden von Null auf Mut kommen muss und Mut nicht gewohnt bin – dann werde ich versagen, wie jeder Mensch versagt, der Mut mit Instantkaffee verwechselt. Mut kannst du nicht in drei Sekunden mal schnell aufbrühen. Mein guter Kunde machte es richtig:

Chef-Hack 81: Mut ist Gewohnheitssache

Trainier deinen Mut in Situationen, wo Mut eigentlich nicht nötig oder sogar leicht deplatziert ist. Trainier Mut in der Zeit, dann hast du Mut in der Not!

Je öfter du in Situationen ohne Arsch mutig bist, desto eher, leichter und öfter wirst du auch dann mutig sein, wenn dir ein Arsch über den Weg läuft. Mach Mut zur Gewohnheit!

Drück die Pausentaste!

Ärsche haben die Tendenz, uns zu überrumpeln. Was logisch ist: Wenn sie uns nicht überrumpelten, wenn wir also Zeit hätten, über ihre meist absurden Ideen nachzudenken, würden wir weitaus seltener darauf hereinfallen.

»Könnten Sie noch schnell das Backgroundmaterial für die Medienkonferenz prüfen?«, sagt der Arsch, und du denkst: »Schnell? Schnell? Bei dem Mist, den unsere PR üblicherweise verzapft, sitze ich da drei Stunden dran!« Aber wenn du das sagtest, würde der Arsch auf hundertachtzig rotieren. Die meisten Menschen sagen deshalb in so einer Situation: »Ja, gut, geben Sie her!« Du brauchst das nie wieder zu sagen. Denn du drückst künftig die Pausentaste:

Chef-Hack 82: Zeit gewinnen

Ein Arsch braucht meist das Überraschungsmoment, um dich linken zu können. Nimm es ihm! Sobald du dich unwohl fühlst und vermutest, dass du überrumpelt werden könntest, sag den magischen Satz: »Geben Sie mir zehn Minuten. Ich schau mir das in Ruhe an und melde mich gleich bei Ihnen!«

In diesen zehn Minuten sammelst du nicht deinen Mut. Den brauchst du gar nicht! Du analysierst einfach nur, was für die Arschaufgabe nötig wäre, welcher Aufwand, wie viel Zeit dich das kosten würde, was davon überhaupt möglich/nötig ist, und wer außer dir welche Teile der Aufgabe besser übernehmen sollte. Danach gehst du zum Arsch und sagst ihm das. Jede Wette: Du fährst nach dieser Denkpause besser, als wenn du dich hättest überrumpeln lassen. Wer eine Denkpause einlegt, kann besser denken.

Der dickste Knüppel

Es ist nicht so, dass ich der mutigste Mensch der Welt wäre. Ich leide genauso wie alle anderen Menschen unter gelegentlichen Arschattacken. Und ich wende zur Abwehr dieser Attacken das an, was ich in diesem

Buch zusammengetragen habe. Das ist nützlich, das hat sich für den Alltagsgebrauch bewährt. Aber natürlich begegne ich hin und wieder einem Arsch, der weit über das im Alltag Übliche hinausragt: der König der Ärsche, die Mutter aller Ärsche.

Ich erinnere mich an ein Meeting, bei dem etliche kluge Menschen am Tisch saßen, aber auch einige Championärsche: Vertreter der Eigner des Unternehmens. Ich war ziemlich stolz, dass ich diese Champions mit den Mitteln, die du inzwischen kennengelernt hast, zumindest so gut moderieren konnte, dass wir mit der Agenda vorankamen. Doch an diesem Tag muss die Großwetterlage gelautet haben: »Mit extremen Arschattacken ist zu rechnen!« Einige am Tisch wollten einfach keine Ruhe geben.

Es ging ums Geld. Während ich darauf achten musste, dass das Unternehmen genügend Liquidität hatte (sonst wären wir in die Insolvenz gegangen), wollten einige am Tisch ziemlich kostspielige Projekte starten. Es wurde ruppig in der Runde.

Ich warnte immer wieder: »Die Projekte sind ambitioniert und attraktiv – aber wir brauchen das Geld für Dringenderes!« Die Eigner antworteten: »Wir sind die Eigentümer des Unternehmens und können mit unserem Geld tun, was wir wollen!« Das war noch das Harmloseste, was ich zu hören bekam. Ich wehrte mich: »Das bezweifle ich nicht! Aber wenn die Sache schiefgeht, bin ich derjenige, der zum Konkursrichter muss – nicht Sie!« Es half alles nichts.

Die Gegenseite beharrte auf ihrer Meinung. Bis ich in die Hosentasche griff, meine Büroschlüssel herausholte, sie auf den Tisch legte und sagte: »Gut, einverstanden. Macht mit eurem Geld, was ihr wollt. Dann halt ohne mich.«

»Aber so war das doch nicht gemeint!«

Damit war die Diskussion beendet. Die Gegenseite machte einen Fallrückzieher, nachdem ich mit Kündigung gedroht hatte.

Chef-Hack 83: Wenn nichts mehr hilft …

… hilft die ultimative Drohung: »Wenn das passiert, bin ich weg!«

Hatte ich meine Drohung ernst gemeint? Darauf kannst du wetten!

Die Drohung mit der Kündigung als Ultima Ratio, als letztes Mittel, als dickster Knüppel, ist weiter verbreitet, als viele annehmen. In etlichen Unternehmen höre ich von dem einen oder anderen Entscheidungsträger: »Ja, der X! Wenn dem was nicht passt, droht er halt mit Kündigung. Mindestens einmal im Monat.« Das klappt, solange die Drohung wirkt. Wenn sie einmal nicht greift, die Gegenseite einmal nicht nachgibt und du trotz Drohung bleibst, dann ziehst du in dieser Firma keine Wurst mehr vom Teller. Weil dich keiner mehr ernst nimmt. Also überleg dir reiflich, ob und wann du drohst. Wann solltest du?

Immer nur als letztes Mittel und immer nur dann, wenn du tatsächlich einen Plan B hast, also wirklich absprungbereit bist, ein anderes Angebot so gut wie in der Tasche hast. Das ist die kluge Variante.

Die tollkühne, aber äußerst authentische Variante erlebe ich auch gelegentlich, wenn mir Menschen sagen: »Was zu viel ist, ist zu viel. Als der Arsch die rote Linie überschritt, habe ich hingeschmissen. Ohne Zögern, ohne Gewissensbisse. Obwohl ich noch nichts anderes in Aussicht hatte. Aber bevor ich mich länger von diesem Arsch vorführen lasse, werde ich Erntehelfer in der Uckermark!«

Pfeif dein Ego zurück!

Weißt du, wie du deinen Arsch am schnellsten loswirst? Indem du dich von vornherein nicht mit ihm einlässt.

Leider verpassen wir diese Chance oft. Erstaunlich viele Arschopfer sagen: »Eigentlich war mir schon nach der ersten Begegnung klar, dass er/sie ein Arsch ist. Aber der Job ist so gut bezahlt! Und so prestigeträchtig! Und wir müssen nicht umziehen! Also habe ich trotz aller Bedenken den Job angenommen. War ein Fehler.« Kommt dir bekannt vor? Ja, das sagen Menschen oft auch über Beziehungskisten: »Ich ahnte, dass er ein Arsch ist. Aber er sieht so gut aus! Und war so charmant! Am Anfang. Jetzt bin ich natürlich schlauer. Aber damals dachte ich: Was für eine gute Partie!« Wer spricht hier?

Ja, das Ego. Meist redet es Unfug. Ging mir auch mal so. Bis ich mir schwor, etwas besser hinzuhören, wenn mein Ego spricht. Zum Beispiel, als mir ein guter alter Bekannter einen Sahnejob im Aufsichtsrat eines Unternehmens anbot: »Schuster, ich brauche Sie in meinem Aufsichtsrat!«

»Danke für das Kompliment. Ich hätte wirklich gute Lust, mal den Oberaufseher zu geben. Um welches Unternehmen handelt es sich denn?«

Er nannte mir den Namen. Ich bekam Zweifel. Aber mein Ego tobte: »Noch ganz sauber im Kopf? Man bietet dir einen gut dotierten, prestigeträchtigen Aufsichtsratsposten an, und du kommst mit solchen Kinkerlitzchen?«

Eines der »Kinkerlitzchen«: Das Unternehmen war ein Staatsunternehmen. Nun kann man sicher nicht alle staatlichen Unternehmen über einen Kamm scheren. Doch ich hatte bereits Erfahrung mit einigen gemacht und mir geschworen, dass ich künftig lieber darauf verzichten würde. Politiker denken einfach ganz anders als Manager. Dass man allein wegen dieses »kleinen Unterschieds« ständig und zwangsläufig in arschige Situationen geraten würde, war mir klar. Meinem Ego nicht. Es quälte mich: »Sag endlich zu! Denk doch mal, was das für einen Eindruck auf dein Umfeld machen wird!« Ich tat es nicht.

Ich grenzte mich quasi gegen mein eigenes Ego ab. Ich behauptete mich und meine besseren Interessen gegen freundliches Feuer aus dem eigenen Hinterkopf. Damit ersparte ich mir so manche Arschbegegnung, noch bevor ich überhaupt in die Reichweite neuer Ärsche geraten konnte. Die besten Verkäufer machen es auch so: Während durchschnittliche Verkäufer jedem Kunden nachlaufen, weil angeblich nur der Umsatz zählt, handeln Spitzenverkäufer nach dem Motto »Good customers are hard to find«. Locker übersetzt: Lieber länger nach einem wirklich guten Kunden suchen, als einem Arsch aufzusitzen, der dir ein wenig Umsatz und viel Ärger bringt.

Chef-Hack 84: Trau, schau, wem!
Wir sitzen Ärschen oft auf, weil sie uns mit ihren Vorzügen blenden. Vordergründig und kurzfristig. Langfristig machen sie den üblichen

Ärger. Unser Ego aber lässt sich kurzfristig irreführen: Widersprich ihm! Bleib standhaft!

Hör nicht auf dein Ego, sondern lieber auf die Stimme der Vernunft.

Das Progressionsprinzip der Arschigkeit

Manchmal meinen Menschen, mein Leben sei eine arschfreie Zone. Dem ist nicht so! Ich begegne mindestens genauso vielen Ärschen wie du. Ich kann inzwischen lediglich leidlich gut mit ihnen umgehen – du bald auch! Ich kenne zum Beispiel das Progressionsprinzip:

Chef-Hack 85: Es wird schlimmer, nicht besser!

Manchmal hoffen wir am Beginn von Projekten, Vorhaben, Hausbauten, Beziehungen oder beim Vorstellungsgespräch für einen neuen Job: »Mit dem/der komm ich jetzt auf Anhieb nicht wirklich gut aus, aber das wird sicher noch besser!« Mein Wort drauf: Wird es nicht!

Natürlich gibt es in den meisten zwischenmenschlichen Beziehungen anfangs Anlaufproblemchen. Doch der Mensch hat ein feines Gespür für den Unterschied zwischen normalen Anlaufproblemen und ausgesprochener Arschigkeit. Und für Letzteres gilt leider: Einmal Arsch, immer Arsch. Wer schon zu Beginn neben der Spur läuft, wird das mit der Zeit immer wilder treiben. Ausnahmen bestätigen die Regel. In meinem Beruf ist diese Regel fast schon lebensrettend.

Ich erinnere mich zum Beispiel an einen Auftrag für eine Teamentwicklung. Es war ein hochkarätiges Team aus Managern, um das ich mich kümmern sollte. Die Personalchefin war sehr angetan von meinem Entwicklungskonzept. Der Finanzchef hatte das Budget bereits genehmigt. Wie es bei solchen hochkarätigen Maßnahmen guter Trainer Sitte ist, nahm ich vor Beginn des Trainings Kontakt mit den künftigen TeilnehmerInnen auf, um deren Wünsche und Bedarfe zu ermitteln. Elf kommunizierten sachlich ausgiebig und dankbar: »Endlich kümmert sich jemand um unsere Probleme! Wird auch Zeit!« Der zwölfte Teilnehmer machte das nicht.

Er gab mir zu verstehen, dass er die Maßnahme (deren Konzept er nicht kannte) für »völlig unnötig« und mein Honorar (das er nicht kannte) für »lachhaft überzogen« hielt. Ich hörte mich um: Ganz gleich, in welchem Meeting oder Seminar er saß, stets füllte er die Rolle des Unruhestifters engagiert aus. Ich hätte den Auftrag gerne angenommen. Das Unternehmen ist renommiert, die Aufgabe war reizvoll, die Bezahlung gut. Ich lehnte ab. Eine Kollegin übernahm den Job. Nach ihrem ersten Trainingstag rief sie mich abends an: »Warum hast du den Job eigentlich abgelehnt? Lass mich raten: Wegen dem Arsch, der alles besser weiß, ständig stört und selbst nichts zustande bringt?«

»Ja, natürlich. Gegenfrage: Warum hast du den Job übernommen?«

»Weil ich dachte, das sind bloß Anfangsprobleme, das gibt sich schon. Ich habe mich getäuscht.«

Viele Probleme werden mit der Zeit besser. Ärsche nicht. Das gilt nicht nur für das Seminargeschäft oder für Selbstständige, Berater, Coaches und Trainer. Auch viele Manager und Angestellte sagen mir: »Das Projekt (die Aufgabe, der Job, die Entsendung, der Auslandsaufenthalt …) ließ sich so interessant an! Die einzelnen Quertreiber habe ich zu Beginn einfach ignoriert und gedacht, dass sich das mit der Zeit einrenkt. Hat es nicht. Aus den Quertreibern sind echte Saboteure geworden.«

Der Arsch ist nie schuld

Der Geschäftsführer einer Firma mit rund hundert Beschäftigten ruft mich an. Seine Führungskräfte performen nicht, sind total schwach, kriegen nichts auf die Reihe, erreichen zwar ihre Ziele, aber über das Nötigste hinaus engagieren sie sich nicht. Eine gute Stunde lang schimpft er über sein Führungsteam. Dann fragt er: »Können Sie mir da helfen? Mit einer Führungskräfteschulung oder so?« Was habe ich ihm geantwortet?

Du ahnst es. Weil du inzwischen ein feines Näschen für solche Gesellen hast. Ich vermeide im Zusammenhang mit Klienten das Wort mit A. Aber dass jemand, der über sein eigenes Team sechzig Minuten lang ununterbrochen Gift und Galle speien kann, während er als unmittelbarer Vorgesetzter doch wohl den größten Einfluss auf deren Motivation ausübt, dass so jemand die titelgebende Bezeichnung dieses Buches verdient, drängt sich auf. Ich legte ihm daher so freundlich wie möglich nahe, dass sein Team keine Schulung, sondern er ein Leadership-Coaching brauche. Er lehnte das ab. Ich versuchte noch ein-, zweimal, ihn davon zu überzeugen. Er blieb ablehnend.

Wenn ich diese Anekdote in Coachings oder Workshops erzähle, sagt immer eine(r): »Sag ich schon lange! Mit Ärschen kann man nicht vernünftig reden!« Warum habe ich es dann mehrfach versucht? Warum solltest du das ebenfalls tun?

Weil sonst nichts besser wird! Natürlich ist unser erster Reflex »Lass es sein!«, wenn ein Arsch sich uneinsichtig zeigt, unbelehrbar, beratungsresistent, unverbesserlich, von allen guten Geistern verlassen. Und natürlich denken wir dann intuitiv und spontan: »Wenn er nicht hören will – selbst schuld!« Und natürlich ist Aufgeben und Klappe halten bequemer. Doch exakt in solchen Augenblicken können wir uns entscheiden: Möchte ich es bequemer? Oder dass es besser wird?

Das Wort ist mächtiger als der Arsch

Ich bin immer wieder beeindruckt davon, wie die Besten unter uns sich gegen ihre Ärsche abgrenzen und behaupten. Woher nehmen sie die Chuzpe, die unbekümmerte Gelassenheit im Umgang mit Ärschen?

Natürlich ist das Einstellungssache. Doch diese Einstellung kommt nicht von ungefähr. Sie wird erzeugt und getragen durch das, was wir denken. Und was wir sagen. Um einen Spruch von Marc Aurel zu variieren:

> **Chef-Hack 86: Wähle deine Worte!**
> Überleg dir gut, was du denkst und sagst. Denn mit der Zeit nimmt dein Gemüt die Farbe deiner Worte an.

Viele Arschopfer jammern (berechtigt!) so viel und oft über ihre Ärsche, dass ihr Gemüt bald einen jämmerlichen Zustand annimmt.

Nicht so die Besten unter uns. Sie hauen Sprüche raus, dass einem der Mund offen stehenbleibt. Diese coolen Sprüche sind sowohl Ausdruck einer überlegenen, gelassenen, abgrenzungsstarken und selbstbehauptenden Einstellung als auch ihr Treibstoff: Je öfter du solche Sprüche raushaust (oder auch bloß denkst), desto stärker wirst du innerlich und in deinem Auftreten gegenüber den Ärschen dieser Welt. Im Folgenden einige Sprüche von meiner Hitliste – den Zitatgebern an dieser Stelle meinen und unseren besten Dank!

➤ Der Fertigungsleiter taucht in der Schicht auf, kontrolliert den Output des Fertigungsabschnitts, gibt eine Anweisung und entschwindet am Horizont. Alle sind ratlos: Die Anweisung würde die Produktion nicht steigern, sondern drosseln und eine vorzeitige Instandhaltungsunterbrechung provozieren. Der Schichtleiter sagt: »Wir ignorieren die Anweisung!« Sein Vorarbeiter hat fast einen Herzinfarkt: »Aber das war unser Chef!« Der Schichtleiter trocken: »Es interessiert mich nicht, wer unter mir Chef ist!«

➤ Die Leiterin des Innendienstes macht eine Angestellte zur Sau. Die Angestellte hat einen Bock geschossen, doch die Art der Zurechtweisung ist ganz klar übergriffig. Die Chefin rauscht wieder ab, und im Sekundenbruchteil zwischen ihrem Verschwinden und dem tränenreichen Losheulen der gedemütigten Angestellten sagt eine Kollegin lapidar: »Ach, scheiß di nix! Mach einfach weiter, als sei nichts passiert.« Dialektgeschulten wird auffallen, dass die Wendung »Scheiß di nix!« aus dem Steirischen kommt. Ich bin überzeugt, dass es in jeder Region der Welt eine entsprechend äquivalente Redewendung gibt (E-Mail-Rückmeldungen sind willkommen).

➤ Ganz oft sind komplette Belegschaften von einem Arsch so eingeschüchtert, dass keiner es wagt, den Mund aufzumachen – selbst wenn die Bude brennt. Als eine Betriebsrätin eines Pharmaunternehmens dieser Tendenz gewahr wurde und auf einen Abteilungsleiter traf, der sich fragte, ob es wohl opportun wäre, wenn er auf einen Missstand hinweise, zuckte sie mit den Schultern und sagte: »Ganz einfach: Sag's, wenn's was zu sagen gibt.«

➤ Auf der Baustelle entdeckt der Bauleiter einen kapitalen Fehler. Eigentlich müsste er zuerst mit dem Architekten reden, der ein Arsch ist. Aber der Bauherr trabt in einer halben Stunde an und will den Bauabschnitt abnehmen. Die Zeit reicht nicht mehr für die üblichen langwierigen Verhandlungen mit dem Oberarsch. Also entscheidet der Bauleiter auf eine Blitzreparatur, die Geld kostet, das nicht budgetiert ist. Sein Capo läuft aschfahl an: »Aber was soll der Architekt bloß dazu sagen?« Der Bauleiter knochentrocken: »Ist mir wurscht, was der Architekt sagt. Was sein muss, muss sein.«

➤ Eine Movie-Reminiszenz: Im ersten *Airport*-Film scheißt der Flughafenchef seinen Chef der Flugsicherung zusammen, der einen Jet lieber (mit kostspieliger Verspätung) kreisen lässt, als ihn in eine unsichere Einflugschneise zu lotsen. Der Flughafenchef brüllt minutenlang Burt Lancaster an, der den Chef der Flugsicherung spielt, und droht ihm mit Kündigung. Lancaster retourniert sinngemäß: »Sie können mir kündigen. Sie haben mich ja auch eingestellt. Weil ich diesen Job gut mache. Und bis Sie mir kündigen, mache ich genau das.«

➤ Eine Lagerarbeiterin zur anderen, nachdem der Chefcholeriker beide fünf Minuten angebrüllt hatte: »Glaubst du, er hätte auch so rumgebrüllt, wenn er recht hätte?« - Antwort der Kollegin: »Wieso? Was hat er gesagt? Ich hab grad nicht zugehört.«

➤ Plakat an der Wand hinter einer CNC-Maschine, die auf dem kritischen Pfad der Fertigung liegt und deren Maschinenführer deshalb ständig Druck von diversen Vorgesetzten kriegen; unterhalb des Bildes eines großen Ochsenfrosches mit weit aufgerissenem Maul: »In Schlünder, die weit aufgerissen, wird am meisten reingeschmissen.« (Einer der Arbeiter hat das »m« in »reingeschmissen« durchgestrichen.)

➤ Ein Azubi zum anderen, nachdem der Abteilungsleiter einen halbstündigen Sermon gehalten hatte, dessen sachliche Inkompetenz dem daneben stehenden Ausbildungsmeister die Röte des Fremdschämens ins Gesicht getrieben hatte: »Wenn der Chef das so viel besser weiß, soll er es das nächste Mal doch selbst machen.«

➤ Eine Sekretärin, nachdem ihre desorganisierte Chefin ihr die Schuld für eine Terminüberschneidung in die Schuhe schieben wollte, auf die Frage eines Kollegen, warum sie solche Unverschämtheiten unberührt lassen: »Ich denke bei solchen Übergriffen immer nur: ›Deine arme Mutter. Was muss die sich für dich schämen!‹«

➤ Eine Kollegin ergänzte: »Ich denke bei so was immer: ›Dein Papa muss ja stolz auf dich sein!‹«

Damit wir uns verstehen: Ich rufe nicht zur Beleidigung von Vorgesetzten auf. Die zitierten coolen Sprüche wurden gemacht, nachdem ein Arsch seine Mitarbeitenden bereits beleidigt und verletzt hatte. Und sie wurden nicht gegenüber dem Arsch gemacht, sondern um sich selbst emotional wieder aus dem Loch zu holen, in das der Arsch einen gebracht hatte.

Die coolen Sprüche dienen nicht der Beleidigung, sondern der eigenen Mentalhygiene. Und sie sind wirksam! Sie verursachen einen Abperleffekt: Sei wie Teflon! Ganz gleich, was der Arsch dir an den Kopf wirft: Lass das locker an dir abperlen. »Das ist leichter gesagt als getan!« Geht dir auch manchmal so? Dann brauchst du fünf schnelle Tricks.

Fünf Turbotricks

Warum fällt uns meist erst hinterher ein, wie wir hätten mit dem Arsch umgehen können? Weil wir in der akuten Situation natürlich im Stress sind. Der Arsch stresst uns! Und unter Stress setzt unser normales Denkvermögen teilweise aus. Weil sich unser »Stressnerv«, der Sympathikus, einschaltet. Was die meisten nicht wissen: Du kannst ihn auch ausschalten.

Vielleicht ist dir das schon aufgefallen: Wenn wir im Stress sind, wird unsere Atmung flach. Manche halten sogar leicht den Atem an. Genau das triggert den Sympathikus (und umgekehrt). Also dreh den Spieß um:

1. Atme bewusst und so laaaang wie möglich aus. Wenn möglich sogar mit Atempause. Wenn du länger aus- als einatmest, erlischt die Stressreaktion, und du wirst fast augenblicklich cool(er) und gelassen(er). Die Amerikaner haben einen Merkspruch dafür: *»The trick is to keep breathing!«*

2. Wenn der Arsch dich völlig aus der Fassung zu bringen droht, stell ihn dir mit einem lustigen Hut auf dem Kopf vor! Oder in Unterwäsche. Mit Pappnase. Mit …

3. Fokussier auf einen komischen Aspekt des Arschs. Alle Ärsche haben (mindestens) einen! Ihre fiepsige Stimme, seine Haare in den Ohren … Aber verkneif dir das Grinsen!

4. Verbiete dir bewusst den *Victimhood Chic,* die Versuchung der Opferrolle: »Ich armes altes krankes Opfer kann doch gar nichts machen!«

5. Sag dir bewusst und immer wieder: »Nein, ich lasse mich von diesem Arsch nicht zum Opfer machen!«

Bitte besser um Entschuldigung als um Erlaubnis!

Du fragst mich, wie weit du mit deiner Selbstbehauptung gehen darfst? Eine gute Frage. Sie zeigt, dass du bereits sehr behauptungsstark bist. Denn wenn du dich gut abgrenzen und behaupten kannst, wirst du relativ oft in die für Anfänger unvorstellbare, doch für Könner alltägliche Situation kommen, wo der Arsch dich nicht mehr drangsaliert, sondern ganz im Gegenteil nach deiner Pfeife tanzt. Geht das? Darfst du das?

Lass mich ein Beispiel in die Diskussion bringen. Vor einiger Zeit war ich als Troubleshooter für ein Unternehmen verantwortlich: rund tausend Mitarbeitende am Rande des Abgrunds. Irgendwann wurde uns klar: Der Staat muss uns unter die Arme greifen, sonst geht die Firma hops. Der Haken: Wenn der Staat eingreift, ist das dann unerlaubte Staatsbeihilfe?

Die zuständigen Ministerialbeamten im Finanzministerium sagten seit Wochen: »Das geht nie und nimmer! Das genehmigt uns Brüssel nie!« Nach und nach ließen alle in der Firma die Köpfe hängen. »Habt ihr noch eine Idee?«, fragte ich mein Führungsteam. »Haben wir nicht. Wenn der Staat uns keine Überbrückungshilfe gibt, ist es aus!« Was würdest du in so einer Situation tun? Tausend Menschen auf die Straße setzen?

Ich rief in Brüssel an. Der zuständige EU-Beamte sagte mir: »Das ist korrekt, was die Kollegen in Ihrem Finanzministerium sagen – wenn Sie wie eben skizziert vorgehen. Doch wenn Sie Ihr Vorgehen an dieser und jener Stelle ändern, lässt es sich schon begründen, dass Sie keine unerlaubte Staatsbeihilfe erhalten.« Ich machte Freudensprünge und marschierte stracks zurück ins Finanzministerium. Was, glaubst du, passierte dort?

Die Beamten im Ministerium waren außer sich. Nein, nicht vor Freude. Aber das ist typisch für unser Thema: Ganz bestimmte Menschen freuen sich nicht über die Lösung eines Problems. Sie werden wütend. Man fuhr mich an: »Sind Sie von allen guten Geistern verlassen? Wer hat Ihnen erlaubt, mit Brüssel zu sprechen? Nur Ministerien dürfen mit Brüssel reden! Die offizielle Verbindung zur EU-Kommission sind wir und wir allein!« Die hätten lieber tausend Leute arbeitslos gemacht, als mir einen Telefonanruf zu erlauben. Also fragte ich erst gar nicht nach Erlaubnis. Im äußersten Falle hätte ich lieber um Entschuldigung gebeten. Dazu kam es nicht. Denn nachdem die Lösung des Problems nun mal da war, konnte sie niemand mehr wegdiskutieren. Die Diskussion war beendet. Niemand verlor seinen Job. Vielleicht sind mir einige Leute im Ministerium heute noch böse. Grämt mich das?

Natürlich! Ich lebe wie jeder andere Mensch lieber in Harmonie und Eintracht mit meiner Umwelt. Aber bevor ich tausend Leute arbeitslos mache, rufe ich in Brüssel an – notfalls auch ohne vorherige Erlaubnis. Meine Arbeit und die Menschen bei der Arbeit sind mir wichtiger als das, was jene sagen, denen nicht die Arbeit, sondern der Dienstweg oder andere Formalien wichtiger sind.

Dieses Handeln ohne explizite Erlaubnis ist typisch für Menschen, die sich abgrenzen und behaupten können/möchten. Sie wissen, was getan werden muss. Sie wissen auch, dass irgendwer sicher wieder etwas dagegen haben wird – man kennt ja seine Pappenheimer. Also warten sie nicht auf die Erlaubnis »von oben« (oder vom Kunden, vom Partner, vom Kind, von den Eltern …). Sie warten nicht, sie handeln. Und wenn sie danebenliegen? Auf die Schnauze fallen? Dann können sie hinterher immer noch um Verzeihung bitten: »Ja, Entschuldigung, mein Fehler. Ich hab es gut gemeint, und es ging daneben. Schwamm drüber.« Das hat Klasse, das ist souverän, das ist authentisch und sorgt für eine hohe Zufriedenheit mit seinem Job und sich – aber das musst du nicht so machen!

Ich kenne eine Menge hochkompetenter Ingenieure, Techniker, Angestellter, Kreativer und sogar Selbstständiger, die sagen: »Nee, mache ich nicht. Ich arbeite nur nach Anweisung! Was nicht erlaubt ist, wird auch nicht gemacht.« Oder: »Ich liefere nur, was der Kunde bestellt hat – nicht mehr.« Und das, obwohl die Anweisungen häufig hanebüchen sind und viele Kunden keine Ahnung von der Materie haben, weshalb man sich dann natürlich endlos über die hanebüchenen Anweisungen und die tumben Kunden beschwert. Anstatt auch mal was zu wagen, ohne dass jemand erst seine Erlaubnis in vierfacher Ausfertigung dazu gegeben hat.

»Nein« sagen für Fortgeschrittene

Fortgeschrittene Neinsager sagen nicht »Nein«. Sie haben das nicht mehr nötig. Sie können sich so gut abgrenzen, behaupten und durchsetzen, dass sie Ärschen nicht mehr widersprechen müssen. Ich erinnere mich an eine Coachee, die sich wegen einer langwierigen Krankheit monatelang mit einem renitenten Facharzt (»Facharsch«, wie sie sagte) herumschlagen musste. Fast jedes Mal musste sie sich mit ihm wegen der nötigen Diagnose- und Therapiemaßnahmen streiten (es gab keine Alternative zu diesem Arzt in ihrer Region). Am Ende der langen Behandlungszeit ging es dagegen völlig ohne Streit ab; als sie zum Beispiel infolge ihrer Erkrankung ein stumpfes Trauma abklären wollte und den Arzt fragte: »Röntgen wir?«

»Nee!«, profilierte sich der Facharzt als Experte. »Wo denken Sie hin? Ultraschall!«

Die Patientin und Coachee erklärte mir hinterher augenzwinkernd: »Ich wusste natürlich aus dem Internet, dass Ultraschall bei dieser Art der Verletzung die bessere Methode ist. Aber wenn ich das vorgeschlagen hätte, hätte er bestimmt gesagt: ›Ach, probieren wir doch erst mal eine Salbe. Oder Tabletten.‹«

Sie hat ihn ausgetrickst! Zur Erinnerung: Wenn er kein Arsch wäre, wäre das nicht nötig gewesen. Dann hätte man vernünftig mit ihm reden können. Konnte man aber nicht. Also trickste sie ihn aus. Das musste sie auch! Denn kennzeichnendes Charakteristikum von Ärschen ist, dass sie in der jeweiligen Sache nicht immer sonderlich kompetent oder hilfreich sind. Kein Wunder, sie haben ja andere Interessen, zum Beispiel notorisches Rechthaben ohne sachliche Grundlage, kurz KA-BA: Kompetentes Auftreten bei Ahnungslosigkeit.

Champion der Selbstbehauptung

Was du auf diesen Seiten lesen kannst, wirkt. Bestes Beispiel ist ein Coaching-Klient: zweiundvierzig Jahre, zwei Kinder, geschieden, Maschinenführer in der Sonderfertigung eines metallverarbeitenden Betriebs. Er kam zum Coach, weil er von den Ärschen in seinem Umfeld gemobbt wurde. Nicht nur von Vorgesetzen, sondern auch von Kollegen und Kunden. Wann immer etwas schieflief – und in der Sonderfertigung läuft naturgemäß jeden Tag etwas schief –, schob man ihm die Schuld in die Schuhe. Obwohl er der Einzige war, der so gut wie nie schuld war – so gut ist er in seinem Job. Trotzdem hackte man ständig auf ihm herum. Er tobte innerlich, er bekam ein Magengeschwür, er beschwerte sich beim Betriebsrat – nichts half. Wir sprachen über vier Wochen zwei, drei Stunden über Selbstbehauptung und Abgrenzung. Ungefähr das, was du in diesem Kapitel gelesen hast. Wir übten das auch.

In die letzte Coachingstunde kam er mit folgendem Fall: Er wurde als Springer überraschend für eine Nachtschicht eingeteilt. Nachdem er von der vierköpfigen Schicht vor ihm fünf CNC-Maschinen übernommen hatte, stellte er fest, dass die Kollegen die Maschinen völlig falsch eingestellt hatten: Drei der fünf liefen bereits heiß. Damit sie sich nicht selbst zerstörten, schaltete er sie ab. Eine andere Möglichkeit gab es nicht. Es war 22 Uhr. Die Instandhaltung, welche die Maschinen hätte wieder zum Laufen bringen können, war schon längst im Feierabend. Also schrieb er einen Bericht, löschte das Licht und ging heim.

Am andern Tag wurde er ins Büro der Personalleitung gerufen und auf den »Arme-Sünder-Stuhl« gesetzt. Ihm gegenüber saß ein Tribunal aus Fertigungsleiter, Werksleiter und Personalleiterin. Ihm wurde eine Abmahnung präsentiert, mit der ihm zum Vorwurf gemacht wurde: »Sie haben Ihre Schicht widerrechtlich vor Schichtende verlassen! (Anstatt taten- und beschäftigungslos vier Stunden lang stillgelegte Maschinen zu hüten, wofür ihn die Firma auch noch hätte bezahlen müssen.) Sie haben Maschinen unbefugt abgestellt! (Und damit der Firma Reparaturkosten in fünfstelliger Höhe erspart.) Und Sie haben die Schicht ohne ausreichende Einweisung übernommen! (Das heißt, er wurde für das Versäumnis der vorangegangenen Schichtmannschaft bestraft, die Maschinen richtig einzustellen).« Früher wäre er ob dieser ungeheuren Unverschämtheit, Frechheit und Inkompetenz sprachlos vor Wut dagesessen und hätte sein Magengeschwür gespürt. Jetzt zückte er seinen Kuli.

Aber nicht, um die Abmahnung zu unterschreiben, wie die Personalleiterin ultimativ von ihm verlangt hatte. Vielmehr nahm er die Abmahnung und sagte: »Ich unterschreibe das erst, wenn Sie diesen Tippfehler und diesen und jenen korrigiert haben. Ich muss doch sehr bitten! Ich kann von Ihnen eine fehlerfreie Abmahnung verlangen. Außerdem stimmt dieser Sachverhalt nicht und jener und dieser. Bitte korrigieren Sie das umgehend. Ich werde morgen auf Sie zukommen und die korrigierte Fassung abnehmen. Ihnen noch einen schönen Tag.« Und Abgang. Er hat die Abmahnung nie wieder gesehen. Besser noch.

Da er es mit seinen Worten »generell, prinzipiell und kategorisch« nicht mehr mit sich machen lässt und jede Mobbingattacke mit Gegenattacke (Angriff ist die beste Verteidigung) kontert, flüchten jetzt seine Vorgesetzten vor ihm, wenn er ihnen im Flur entgegenkommt. Vor allem, wenn er den Zeigefinger hebt und ihnen schon von Weitem entgegenruft: »Ah, gut, dass ich Sie treffe! Ich wollte schon lange ganz dringend mit Ihnen sprechen über ... « Weiter kommt er meist nicht. Denn husch, husch sind sie alle weg. Das ist typisch Arsch: Papiertiger, Salonlöwen. Große Klappe, nichts dahinter. Sobald du ihren Bluff aufdeckst, bricht ihr Kartenhaus zusammen, und du hast deine Ruhe. Ich wünsche sie dir!

»Möglicherweise ist eine große Zahl von Führungspositionen
mit dunklen Führungstendenzen besetzt.«

Prof. Dr. Marco Furtner, Universität Innsbruck

12. Mein Chef ist ein Sadist

Die dunkle Triade

Eigentlich ist das Buch hier zu Ende. Dieses Kapitel war nicht vorgese-
hen. Doch wenn ich vor und während der Arbeit am Manuskript mit
Arschopfern die Beispiele in diesem Buch diskutierte, erlebte ich immer wieder, dass viele bitter lachten und sagten: »Das soll ein Arsch
sein? Sie haben meinen Arsch noch nicht erlebt! Ich könnte Ihnen Sachen erzählen!« Als ich erwiderte: »Dann erzählen Sie doch mal!«,
und nachdem ich quasi mit erhobener Schwurhand die absolute Wahrung der Anonymität zugesichert hatte, erzählten die Betroffenen ihre
Geschichten, und mir stellten sich die Haare auf: Es ist alles noch viel
schlimmer.

Wenn über Führungskräfte geredet und geschrieben wird, wird meist
von charismatischen »Wirtschaftslenkern«, Visionären, Machern und
Strategen geredet. Die gibt es, zweifellos. An die dunkle Seite der Führung trauen sich Medienredakteure dagegen meist nicht ran, obwohl
etliche von ihnen selbst unter Ärschen leiden. Das Thema »Dark Lea-
dership« ist immer noch ein Tabu. Glücklicherweise nicht in der Wissenschaft.

Schon 2002 prägten die beiden Wissenschaftler Paulhus und Williams
den Begriff »dunkle Triade der Persönlichkeit«, um all jene Chefs in eine Kategorie zu fassen, die umgangssprachlich gemeinhin als Sadisten

bezeichnet werden. Wenn dein Chef sämtliche Skalen der Gemeinheit sprengt, dann ist die Wahrscheinlichkeit erdrückend, dass er dieser Triade angehört: Er ist entweder Narzisst, Machiavellist oder Psychopath (es gibt auch unschöne Mischformen). Man beschreibt solche Typen mit Eigenschaften wie (kreuz an, was auf deinen Arsch passt): egozentrisch, unsympathisch, gefühllos, unbeherrscht, niederträchtig, übergriffig, manipulativ, gemein, aggressiv, rücksichtslos, nur auf den eigenen Vorteil bedacht, unbelehrbar, nicht teamfähig. Dass überhaupt jemand solche Leute einstellt! Und dass sie auch noch in Führungspositionen befördert werden! Warum machen Firmen so was?

Weil viele der schlimmen Triadeneigenschaften dem Unternehmenserfolg dienlich sind, zum Beispiel Rücksichtslosigkeit oder Egozentrik. Nicht umsonst spricht man beim herrschenden Wirtschaftssystem auch vom Raubtier- oder Haifischkapitalismus. Natürlich gibt es daneben eine soziale Seite der Marktwirtschaft und viele gute Chefs, doch auf der asozialen Seite regiert eben die dunkle Triade. Und sie quält nicht nur ihre Untergebenen. Sie massakriert sich auch gegenseitig. In der *Zeit* sagte Ulrich Lehner, Aufsichtsratsvorsitzender von Thyssenkrupp (zitiert nach der *Süddeutschen Zeitung* vom 14.7.2018): »Einzelne aktivistische Investoren sind dafür bekannt, dass jene Manager, die sie loswerden wollten, später in psychiatrische Behandlung mussten.«

Die Wissenschaft hat Sadisten und Führungsneurotiker umfassend untersucht. Das Material ist umfangreich. Es kursieren inzwischen sogar Witze zum Thema (der folgende stammt von Raj Chopra):

Ein Narzisst, ein Psychopath und ein Machiavellist kommen in eine Bar. Der Barkeeper sagt: »Wow, was habt ihr denn hier zu suchen? Aber wenn ihr schon mal hier seid, beantwortet mir eine Frage, die mich schon lange beschäftigt: Ihr seid ja alle drei üble Burschen. Aber wer von euch hat die mieseste Persönlichkeit?« Der Narzisst antwortet stolz: »Das dürfte ja wohl klar sein: ich natürlich!« Der Psychopath sagt mit kalter Miene: »Ist mir doch scheißegal, was du für Fragen hast!« Und der Machiavellist grinst: »Es ist, wer auch immer ich sein möchte.« Nicht lustig? So lustig wie ein Horrorfilm. Das Problem ist: Was machst du, wenn du in diesem Film sitzt?

Der Chef mit dem Sprung in der Schüssel

Die folgenden Fallbeispiele stammen aus der Praxis. Ich schicke das voraus, weil Redakteure und Rezensenten manchmal anzweifeln, dass es in der Praxis so schlimm zugeht. Wenn ich den Opfern von Narzissten, Machiavellisten und Psychopathen, die mir diese Beispiele erzählt haben, von diesen Zweifeln erzähle, sind sie meist fassungslos: »Ich werde wie ein Hund behandelt, und diese Leute, die meinen Chef überhaupt nicht kennen, glauben mir das nicht mal?« Das nennt man Täter-Opfer-Umkehr: eine Technik der Verdrängung. Man macht das Opfer einfach zum Täter, indem man ihm vorwirft zu lügen. Dann muss man sich nicht der bitteren Wahrheit stellen und kann weiter aus dem Wolkenkuckucksheim heraus salbungsvoll daherreden. Arschopfer kennen diese mitleidlose Reaktion. Das tut auch die Chefsekretärin, die mir das folgende Beispiel erzählt hat.

Sie geht eines Tages wie gewohnt zu ihrem Chef ins Büro, bringt ihm den neuesten Controllingreport rein und sein Mittagessen. Weil er so viel zu tun hat, hat er keine Zeit, zum Essen zu gehen. Er isst im Büro. Seine Sekretärin hat ihm einen Salat vorbereitet. Wohlgemerkt: angemacht, nicht eingekauft. Sie wurde als Sekretärin eingestellt, macht aber auch die »Kaltmamsell« (so werden in der Gastronomie jene meist weiblichen Angestellten bezeichnet, die kalte Speisen zubereiten). Wer seinen Chef liebt, der füttert ihn. Von Liebe kann keine Rede sein. Denn an diesem Tag fährt der Chef die Sekretärin an: »Was soll das denn?«

»Was? Der Bericht?«

»Nein, verdammte Hacke! Die Schüssel!«

»Das ist die Schüssel, in der ich Ihnen immer Ihren Salat serviere.«

»Das ist Plastik!«

»Das ist eine Tupperware Salad Bowl, beste Qualität.«

»Aus Plastik frisst nicht mal mein Hund! Wie das schon ausschaut! Holen Sie mir gefälligst eine richtige Salatschüssel!«

An dieser Stelle hättest du bereits einen Büromord begangen? Ehrlich gesagt, ich auch – wer nicht? Aber die Sekretärin ist einiges gewohnt. Also geht sie runter in die Einkaufspassage und holt im Haushaltswarengeschäft eine wirklich schöne Schüssel. Von Villeroy & Boch. Für jene, die nie von gutem Geschirr aßen: Eine Schüssel aus diesem Hause hat praktisch Adelsprädikat. Denn natürlich möchte die Sekretärin nach diesem Anraunzer auf Nummer sicher gehen.

Also geht sie mit dem Salat in der neuen Schüssel ins Chefbüro, legt dem Chef den Kassenzettel und das entsprechende firmeninterne Formular vor und bittet um eine Unterschrift, damit sie das ausgelegte Geld von der Buchhaltung zurückbekommt. Der Arsch sagt: »Was soll das? Nehmen Sie das weg, ich brauche keine neue Schüssel.«

»Aber vor zwanzig Minuten sagten Sie noch, Sie würden keine Plastikschüssel wollen!«

»Reden Sie keinen Unsinn, und machen Sie endlich die Tür hinter sich zu.«

Das tat sie.

Nach fünf Minuten öffnete sie sie wieder und legte ihm einen anderen Zettel auf den Tisch. Ihre Kündigung.

Wahrscheinlich hatte der Arsch lediglich vergessen, dass er die Plastikschüssel abgelehnt hatte. Neurotiker leiden notorisch unter Gedächtnis-Lochfraß. Aktenkundig ist der Spruch eines verstorbenen deutschen Politikers, der diesbezüglich mal sagte: »Was schert mich mein Geschwätz von gestern?« Der Arsch hatte wohl schlicht vergessen, was er seiner Sekretärin eben noch an den Kopf geworfen hatte. Doch er hatte auch vergessen, was im Proletariat seit Erfindung der Dampfmaschine gilt: Du wirst so mies bezahlt – da schenkst du der Firma nicht auch noch etwas von deinem sauer verdienten Geld. Der Chef bescheißt dich um die Auslagen für eine Salatschüssel? Du gehst. Sofort.

Warum ist das das Beste, was du tun kannst, wenn du an einen Sadisten im Chefsessel gerätst?

Was hilft, wenn nichts mehr hilft

Eine der häufigsten Fragen von Arschopfern ist: »Ich weiß, dass er/sie sich unmöglich benimmt und mich fies behandelt.

➤ Aber soll ich wirklich kündigen?«

➤ Aber (falls der Arsch kein Chef, sondern ein Kollege ist) wir sind doch im selben Projekt. Man muss doch vernünftig zusammenarbeiten. Soll ich ihn/sie wirklich links liegenlassen?«

➤ Aber (falls es ein Arsch außerhalb der Arbeit ist) es sind doch immerhin meine Eltern. Soll ich wirklich den Kontakt abbrechen?«

Wenn ich Arschopfer frage, was sie aus dem Bauch heraus antworten würden, hat bislang noch jede(r) gesagt: »Ja. Absolut. Ich hab einfach die Schnauze voll! Aber ich bin mir halt nicht sicher!« Sicherheit geben überprüfbare Kriterien. Die folgenden haben sich bewährt:

Der Arsch beeinträchtigt dein Wohlbefinden, deine Zufriedenheit, deinen Familienfrieden oder deine Gesundheit in einem Ausmaß, das du, deine Liebsten oder dein Hausarzt nicht mehr tolerieren können oder wollen.

1. Du hast schon alles probiert.

2. Du hast insbesondere viele Techniken aus diesem Buch angewandt.

3. Du hast zwischen fünfzehn und zwanzig ernst zu nehmende Versuche unternommen, den Arsch wieder in die Spur zu bringen.

4. Er zeigt jedoch nur minimale oder keinerlei Veränderungsfähigkeit oder -willen. Er ist faktisch lerntot, beratungsresistent oder sogar noch stolz auf seine »gesunde Härte« (O-Ton Arsch).

5. Er zeigt wenig oder keinerlei Kooperationsbereitschaft.

6. Er kommt ständig mit Ausreden, versteckt sich hinter seiner Machtposition oder Sprüchen wie »So bin ich halt!«.

7. Das geht nun schon Monate so.

Wenn vier von acht dieser Kriterien deiner Meinung nach zutreffen, kannst und solltest du ruhigen Gewissens kündigen. Dann ist die Kündigung nicht nur sachlich gerechtfertigt und klinisch indiziert, sondern zum Schutz der eigenen geistigen und körperlichen Gesundheit geradezu notwendig, unabdingbar, erforderlich.

Insbesondere das achte Kriterium gibt dir Orientierung und Sicherheit. Denn viele Opfer von Sadisten denken und hoffen immer noch: »Es muss doch irgendwann besser werden!« Und bei jeder kleinen Veränderung zum Positiven, so kurzlebig sie auch sein möge, wächst diese Hoffnung natürlich. Doch dann kommt der nächste Rückfall, der Chef, Kollege, Kunde, Beziehungspartner wird wieder übergriffig, beleidigend, unverschämt, verletzend. Es ist wie Berg- und Talfahrt. Möchtest du das? Möchtest du in einer Achterbahn leben? Soll das jetzt ewig so weitergehen? Dann mach Schluss! Auch wenn es wehtut. Dieser Schmerz geht vorüber – der Sadist nicht.

Natürlich sind »vier von acht« eine Heuristik, eine Faustregel, ein Schätzverfahren – aber eine gute und erprobte Methode, um aus der Opferhaltung rauszukommen und endlich das zu tun, was nötig ist. Denn wenn ein Arsch vier von acht erfüllt, dann braucht er keinen Mitarbeiter oder Kollegen, sondern einen Therapeuten – und einen wirklich guten.

Wir haben übrigens bislang ein Kriterium ausgespart. Ein echtes Killerkriterium. Kommst du darauf? Natürlich! Kriterium Nummer 9: Wenn dein Chef, die Mobberin oder die betreffende Person kriminelle Machenschaften pflegt oder duldet.

Der kriminelle Chef

Dein Chef praktiziert oder duldet kriminelle Machenschaften? Dieses Kriterium steht eigentlich an erster Stelle: Ist dieses Kriterium erfüllt, kannst du dir die andern acht sparen und musst so schnell wie möglich kündigen. Warum?

Aus dem naheliegendsten Grund: Du bist ein anständiger Mensch. Bei so was machst du nicht mit! Mit krummen Touren gefährdest du deine ethisch-moralische Integrität auf die schlimmste Art und Weise und perforierst dein Gewissen, das dann ganz sicher kein gutes Ruhekissen mehr sein wird. Also bleib sauber! Es sei denn, du spürst narzisstische, machiavellistische oder psychopathische Tendenzen in dir – wir alle tun das gelegentlich. Die meisten von uns jedoch in minimaler Dosis. Es gibt ja auch den Ausdruck vom »gesunden Narzissmus«. Solche Tendenzen kommen bei uns jedoch selten zum Ausbruch, weil sie von anderen unserer Neigungen im Zaum gehalten werden. Doch auch wenn der Gaul mal mit dir durchzugehen droht: Lass das lieber.

Denk an den Abgas-, den Dieselskandal: Wer Dreck am Stecken hat, fliegt immer auf. Die Frage ist nicht ob, sondern wann. Und wenn das passiert, dann gilt der alte Rechtsgrundsatz: Die Kleinen hängt man, die Großen lässt man laufen. Selbst wenn dein Chef schuldig wie noch was ist – dich buchten sie ein, während dein Chef glimpflich davonkommt. Weil dein Chef mit seinen Betrügereien schlicht so gut verdient hat, dass er sich erstklassige Anwälte leisten kann. Du nicht. Also fährst du in den Bau ein, und er kommt mit einem Klaps auf den Po davon. Dass grobe, laute, übergriffige Chefs kriminell sind, ist nicht die Regel.

Doch es gibt einen Unterschied zwischen groben, lauten und übergriffigen Chefs und NarzisstInnen, MachiavellistInnen und PsychopathInnen. Bei der dunklen Triade ist die Wahrscheinlichkeit, dass sie kriminell wird, zigfach höher als bei Grobianen üblicher Machart. Das kriminelle Element ist praktisch schon in ihrer Diagnose enthalten. Oder wie ein Organisationspsychologe sagte: »Es ist kein Wunder, wenn Narzissten, Machiavellisten oder Psychopathen kriminell werden. Es ist ein Wunder, wenn sie es *nicht* werden.« Das ahnen auch Mitläufer, die später »gehängt« werden, wenn der kriminelle Boss auffliegt. Trotzdem laufen sie viel zu lange mit. Warum?

Weil natürlich immer etwas abfällt für die unteren Chargen und Beteiligten bei den Betrügereien des Chefs. Oder weil der kriminelle Boss so leistungsstark ist und gut für die Firma und die Arbeitsplätze, dass man ständig beide Augen zudrückt, wenn er wieder mal ein Ding dreht. Eine Coachee empörte sich: »Es wird doch überall geschmiert und geschmuddelt, selbst Kirchenbosse missbrauchen Kinder – da müsste man doch jeden Job kündigen, weil es keine moralisch einwandfreien Jobs mehr gibt!« Da ist was dran. Doch es gibt eben einen Unterschied zwischen zum Beispiel fortgesetzter Falschabrechnung von Spesen und einem Dieselskandal.

Der Unterschied liegt nicht in der Moral: Beides ist fraglos unmoralisch. Der Unterschied liegt im Ausmaß des Verbrechens und dem Streuradius der Bombe, wenn sie hochgeht: Erwischt sie dich noch? Wenn dein Chef fortgesetzt seine Spesen falsch abrechnet, fängt er sich schlimmstenfalls eine Abmahnung ein, und du als Mitwisser kriegst einen Rüffel vom Chef des Chefs. Wenn du dagegen der Buchhalter bist, der diese Falschabrechnung deckt, durchwinkt und gegenzeichnet, dann dreht sich die Wirkung der Bombe um: Du verlierst deinen Job, und der Betrüger kommt mit einer Rüge davon. Trotzdem verlieren jährlich Hunderte Buchhalter und andere Angestellte ihren Job wegen der Betrügereien ihrer Bosse oder KollegInnen – das liest man bloß selten in den Medien. Zum einen, weil Geschäftsleitungen kein Interesse daran haben, dass etwas davon nach außen durchsickert. Was sollen denn die Kunden denken? Zum anderen, weil es eine auf den ersten Blick verwirrende Tendenz gibt, Halunken im Management zu decken. Warum decken die Verantwortlichen zwar nicht alle, aber etliche kriminelle Bosse und KollegInnen?

Wegen einer herausragenden Eigenschaft hochneurotischer Ganoven: Narzissten, Machiavellisten und Psychopathen haben deutlich mehr Charme als alle anderen Marktteilnehmer. Das heißt nicht umgekehrt, dass jeder Charmeur ein Narzisst, Machiavellist oder Psychopath wäre. Doch niemand ist charmanter zur dir als ein Narzisst, der etwas von dir will. Niemand behandelt dich besser als eine Psychopathin – solange du ihr von Nutzen bist. Und niemand erscheint dir sympathischer als ein Machiavellist, der es auf dich abgesehen hat. Charme, geheuchelte Sympathie und Puderzucker in den Hintern blasen, sind die schärfsten Waffen der dunklen Triade. Das heißt nicht, dass diese KünstlerInnen der Verstellung undurchschaubar wären. Die meisten ihrer Opfer sagen hinterher zerknirscht: »Ich habe eigentlich von Anfang an geahnt, dass das zu gut war, um wahr zu sein.« Doch der Charme des Psychopathen, der Narzisstin oder des Machiavellisten überstrahlt das gesunde Bauchgefühl, die Ahnung, den Instinkt. Lass dich nicht davon blenden! Hör auf dein Bauchgefühl! Wenn etwas zu gut ist, um wahr zu sein, ist es genau das meist auch! Zumindest solltest du dein Gefangensein vom versprühten Charme mit deinem gesunden Menschenverstand kultivieren.

Bei vielen spricht das Bauchgefühl so laut, dass sie praktisch täglich mit Bauchschmerzen zur Arbeit gehen. Trotzdem kündigen sie nicht. Warum nicht?

Das Problem ist nicht der Arsch, sondern der innere Schweinehund

Wir haben wiederholt über die sogenannte Opferhaltung gesprochen. Doch wenn es darum geht, jemanden zu verlassen, der dich nach allen ethischen Grundsätzen seelisch misshandelt oder der einfach nicht gut für dich ist, dann wird die Opferhaltung vom Begleitfaktor zum entscheidenden, überragend wichtigen Faktor. Diese Opferhaltung ist die Basis der Arschkollusion, also der unbewussten und widersinnigen Allianz zwischen Arsch und Opfer: Jeder Sadist braucht einen Masochisten. Es gibt keine Sadisten ohne Masochisten! Verweigert sich der Masochist, bricht die Kollusion zusammen, und der Sadist muss sich ein anderes Opfer suchen (schön wäre, wenn er keines mehr fände). Man braucht Sadisten nicht wegzusperren. Es reicht, ihnen die Opfer zu nehmen. Leichter gesagt als getan.

Denn was sagt das geübte Opfer zum Thema Kündigung? »In meinem Alter, bei meinen Qualifikationen, in dieser Region, bei der aktuellen Wirtschaftslage (setze hier deine Ausrede ein) finde ich doch nichts Vergleichbares mehr!« Merkst du was? Jetzt hat sich das Problem verschoben. Das Problem ist nicht mehr (nur) der Arsch. Das Problem bist (vor allem) du. Weil du Unfug im Kopf hast. Die Psychologen sagen zu diesem Unfug auch »Glaubenssatz«. Mehrere Milliarden Euro werden jährlich in Therapiepraxen und auf dem Selbsthilfemarkt ausgegeben, um diese hinderlichen Glaubenssätze mit konstruktiven Glaubenssätzen zu überschreiben. Wir haben weder das Geld noch die Zeit dafür. Also machen wir es kurz – ein Auszug aus einem Coachinggespräch; Coachee ist männlich, leitender Angestellter, drei Kinder, seine direkte Vorgesetzte ist eine bösartige Narzisstin, die von ihm verlangt, ihre halbseidenen Machenschaften zu decken:

Coach: »Du kriegst mit fünfundfünfzig also keinen guten Job mehr?«

Coachee: »Nö.«

»Können wir das als Glaubenssatz bezeichnen?«

»Von mir aus.«

»Hast du diesen Glaubenssatz ›Ich krieg mit fünfundfünfzig keinen guten Job mehr‹ an der Realität überprüft?«

»Ja, klar. Man muss lediglich unsere Branche anschauen.«

»Lediglich die Branche anschauen? Wenn dein ältester Sohn mit dieser Begründung käme – würdest du das als belastbare und verlässliche Überprüfung seines Glaubenssatzes akzeptieren?«

»Also, eher nicht. Das ist doch kein Beweis! Das ist der erste Eindruck, Mutmaßung.«

»Was wäre ein Beweis?«

»Wenn mein Sohn, also wenn ich in diesem Fall mehrere Bewerbungen schreiben würde und die alle abgelehnt werden würden.«

»Wie viele Bewerbungen?«

»Na, so drei, vier.«

»Echt? Das würde dir als Beweis reichen?«

»Na ja, das wäre schon ein wenig dünn. Also fünf oder sechs wären besser.«

»Sagen wir zehn. Und wenn du es wirklich ernst meinst, schreibst du zwanzig.«

»Als Hausaufgabe?«

»Ja.«

»Okay, wenn's sein muss.«

Ich mache das jetzt schon einige Jahre. Ich warte immer noch auf einen einzigen Fall, bei dem ein Mensch nach so einem verschärften Reality-Check seinen alten, hinderlichen Glaubenssatz beibehalten hätte.

Dagegen ist die Zahl jener, die ihren Glaubenssatz schon wenige Tage nach Beginn der Überprüfung geändert haben, inzwischen in die Hunderte gewachsen. Global betrachtet sind es Millionen, denn ich bin nicht der einzige Coach, der mit dem Reality-Check arbeitet. Du wirst dabei keine Ausnahme sein – wollen wir wetten?

Oft kündigen Opfer selbst nach Jahren der Quälerei nicht, weil sie in einem Abhängigkeitsverhältnis gefangen sind. Einige sind materiell abhängig vom Arsch, die meisten jedoch emotional: Sie arbeiten an ihrem Arsch – natürlich völlig un- und unterbewusst – ein altes Trauma aus der Kindheit (Vater-/Mutterkomplex) ab, leiden unter Wiederholungszwang, stecken in der Traumaschleife fest oder leiden unter einem ausgeprägten sogenannten Submissionsschema. Zu viele Fachausdrücke? Du hast recht. Deshalb: Wer sich selbst im Verdacht hat, in einer unguten emotionalen Abhängigkeit festzustecken, braucht die Hilfe einer Therapeutin, eines Therapeuten. Angesichts deren monatelanger Wartelisten hilft auch eine Online- oder die Bibliotherapie: Es gibt heutzutage viele gute Bücher zum Thema und zur Selbsthilfe. Oder google doch mal ein halbes Stündchen. Jeder Schritt bringt dich voran – wenn du ihn machst.

Weißt du übrigens, was die meisten Triadenopfer nach einer Kündigung oder erfolgreichen Befreiung aus der Abhängigkeit sagen? »Warum habe ich das nicht schon viel früher gemacht? Ich hätte mir viel Ärger und Leid erspart!« Erspar es dir!

Wir alle haben einen inneren Schweinehund. Er kommt praktisch mit der menschlichen Grundausstattung. Die meisten tun, was er sagt. Denn wenn eine Stimme in meinem Hinterkopf was sagt, dann muss ich das machen, denn das bin ja ich! Nein, bist du nicht! Das ist bloß ein Gedanke. Und du weißt ja, was für bescheuerte Gedanken dir manchmal hochkommen. Es reicht schon, wenn du das erkennst. Sobald du den inneren Schweinehund als solchen identifizierst – »Aha, hier spricht wieder mein innerer Schweinehund (oder wie auch immer du es nennen magst)« –, bist du ihm nicht mehr hilflos ausgeliefert, sondern kannst mit ihm disputieren, ihn einem Reality-Check unterwerfen, mit ihm verhandeln, ihm die Stimme der Vernunft gegenüberstellen … Es kommt nicht darauf an, was in unserem Kopf und Bauch herumspukt. Es kommt darauf an, was du daraus machst.

Das große Tabu: Chefs, die ihre Mitarbeiter missbrauchen

Ohne systematischen, tabuisierten und von Politik, Gesellschaft und Medien konsequent ignorierten Missbrauch von Mitarbeitenden würde unsere Wirtschaft über Nacht zusammenbrechen. Sekretärinnen sind zwar nicht die einzigen Opfer übergriffiger Vorgesetzter, doch an ihrem Beispiel wird der Missbrauch besonders drastisch deutlich. Was mir Sekretärinnen alles erzählen!

Was Sekretärinnen alles für ihre Chefs machen, das überhaupt nichts mit der Arbeit zu tun hat, für die sie bezahlt werden! Sie buchen Privatreisen für die Familie des Chefs. Sie kaufen Geschenke für die Geburtstage der Kinder und Frau(en) des Chefs. Sie decken Seitensprünge (ohne jemals auch nur annähernd so beschenkt und gepampert zu werden wie die Liebschaften des Chefs). Sie nehmen die Schuld auf sich, wenn der Chef einen Vorgang verschlampt oder einen Termin verpennt hat: »Ach, das war wieder Schmittchen, die hat das verwechselt!« Und Frau Schmitt sitzt verkrampft lächelnd daneben und sagt nichts. Nicht, dass sie danach für ihre aufgezwungene und ehrenrührige Rückendeckung vom Chef gelobt werden würde. Egomanen loben nicht. Dafür müssten sie konzedieren, dass andere Menschen auch Rechte haben, ja überhaupt existieren. Das tun Egomanen praktisch per definitionem nicht. Sie betrachten vielmehr persönliche Leibeigene als Selbstverständlichkeit in ihrem Job, sozusagen im Gehaltspaket enthalten. Ich erinnere mich an die verblüffte Frage eines Narzisstenchefs: »Aber wieso darf ich Meierlein nicht nachts um halb elf aus dem Schlaf klingeln? Sie ist doch meine Sekretärin!« Da fällt einem nichts mehr ein …

Ich kenne eine Sekretärin, die regelmäßig die Kinder vom Boss um vier aus dem Kindergarten holt und zwei Stunden lang mit ihnen spielt, bis der Chef um sechs mit ihnen nach Hause geht. Sie arbeitet dann noch bis acht weiter, weil ja wegen der Kinder ihre eigentliche Arbeit zwei Stunden liegenblieb. Ihr Chef, der zigfach besser verdient als sie, genießt Feierabend und Familienleben, während sie weder das eine noch das andere hat. Nicht mal die Überstunden kriegt sie bezahlt. Und kein Influencer regt sich auf. Kein Politiker verspricht Abhilfe. Kein Leitartikler empört sich. Keine Gewerkschaft geht auf die Barrikaden.

Wir reden seit Jahren auf die kinderhütende Chefsekretärin ein, endlich diesen Arsch zu verlassen. Sie hält ihm weiter die Treue. »Vaterkomplex«, sagt ihre Schwester. Neulich hat ein Bekannter, dessen Sekretärin nach dem zweiten Kind jetzt in Familie machen möchte, ihr den frei werdenden Job angeboten. Wir beten alle, dass sie ihn annimmt und endlich von dem Ausbeuterarsch loskommt. Das ist schwer, ich weiß. Aber was ist die Alternative? Dass sie bleibt? Dabei geht man auf Dauer vor die Hunde.

Sich von seinem Peiniger zu lösen ist schwer; bekannt auch unter den Begriffen Stockholm-Syndrom, Submissionsschema, Täter-Introjektion oder Identifikation mit dem Aggressor. Es gibt eine ganze Wissenschaft, die unter anderem untersucht, warum Opfer nicht früher ihre Täter verlassen: die Viktimologie, die Opferforschung, eine Teildisziplin der Kriminologie.

Viele Opfer kündigen nicht ihren Job, sie flüchten vielmehr in die innere Kündigung: Kommen morgens zur Arbeit und gehen abends wieder – aber dazwischen machen sie auf hirntot und schalten auf Durchzug. Das Gallup-Institut veröffentlicht jedes Jahr eine Statistik zum Engagement am Arbeitsplatz. Seit Jahren liegt der Anteil der innerlich Emigrierten bei erstaunlichen zwei Dritteln. Und keinen regt das auf. Wir finden das schon normal: »Arbeit ist eben Scheiße. Am besten, du schaltest komplett dabei ab!« Wenn du das möchtest, dann mach das. Doch der Preis dafür ist hoch.

Wer zu lange Opfer bleibt, ruiniert sich langfristig. Körperlich, geistig, seelisch, privat und sozial. Denn der Schrecken nimmt ja kein Ende. Dann lieber ein Ende mit Schrecken.

Lieber ein Ende mit Schrecken

Einer meiner Verwandten war mal Controllingleiter – und ein guter. Irgendwann machte der Aufsichtsrat seinem Geschäftsführer Druck: »Das Unternehmen muss expandieren! Machen Sie ein paar Zukäufe!« Leider gab es in der betreffenden Branche und in der angrenzenden Lieferkette wenig gute Übernahmekandidaten. Also suchte der

Geschäftsführer wohl oder übel einen weniger guten Kandidaten aus, legte ihn seinem Controllingchef vor und sagte: »Errechnen Sie einen Finanzplan zur Übernahme!«

Der Controllingleiter rechnete und fand heraus: »Rentiert sich nie und nimmer! Zu hohe Kosten, zu wenig Gewinn.«

Der Geschäftsführer erwiderte: »Der Aufsichtsrat macht Druck! Wir müssen diese Firma kaufen! Also werden Sie kreativ. Ein bisschen an den Kosten schrauben, ein bisschen an den Gewinnen, wir entlassen einige Leute – das passt dann schon!«

»Das ist unseriös. Das mache ich nicht!«

Also beauftragte der Geschäftsführer einfach einen anderen Controller. Der hatte weniger Skrupel und rechnete den Firmenkauf schön. Den schöngerechneten Plan legte der Geschäftsführer dem Controllingleiter vor: »Unterschreiben Sie!«

»Damit ich nachher dafür hafte, wenn das Geschäft den Bach runtergeht? Nein, danke!«

Danach stellte der Geschäftsführer den Controllingleiter aufs Abstellgleis. Er grüßte ihn nicht mehr, lud ihn zu bestimmten Sitzungen nicht mehr ein und redete nur noch mit seinem Stellvertreter. Er genehmigte ihm keine neuen Mitarbeiter mehr, weshalb er am Ende seine Abteilung mit Azubis und Studierenden führen musste – was nicht geht. Also sagte der Geschäftsführer zu ihm: »Sie sind nicht mehr in der Lage, Ihre Abteilung zu führen!« Und kündigte ihm.

Du fragst dich, wieso es der Kaltgestellte überhaupt so lange, nämlich bis zur Kündigung, mit diesem Arsch aushielt? Nicht, weil er ein so gutes Opfer war. Sondern weil er sich etwas dabei dachte. Er hatte sich längst einen guten Anwalt für Arbeitsrecht genommen und bloß auf die Kündigung gewartet. Dann zog er vor Gericht und erstritt eine Abfindung über vierundzwanzig Monatsgehälter – bei seinem Verdienst eine satte Summe. Manchmal geht's nicht anders.

Es ist schon schwer genug, mit Ärschen zu reden. Mit Narzissten, Machiavellisten und Psychopathen ist es oft unmöglich. Sie halten sich nicht an Fairness, Verträge und Abmachungen. Sie halten sich oft nicht mal an

Gesetze. Deshalb hilft in der Regel nur der Gang zum Gericht. Glücklicherweise machen das immer mehr Arschopfer. Nach einer Gerichtsverhandlung achtet die dunkle Triade zwar immer noch keine Gesetze – doch du bekommst wenigstens dein Recht. Oder eine Abfindung.

Manchmal ist das keine Wiedergutmachung für erlittenes Leid und ruinierte Gesundheit. Aber wenigstens kommt der Arsch dann nicht ungeschoren davon, und du bekommst so was wie eine Entschädigung. Dafür hast du die Nerven nicht? Das finde ich okay. Gegen einen Arsch vor Gericht zu ziehen ist immer auch so etwas wie eine erneute Retraumatisierung. Das tut weh, das stresst, das macht mächtig Druck. Wenn deine Wut groß genug ist, stehst du das durch. Es kann sogar Spaß machen und Genugtuung bringen. Doch wenn du einfach nur deine Ruhe willst, Strich drunter und Schwamm drüber – dann mach das! Mach das, was wirklich gut für dich ist. Aber dein Gatte drängt dich, doch vor Gericht zu gehen?

Du bist keine Insel: Wie gut unterstützt dich dein System?

Ich erschrecke regelmäßig, wenn ich erlebe oder sehe, wie KollegInnen, Familie, Beziehungspartner, Eltern oder Verwandtschaft mit Chefopfern umgehen: einfach schrecklich.

Kaum Unterstützung! Im Gegenteil: Zweifel, Skepsis und Unverständnis. »Ach komm, so schlimm wird dein Chef schon nicht sein!«, sagt der wohlmeinende Gatte beschwichtigend, und die Gattin überlegt sich wegen dieser partnerschaftlichen Intervention ernsthaft, ob sie sich die fortgesetzte Busengrapscherei ihres übergriffigen Chefs vielleicht bloß einbildet. Oder viel zu empfindlich ist. Vielleicht schläft man als leitende Angestellte heutzutage gewohnheitsmäßig mit dem Chef? Ich bin immer wieder schockiert, wie drangsalierte Menschen sich selbst ihre Qualen ausreden – nicht, wenn der böse Chef droht, sondern wenn sie auf das geballte Unverständnis ihres sozialen Ökosystems treffen.

»Und wenn du schon deinem Chef kündigst«, sagte die beste Freundin der erwähnten leitenden Angestellten, »dann kündige auch gleich deinem Mann. Schick ihn zusammen mit dem Chef in die Wüste. Die beiden schenken sich nichts. Keine Frau braucht so was.« Stimmt uneingeschränkt: Opfer haben Unterstützung verdient. Das ist nicht verhandelbar oder diskutabel. Wird die Unterstützung nicht geleistet, ist das gleichbedeutend mit dem Wegfall der Geschäftsgrundlage. Trau, schau, wem! Wenn dich dein Umfeld in den schwersten Stunden deines Lebens nicht rückhalt- und vor allem vorbehaltlos unterstützt, solltest du dich so weit wie möglich von ihm trennen und zu jenen Elementen, von denen du dich nicht trennen kannst, so weit wie möglich den Kontakt abbrechen. Aber erst, nachdem du ihnen die Leviten gelesen hast: »Mein Chef terrorisiert mich, und ihr glaubt mir nicht und unterstützt mich nicht? Schämt euch und rechnet nicht mit meiner Hilfe, sobald euch Ähnliches widerfährt.«

Der Mobberchef

Dass Narzissten, Machiavellisten und Psychopathen für ihr Leben gerne mobben, versteht sich von selbst. Ich erinnere mich an einen Rechtsanwaltsanwärter, der vom Leiter der Kanzlei an den Rand des Nervenzusammenbruchs gemobbt wurde. Täglich. Permanent.

Der Mobber wies ihn zum Beispiel an: »Holen Sie aus dem Archiv die Fallakten von 2015 bis 2017!« Wenn der Anwärter mit dem Aktenberg aus dem Archiv zurück war, brüllte der Mobber: »Wo sind die Akten für 2014?«

»Sie wollten ausdrücklich die Akten von 2015 bis 2017!«

»Sie können noch nicht mal für fünf Cent mitdenken! Das muss man doch wissen als angehender Anwalt, dass ich für den vorliegenden Fall auch die Akten von 2014 brauche!«

So ging das tagein, tagaus. Nach einigen Monaten kündigte der Anwärter. Das ist, wie wiederholt gesagt und wie ich es wiederholt sagen werde, bei Triadeärschen die einzige Rettung. »Kontaktabbruch« heißt das in der Fachsprache. Nach einiger Zeit bewarb sich der Anwärter bei einer anderen Kanzlei. Und jetzt kommt's.

Deshalb habe ich oben gesagt: Kündigen ist die einzige Lösung! Denn sonst nimmt der Schrecken kein Ende, sonst richtet der Arsch dich physisch, psychisch, familiär und sozial zugrunde. Genau das passierte dem Anwärter. Er hatte zu lange gewartet, zu lange gezögert – was verständlich ist: Je unsicherer man sich ist, ob der Mobber mit seinen Attacken vielleicht doch recht hat, desto länger zögert man, desto unsicherer wird man, desto länger zögert man ... und so weiter. Eine Abwärtsspirale. Viele Mobbingopfer sind schon seit Jahren von ihrem Mobber abhängig – und man sieht es ihnen an. In jeder Hinsicht. Mobbing schadet! Und zwar dir. Ganz gleich, wie lange oder kurz es dauert, du trägst einen Schaden davon. Wie der Rechtsanwaltsanwärter.

Er bewarb sich zwar bald nach seiner Kündigung bei einer anderen Kanzlei, aber nicht als Anwärter, sondern als Rechtsanwaltsgehilfe. Der Mobberchef hatte sein Selbstwertgefühl völlig zerstört, hatte ihn derart fertiggemacht, dass er sich überhaupt nichts mehr zutraute. Weil er unwillkürlich geglaubt hatte: »Der Chef wird schon recht haben, wenn er mich derart zusammenfaltet. Er ist ja schon Anwalt, und ich will es erst werden! Vielleicht tauge ich wirklich nicht für diesen Beruf, wenn das einer sagt, der sich damit auskennt.«

Das ist das Fatale am Mobbing: Irgendwas vom verspritzten Gift bleibt hängen. Ob man will oder nicht. Beim Bewerbungsgespräch fragte der neue Chef in spe:

»Ihrem Lebenslauf entnehme ich, dass Sie bereits als Anwärter gearbeitet haben. Warum bewerben Sie sich jetzt lediglich als Gehilfe?«

»Weil mein damaliger Chef meinte, ich sei als Anwalt zu nichts zu gebrauchen.«

Das nennt man Täter-Introjektion. Arschopfer denken selten: »Der Arsch hat sie doch nicht mehr alle!« (Was eine gute Technik der Selbstbehauptung ist siehe Kapitel 11). Opfer übernehmen (introjizieren) vielmehr in der Regel die völlig absurden Meinungen und Urteile ihrer Peiniger; zumindest teilweise (was auch schon falsch und unnötig, aber verführerisch ist). Glücklicherweise kannte der neue Chef sich mit Täter-Introjektionen aus. Er verhandelte immerhin Strafrechtsdelikte. Also stellte er den Bewerber ein. Nicht als Gehilfen, sondern als Anwärter.

Die Tage, Wochen und Monate gingen ins Land, und der Anwärter machte seine Prüfung. Heute ist er Partner der Kanzlei und ein verdammt guter Rechtsanwalt. Sagen seine Klienten. Und seine KollegInnen. Die Richter. Und sein Boss. Was sein ehemaliger Mobberchef sagt, wissen wir nicht, weil es keine Rolle spielt: Mobber haben Unrecht. Immer. Punkt und aus.

Die Geschichte vom Anwaltsanwärter ist erstens ein schönes Beispiel für: Nicht alle Chefs sind Ärsche. Es gibt auch gute Chefs, die das wiedergutmachen, was Ärsche verbockt haben. Und sie ist zweitens ein unschönes Beispiel dafür, wie Narzissten, Machiavellisten und Psychopathen ganze Karrieren und Leben zerstören. Wäre der neue Chef nicht gewesen, würde der Anwärter heute noch auf der untersten Leitersprosse sein karges Dasein fristen und nicht einmal merken, dass sein Ex-Chef ihn belogen hat und er zu Höherem berufen ist.

Er würde immer noch den Buckel krumm machen, den Hilfsarbeiter spielen und denken, dass er zu blöd ist für den Beruf des Rechtsanwalts. Ein zerstörtes Leben. Es gibt Millionen zerstörter Leben! Niemand kennt die stummen Legionen der Mobbingopfer, sie haben keine Partei, keine Interessenvertretung und werden konsequent totgeschwiegen. Wer den Schaden hat, braucht für die Gleichgültigkeit seiner Umwelt nicht zu sorgen. Interessant ist, dass einige Arschopfer inzwischen den Spieß umdrehen.

Warum eigentlich ... bringen wir den Chef nicht um?

So hieß in den Achtzigerjahren eine Hollywood-Komödie. In der Tat ist Rache ein naheliegender Gedanke, wenn man von einem Arsch gequält wird. Im Internet manifestiert sich dieser Gedanke in Form von YouTube-Videos. Da tanzt zum Beispiel eine Agenturangestellte provokant ihre Kündigung – und die Viewer liken das, natürlich! Ein anderer filmt seinen Chef, während dieser ihn stotternd und offensichtlich völlig inkompetent feuert – und die Online-Welt lacht sich schlapp. Eine gelungene Rache! Viele Klicks, viele Likes, viele begeisterte Kommentare, vielleicht sogar ein oder mehrere Jobangebote. Rächt man sich im digitalen Zeitalter so an Chefs?

Die Antwort des Zeitgeistes ist ein offensichtliches Ja: Aufmerksamkeit ist die neue Währung des digitalen Zeitalters. Man fragt nicht mehr: Nutzt mir das? Sondern: Bringt mir das Aufmerksamkeit? Ohne Zweifel: Aufmerksamkeit bringt dir das. Aber es hilft dir nicht. Eher im Gegenteil.

Zum einen ist ein Arsch ein Arsch: Glaubst du, ein Narzisst, eine Machiavellistin oder ein Psychopath lassen sich so leicht und ungestraft von dir vorführen? Ohne es dir auf welchem Wege auch immer heimzuzahlen? Du verlässt den Arsch doch gerade, weil er oder sie rücksichtslos und egoistisch ist. Solltest du nicht die Rache eines rücksichtslosen Egoisten fürchten, wenn du ihn oder sie provozierst? Du solltest.

Denn der Arsch könnte herausfinden, wo du dich bewirbst, und dich bei deinem neuen Arbeitgeber in spe anschwärzen: »Der Bewerber hat geklaut, Firmengelder veruntreut und KollegInnen gemobbt! Ich würde den nicht einstellen.« Klingt unwahrscheinlich? Nur für Leute ohne Personalverantwortung. Jeder Vorgesetzte hat schon solche Anrufe bekommen. Der Arm des provozierten Arsches ist lang – und die Rachegelüste von Narzissten, Machiavellisten und Psychopathen legendär bis kriminell. Und nicht jeder normale Chef erkennt einen Arsch am Telefon auf Anhieb: Psychopathen heißen so, weil sie sich perfekt verstellen können. Narzissten sind äußerst charmant (wenn sie nicht gerade ihre Opfer massakrieren). Und die Machiavellistin schlüpft in Rollen, wie du in Socken schlüpfst.

Ich habe das auch schon erlebt – als Opfer. Damals hatte ich den Job bereits seit Wochen innerlich gekündigt, dann reichte ich die offizielle Kündigung nach, und weil der Job mir wirklich stank, erledigte ich ihn zwischen dem Zustellen der Kündigung und meinem Ausscheiden aus Rache wie Homer Simpson: »*half-assed*«, halbherzig, wurschtig, wie es bei uns heißt. Glücklicherweise bewahrte mich mein damaliger Mentor, ein erfahrener Manager, vor meinen amoklaufenden Rachegelüsten.

Er sagte: »Ich verstehe, warum du das tust. Du rächst dich am Job und an allen, die fies zu dir waren. Aber wenn du dich in deinem Leben, was Gott verhüten möge, irgendwann von deiner Gattin scheiden lässt, dann denk an die schöne Hochzeit und all die wunderbaren Tage. Denn

287

wenn du an die miesen Tage denkst, kriegst du schlechte Laune und machst irgendwas Dummes. Dann erst wird es hässlich. Für euch beide und alle ringsum. Niemand hat was davon. Am allerwenigsten du.«

Also mach gute Miene zum bösen Spiel. Ein letztes Mal. Dann zieh einen Schlussstrich – und Schwamm drüber! Und dann? Was machst du dann?

Was machst du dann?

Wenn ich Menschen frage, die von Narzissten, Machiavellisten oder Psychopathen gequält werden, warum sie nicht endlich kündigen oder den Kontakt zu ihrem Peiniger abbrechen, sagen sie oft: »Ich würde ja schon gern. Aber was mach ich dann?«

In der Psychologie gibt es ein geflügeltes Wort: »Der Mensch schätzt ein bekanntes Übel eher als eine unbekannte Wohltat.« Oder wie ein Business-Coach mal meinte: »Die Leute stecken gern bis zum Hals in der Scheiße, weil es in einem frischen Scheißhaufen wenigstens schön warm ist!« Übler Vergleich – aber passt. Leider. Wer einen Job oder eine Beziehung aufgeben muss, weiß zwar, wie scheiße beides ist – aber er oder sie weiß nicht, was danach kommt. Was kommt, könnte ja noch viel schlimmer sein. Und wenn nicht: Allein das Unbekannte schreckt oft mehr ab als ein bekanntes Übel. Die meisten Menschen hassen Unsicherheit mehr als einen Narzissten zum Chef. Also bleibt man lieber unter der Knute des Despoten, weil man nicht weiß: Was kommt danach? Ich rate dir: nichts!

Echt jetzt. Mach drei Monate – Minimum! – erst mal gar nichts. Warum? Die Antwort liegt auf der Hand, wenn du sie dir nicht von deinen Antreibern kaputt reden lässt (siehe Kapitel 5 bis 9): Du musst erst mal runterkommen! Du bist gerade eine ungesund lange Zeit von einem Narzissten, Machiavellisten oder Psychopathen malträtiert worden. Das hat deine Konstitution und deine Reserven angegriffen. Jetzt ist Erholung erste Bürgerpflicht. Runterkommen, relaxen, abschalten, wieder zu Kräften kommen, Energie tanken, neue Ideen entwickeln, wieder zu dir kommen, deine Mitte wiederfinden.

Es ist völlig logisch, dass du dich nach so einer Tortur nicht sofort wieder ins nächste Abenteuer stürzen solltest – das würde deine Kräfte übersteigen. Das tut es bei vielen. Weil die Versuchung, sich gleich wieder in den Trubel zu stürzen, fast übermenschlich groß ist. Denn wer weiß, was für Gedanken kommen, wenn du jetzt wochenlang nichts machst, außer dich zu erholen. Vielleicht kommt dann die ganze Scheiße der letzten Monate innerlich wieder hoch – und das willst du auf keinen Fall! Also machst du es wie der Trinker: Du trinkst noch einen, um zu vergessen, dass du alkoholsüchtig bist. Man nennt das auch Verdrängung oder Eskapismus. Gut ist das nicht.

Vor allem deshalb, weil du dich damit dem Wiederholungszwang aussetzt. Viele Opfer von Narzissten, Machiavellisten und Psychopathen leiden daran. Sie »geraten« immer wieder wie durch Zauberhand an neue Ausbeuter. Die tiefenpsychologische Erklärung: Ihr Unterbewusstsein versucht mit diesen Wiederholungen, ein altes Kindheitstrauma aufzuarbeiten. Du brauchst das nicht zu glauben. Wichtig ist allein: Wenn du dich zu schnell in eine neue Arbeit stürzt, ist das Risiko exorbitant hoch, dass du dich damit auf dieselbe Scheiße einlässt, nur diesmal in Grün. Also komm erst mal zu Sinnen und analysiere, nachdem du dich beruhigt und erholt hast, wieso du dich als erwachsener Mann, als gestandene Frau überhaupt so lange hast ausbeuten lassen. Was waren die Gründe? Was ist dein verstecktes Verhaltensmuster? Wie wird es getriggert? Welches Bedürfnis versuchst du erfolglos in solchen beruflichen oder privaten Beziehungen zu befriedigen? Und wie vermeidest du zuverlässig, dass du denselben Fehler nochmal machst? Und nochmal? Und …?

Meist kommst du dir selbst schneller auf die Schliche, wenn du dir dafür einen Coach holst. Ganz oft geben dir aber auch dein Umfeld, ein Mentor, ein Vertrauter, die beste Freundin oder Eltern wertvolle Tipps: »Warum lässt du dich immer wieder mit solchen Pfeifen/Zicken ein? Wir haben dir das doch von Anfang an gesagt, dass ihr nicht zueinander passt.« Man muss nicht immer auf sein Umfeld hören. Es sei denn, es hat recht.

Tu endlich was für dich!

Wenn eine Maschine heißgefahren wurde, überbeansprucht, auf 120 Prozent Auslastung hochgejagt, was macht man danach mit ihr?

Siehst du, das weißt du: Man wartet sie, repariert sie und setzt sie wieder instand, da sie im roten Drehzahlbereich doch sehr gelitten hat. Jeder weiß das. Aber wenn es sich nicht um eine Maschine, sondern um uns selbst handelt, ignorieren wir dieses Wissen regelmäßig, jahrelang, notorisch. Wir behandeln uns schlechter als jede seelenlose Maschine.

Wer von Narzissten, Machiavellisten oder Psychopathen gequält wurde, dessen psychische und physische Gesundheit ist oft am Boden. Da du nun den Arsch los bist: Tu endlich was für dich! Bau dein Immunsystem wieder auf. Mach dreimal die Woche moderates Koronartraining. Iss wieder gesünder. Kümmere dich um Beziehung und/oder Familie. Mach einmal am Tag Entspannungstraining. Was noch?

Erledige alles, was über die Monate oder Jahre zu Hause liegengeblieben ist. Denn auch daran erkennt man, ob jemand von einem Narzissten, Machiavellisten oder Psychopathen drangsaliert wird: alles leidet. Das ganze Leben. Auch das Heim. Räum erst mal in aller Ruhe auf. Aber bitte, ohne den Stress vom überstandenen Mobbing jetzt aufs Aufräumen zu übertragen! Nicht was du tust, ist jetzt wichtig, sondern wie du es tust. Nicht mehr so, wie die Narzisstin, der Machiavellist oder der Psychopath es von dir verlangten: mit Druck, Zwang und Stress.

Erledige nicht nur, was viel zu lange liegengeblieben ist. Mach auch das, was du schon immer machen wolltest und ständig aufgeschoben hast. Reisen, Lesen, unter Freunden sein, Seele baumeln lassen, neue Leute kennenlernen, alte Freunde kontaktieren, gemeinsam etwas unternehmen, Yoga ausprobieren, neue Sportart beginnen, Fremdsprache lernen, neues Hobby zulegen, einen MBSR- oder EFT-Kurs belegen, ein Karrierecoaching besuchen, dich beruflich weiterbilden, mal was ganz anderes machen, aus der Routine ausbrechen, dich selbst überraschen, dir was Schönes leisten, stundenlang im Straßencafé sitzen, Dinge tun, die du noch nie getan hast … Dir fällt nichts dergleichen ein? Du weißt nicht mehr, was du mit dir anfangen sollst? Das ist ein typisches Symptom nach schwerem Mobbing: Man verliert die Lust zu leben und vergisst die eigenen Wünsche. Man ist wunschlos unglücklich, leidet unter affektiver Amnesie, weiß nicht mehr, was einen glücklich machen könnte oder was einen früher glücklich gemacht hat.

Von einem meiner allerbesten Freunde höre ich zweimal im Jahr: wenn er Geburtstag hat und wenn ich Geburtstag habe. Dann rufen wir uns an. Jedes Mal sagen wir: »Aber jetzt machen wir endlich mal wieder was zusammen!« Wir kommen nie dazu. Das Leben ist kurz; wir können das, was uns wichtig ist und guttut, nicht endlos aufschieben. Das ist eigentlich jedem klar.

Aber wenn ich das sage, erwidern viele: »Drei Monate lang nichts machen? Dafür reicht das Geld nicht!« Ich glaube das nicht. Ich glaube, die meisten haben so viel auf der hohen Kante, dass es drei Monate für eingeschränkten Lebensunterhalt ausreicht. Trotzdem behaupten viele, das Geld reiche nicht, weil sie insgeheim befürchten: »Das Nichtstun könnte mir so gut gefallen, dass ich danach überhaupt nicht mehr arbeiten möchte!« Das ist eine valide Überlegung: Nimm sie ernst! Wie müsste dein nächster Job aussehen, damit du gerne das Nichtstun aufgibst? Mach mal ein Anforderungsprofil! Die meisten Menschen haben das noch nie gemacht. Kein Wunder, dass sie öfter, als ihnen lieb ist, an Arschlöcher geraten …

Wobei Geld rein faktisch betrachtet kein haltbares Argument ist. Viele sagen nach ihrer Erholungspause: »Geld? Habe ich eigentlich recht wenig gebraucht …« Weil sie stundenlang die Wälder durchwandert haben, mit dem Bike unterwegs waren, gejoggt, gelesen haben, sich um die Familie gekümmert haben … Du wärst erstaunt, wenn du am eigenen Leib erfahren könntest, dass Geld und gutes Leben weniger Komplementär-, sondern eher Substitutionsgüter sind, sobald die notwendigsten Bedürfnisse gedeckt sind: Gutes Leben braucht nicht viel Geld. Jedenfalls weniger, als die meisten annehmen oder befürchten.

Viele, die Erfahrung mit solchen Lebensphasen haben, erzählen: »In meinem Freundeskreis hat es sich eingebürgert: Wenn ich gerade kein Einkommen habe, dann laden mich die andern ein. Und wenn sie Schaffenspause machen und ich ein dickes Projekt an Land gezogen habe, dann übernehme ich selbstverständlich die Zeche.« Wie gesagt: Such dir dein Ökosystem sorgfältig aus. Mit welchen Menschen möchtest du dich umgeben? Im Gegensatz zur aktuellen Umgebung?

Mit solchen Überlegungen schwindet deine Angst vor der »beschäftigungslosen Zeit«? Dann können wir ans Eingemachte gehen. An die Mutter aller Ängste.

Was, wenn mich nie wieder jemand einstellt?

Diese Angst treibt viele um. Oder besser: Diese Angst treibt viele ins Verderben. Sie stürzen sich wieder und wieder voreilig in Jobs oder Beziehungen mit Ärschen, weil sie fürchten, nie wieder einen Job oder eine Beziehung zu ergattern. Viele lassen sich auch sehenden Auges mit einem Arsch ein, weil sie fürchten: »Was Besseres find ich eh nicht!« Hinter dieser Angst steckt oft die unterbewusste Überzeugung, nichts Besseres verdient zu haben. Solche Ängste sind menschlich und verständlich, aber destruktiv.

Angst als Reaktion auf eine Bedrohung ist immer und ausnahmslos irrational und nutzlos. Angst macht meist passiv. Wenn du bedroht wirst, möchtest du auf keinen Fall passiv sein. Wenn du eine Rechenaufgabe lösen musst, nützt dir Angst nichts. Sie behindert dich: Wer Angst hat, kann nicht vernünftig denken. Angst macht passiv, dumm, hässlich, depressiv, hektisch, unüberlegt und unsympathisch. Angst fühlt sich real an, ist es aber nicht: Angst ist ein Gefühl, das viele mit einer Tatsache verwechseln. Ein Gefühl, das andere, nützliche Gefühle überdeckt. Zum Beispiel jene Gefühle, die wir für unsere heimlichen Wünsche hegen: Wenn du keine Angst hättest, nie wieder einen Job zu finden: Wie sähe dein Traumjob aus?

Merkst du was? Träume nehmen Angst. Nicht Mut ist das Gegenteil von Angst – denn woher sollen wir den Mut nehmen, wenn wir gerade Angst haben? Das Gegenteil von Angst sind vielmehr die guten Gefühle, die unsere heimlichen Wünsche, Motive und Interessen begleiten. Bestes Beispiel dafür ist mein eigener Bruder.

Er war mal ein super Verkäufer. Vor einigen Jahren wurde ihm überraschend gekündigt. Er war für seine Firma schlicht zu teuer geworden. Man ersetzte ihn durch einen Berufsanfänger, der viel weniger Lohn bekam. Zu diesem Zeitpunkt war mein Bruder achtundvierzig Jahre alt und zweiunddreißig Jahre Verkäufer gewesen. Auch wenn er ein Top-Verkäufer gewesen war: In seiner Heimatstadt gab es nicht viele vergleichbare Stellen im Verkauf. Also setzte er sich nach seiner Entlassung nicht an den PC und schrieb dutzendfach Bewerbungen. Weißt du, was er stattdessen tat?

Er setzte sich in aller Ruhe hin und dachte nach: Was sind die Berufe der Zukunft? Alles Digitale, klar, Data Scientist, Social Media Forensics, Influencer, KI-Instructor. Doch das Digitale liegt ihm nicht so. Deshalb fokussierte er einen anderen Zukunftsberuf: Altenpflege. Ich weiß, das klingt paradox. Aber das scheint nur so. Denn für meinen Bruder war klar: »Pfleger braucht man immer. Die suchen wie verrückt Leute. Und mit Menschen kenne ich mich aus: Ich war jahrelang im Verkauf. Ich weiß, wie man Bedürfnisse erkennt und erfüllt.« Er machte eine einjährige Ausbildung und bekam danach sofort einen Job; mit Handkuss. Guter Job, gute Einrichtung, gute Vorgesetzte, gute KollegInnen, niedrige Arschlochquote. In der Zwischenzeit hat er eine weitere Ausbildung drangehängt und ist jetzt Diplom-Pfleger.

Das hättest du nie gemacht? So ein radikaler Wechsel würde dir nie in den Sinn kommen? Wer spricht hier? Du? Das glaube ich nicht. Hier spricht deine alte Angst. Was spricht sie? Sie sagt: »Aber du kannst doch nicht etwas vollkommen Neues anfangen! Damit kennst du dich doch gar nicht aus! Daran scheiterst du!« Wenn die innere Stimme so was behauptet, hat sie nicht alle Latten im Zaun. Sie ist nett, aber ein bisschen dumm, wenn sie sich vor Neuem fürchtet. Denn sie hat die letzten dreitausend Jahre verschlafen und nicht mitgekriegt: Es gibt nichts Neues unter der Sonne. Das sagte wörtlich schon König Salomon vor dreitausend Jahren. Wer sich vor Neuem fürchtet, hat bloß noch nicht erkannt, dass alles Neue doch bloß wieder etwas Altes in neuem Gewand ist. Mein Bruder sagte nicht: »O Gott! Ich habe noch nie die Medikamentenausgabe für Senioren überwacht! Das ist mir völlig fremd und neu! Das schaffe ich nicht! Ich vergifte die Leute sicher!« Er sagte und dachte: »Ich komme aus dem Verkauf. Ich kann Bedürfnisse von Menschen lesen und sie erfüllen. Sie werden mich in der Pflege lieben!« Ich kann das nur bestätigen: Das tun sie! Alle!

Wenn dir was Neues begegnet und dich verunsichert: Entdecke das Alte darin! Im schockierend Neuen das beruhigend Alte zu sehen ist keine Gabe. Es ist eine Fähigkeit. Und Fähigkeiten erwirbt man, indem man sie immer und immer wieder anwendet. Nicht nur im Seminar oder Coaching, sondern vor allem im Alltag. Jetzt! Was begegnet dir heute Neues? Kannst du im vielen Neuen auch die alten Elemente entdecken, identifizieren und für dich nutzen? Dann verlierst du nach und nach deine Angst, dass dich etwas Neues jemals wieder schrecken könnte.

Eine Variante dieser Reappraisal-Methode, also der Methode der konstruktiven Neubewertung von Stresssituationen, ist die Konzentration auf die Kernkompetenz. Man könnte die Denkweise meines Bruders auch mit diesem Etikett versehen: Er war super im Verkauf. Er hat also (mindestens) eine Kernkompetenz: Er kann hervorragend mit Menschen. Geht es in der Pflege um Menschen? Das herrschende Gesundheitssystem sagt »Nein«, der gesunde Menschenverstand sagt »Ja«. Also war mein Bruder von Anfang an ein gemachter Mann. Auch in der Pflege. Weil er voll und ganz seiner Kernkompetenz vertraute, auf sie baute, sie als den Trumpf ausspielte, die sie ist. Vertrau auf das, was du hast! Mach dich nicht kleiner, als du bist! Du kannst, was du kannst – egal, was die Ärsche sagen! Was sind deine Kernkompetenzen? Sei stolz darauf! Du kannst was. Das gibt dir Sicherheit.

Weil viele Menschen, die von Narzissten, Machiavellisten oder Psychopathen kaputt gemanagt wurden, ihre eigenen Stärken »vergessen« haben und nur noch ihre Schwächen sehen (wie der Rechtsanwaltsanwärter oben), hilft es, wenn du andere, einen Mentor, Coach oder Vertraute fragst: Was kann ich deiner Meinung nach besonders gut?

Noch besser ist es, wenn du deinem Gefühl vertraust: Was machst du am liebsten? Was liegt dir? Welche Aufgaben oder Prozesse erledigst du am besten? Welche Aspekte von Zielen und Aufgaben interessieren dich am meisten? Das weist dich auf deine Stärken, deine Kernkompetenzen hin. Nutze sie! Dann wird dich auch wieder jemand einstellen. Darauf kannst du vertrauen. Wenn das nach dreißig bis fünfzig Bewerbungen nicht der Fall ist, dann fang nicht an, an dir zu zweifeln!

Zweifle lieber an deinen Bewerbungsunterlagen und deiner Interview-Performance. Denn bei dieser Anzahl erfolgloser Bewerbungen kannst du Gift drauf nehmen, dass etwas nicht stimmt mit deinen Unterlagen und/oder deinem Auftreten im Bewerbungsgespräch. Das lässt sich leicht korrigieren, wenn du deine Unterlagen mal Freunden oder jemandem zeigst, der sich damit auskennt. Zweifle nicht an dir! Verbessere lieber deinen Auftritt.

Warte nicht zu lange!

Es gibt gute Chefs. Und es gibt Sadisten, Narzissten, Machiavellisten, Psychopathen, Borderliner, Hysteriker, Zwangsneurotiker und Paranoiker im Management. Viele Menschen leiden unter solchen Vorgesetzten, aber auch unter solchen KollegInnen, KundInnen, MitarbeiterInnen und Geschäftspartnern. Der schlimmste und häufigste Fehler, den man in so einer Situation machen kann: Man hält das aus. Weil man es nicht ändern kann und das Geld braucht oder nicht wegziehen möchte oder so gut mit den KollegInnen auskommt ... Das leuchtet zwar ein, ist aber immer ein Fehler.

Es muss nicht immer so fatal enden wie bei jener Beerdigung, von der ein Mittdreißiger mir erzählte: »Wir standen alle wie betäubt um das Grab von Stefan herum. Der war so alt wie wir! Also noch jung! Wir fragten uns: Wie konnte das passieren? Und seine junge Witwe sagte: Er hat einfach zu lange ausgehalten.« Wie gesagt: Es muss nicht so schlimm kommen. Aber selbst wenn du nicht mit dem Tod bezahlst: Ist »es aushalten« ein Leben?

Es gibt Traumatherapeuten, die lehnen es ab, traumatisierte Menschen zu therapieren, wenn sie noch in Kontakt mit dem Täter oder den Tätern stehen. Kontaktabbruch ist das erste Gebot bei der Traumatherapie. Ohne Kontaktabbruch wirkt und wütet das Trauma weiter. Das Leben ist dann eine ständige, pausenlose und erbarmungslose Retraumatisierung. Nur ein Vollidiot würde bestreiten, dass Narzissten, Machiavellisten und Psychopathen schwere Traumata bei ihren Opfern verursachen. Wenn selbst Ärzte einen Kontaktabbruch verordnen, dann weißt du, was das Gebot der Stunde ist: Du musst da raus! So schnell wie möglich. Kündige! Versuch nicht, etwas auszuhalten, das man nicht aushalten kann, muss oder sollte.

Geh raus da!

Epilog:
Es gibt ein Leben nach dem Arsch

Du hast es bis auf die letzten Seiten des Buches geschafft? Hut ab, meinen Respekt! Du tust das Richtige: Anstatt frustriert in den Seilen zu hängen und Jammerarien über den aktuellen Arsch in deinem Leben zu singen, wirst du aktiv und lässt dir helfen – die beiden wichtigsten Voraussetzungen dafür, dass dein Problem bald der Vergangenheit angehört oder zumindest drastisch besser wird.

Das Buch hat schon vor seiner Veröffentlichung einigen Wirbel verursacht. Weil sich so was nie ganz vermeiden lässt, sind einige Seiten vorab auch ins Management gelangt.

Die meisten Previewer meinten: »Gut, dass jemand das Tabu bricht und über Scheißchefs schreibt! Ich hab auch so einen.« Auch einige Ärsche meldeten sich und sagten: »Erzählen Sie das keinem – aber ich habe mich beim Lesen öfter selbst ertappt. Das will ich jetzt ändern. Ich will nicht länger ein Arsch sein!« Aber es gab auch welche, die behaupteten: »Das betrifft mich nicht. Ich bin ein wirklich guter Vorgesetzter und vollkommen unneurotisch.« Ich freute mich dann immer und wollte sie als Vorbilder ins Buch hieven – bis mir ihre KollegInnen, MitarbeiterInnen, Vorgesetzten und KundInnen bei der Hintergrundrecherche entsetzt sagten: »Wie bitte? Der soll gut und unneurotisch sein? Das hätte er wohl gerne! Das ist der schlimmste Arsch, den du dir vorstellen kannst!« Auch das ist typisch: Jene, die es am nötigsten hätten, erkennen es als Letzte – oder nie. Denn Erkennen tut weh, und wer will sich das schon antun? Da tut man lieber weiter anderen weh. Glücklicherweise rächt sich das in letzter Zeit immer häufiger.

Denn die Zeiten haben sich geändert. Viele junge, aber auch immer mehr ältere Menschen lassen sich nicht länger alles gefallen. Vor allem die guten Leute arbeiten nicht mehr automatisch dreißig Jahre lang im selben Unternehmen und nicht mehr nur fürs Geld. Die guten Leute wollen gute Vorgesetzte. Die lassen sich auf keinen Arsch ein. Die gehen, wenn sie nicht gut behandelt werden. Weil gute Leute anderswo immer einen guten Job kriegen.

Immer mehr Menschen begehren gegen Scheißchefs auf, lassen sich nicht länger verarschen, haben keinen Bock auf Chefschikanen und Zwölf-Stunden-Tage, von denen fünf Stunden allein den Fehlern eines Arschs geschuldet sind. Sie lassen das nicht länger mit sich machen. Sie gehen. Sie fangen lieber woanders für weniger Geld an, als dass sie sich verarschen lassen. Und dieser Wertewandel betrifft nicht nur Chefs, sondern auch Prozesse und Effizienz. Ich lerne immer mehr Menschen kennen, die lieber eine halbe Stunde länger Mittagspause machen und sich mit KollegInnen unterhalten, als zwei Stunden sinnlos in brüllend ineffizienten Meetings zu sitzen.

Wenn ich Ärsche mit Abstand betrachte, fällt mir auch auf: Für viele Opfer sind ihre PeinigerInnen zu zentralen Personen ihres Lebens geworden. Wenn sie sich nicht über den Chefarsch aufregen, dann ärgern sie sich über den Kollegenarsch, die Zickenkollegin, den schwierigen Kunden oder die dauerpubertierenden Kinder daheim. Das eigene Denken und Erleben kreist nur noch um Ärsche? Das ist kein Leben! Was tun?

Wir haben auf den zurückliegenden Seiten viele Interventionen diskutiert, hier noch eine ganz zum Schluss: Das beste Gegengewicht gegen die vielen Ärsche, die man in einem durchschnittlichen Menschenleben zwangsläufig abbekommt, sind ganz viele normale Menschen. Ein Netzwerk aus erfrischenden Normalos und verlässlichen Freunden. Den meisten Arschopfern fehlt das. Ihr Leben dreht sich viel zu sehr um Ärsche. »Ich kenne halt nicht so viele Leute außerhalb der Arbeit!«, höre ich oft. Das ist nicht der Punkt.

Der Punkt ist: Du hast den Freundeskreis oder das Netzwerk, das du verdienst! Wie »verdienst« du dir Menschen? Das ist einfach: Indem du ihnen etwas gibst. Am besten das, was sie wünschen oder brauchen. Ohne gleichzeitig die Hand für eine Gegenleistung aufzuhalten. Natürlich gibt es auch Nassauer, die dich dabei schamlos ausnutzen, die nehmen und nehmen und nichts zurückgeben. Aber das merkst du schnell und sortierst sie aus. Die anderen, für die Reziprozität (die Kunst des

Zurückgebens) noch etwas bedeutet, behältst du. Sie unterstützen dich. Auch im Kampf gegen die Ärsche dieser Welt. Jedes Mal, wenn ich bei der Konfrontation mit einem schwierigen Zeitgenossen am Ende meines Lateins angekommen war, habe ich mein Netzwerk aktiviert. Und jedes Mal hörte ich: »Ich freue mich, dass ich dir auch mal helfen kann. Ich habe dir nie vergessen, wie sehr du mir damals geholfen hast, als ich in der Bredouille steckte. Jetzt kann ich endlich mal was für dich tun!« Das hilft. Wer ein gut gepflegtes Netzwerk hat, ist nie allein und nie hilflos.

Wenn mir noch etwas aufgefallen ist beim Studium der Ärsche dieser Welt, dann das: Wenn dich ein schwieriger Zeitgenosse aufs Korn nimmt, dann drohen nicht nur deine Freunde, dein Netzwerk und deine Familie in Vergessenheit zu geraten, sondern auch du selbst. Du beschäftigst dich geistig und emotional derart mit dem/n schwierigen Zeitgenossen, dass du dir selbst kaum mehr Aufmerksamkeit schenkst – was kein Wunder ist, wenn man bedenkt, wie sehr die unangenehmen Gestalten dich stressen und frustrieren. Aber Wunder hin oder her: Wenn der Arsch wichtiger wird als du selbst, dann sollten die Alarmglocken läuten: Besinn dich wieder darauf, wer der wichtigste Mensch in deinem Leben ist. Bei aller Nächstenliebe: Das bist immer noch du.

Daher: Nimm dir wieder mehr Zeit für dich selbst! Jeder Mensch braucht mindestens eine Stunde am Tag ganz allein für sich selbst. Täglich! Verbring diese Nur-für-mich-allein-Stunde im Fitnessstudio, mit einem guten Buch, beim Joggen, Walken oder Biken oder einer anderen Beschäftigung, die dir Spaß macht und/oder dir guttut.

Ganz oft höre ich, wenn es um schwierige Chefs, KollegInnen, KundInnen, MitarbeiterInnen oder Beziehungspartner geht: »Bei dem/der ist Hopfen und Malz verloren! Da nützt alles nichts! Der/die ändert sich nicht mehr!« Ich verstehe das. Doch wer sich so äußert, trifft keine Feststellung, sondern drückt ein Gefühl aus: hilfloser Frust oder angefressene Empörung. Tatsache ist: Es gibt viele, viele Menschen, denen ihr Arsch aus der Hand frisst. Weil sie ihn oder sie – auch mit den Tipps aus diesem Buch – gezähmt, erzogen, konditioniert, konstruktiv beeinflusst und an die Hand respektive an die Kandare genommen haben.

Alle Ärsche, die keine ausgesprochenen Narzissten, Machiavellisten oder Psychopathen sind, lassen sich positiv beeinflussen. Der eine mehr, die andere weniger. Doch wer dranbleibt, ändert seinen Chef, Kollegen, Mitarbeiter – immer! Wenn Arschopfern das nicht gelingt, dann immer deshalb, weil sie es erst gar nicht versuchen: »Warum sollte ich was unternehmen? Der Chef soll sich ändern, dieser Arsch!« Ja, da kannst du lange warten. Oder sie versuchen es mit ungeeigneten Mitteln. Oder sie geben zu schnell auf. Weil es anstrengend ist, Ärsche positiv zu beeinflussen. Gerade darin liegt jedoch das Geheimnis des Erfolgs: Wer sich anstrengt und dranbleibt, wird belohnt. Immer. Ich wünsche es dir!

Über den Autor

© Copyright Uros Hocevar

Klaus Schuster, ehemaliger Topmanager und mehrfacher Bestseller-Autor, hat mit seinem Team eine kleine Nischenbank kontrolliert abgewickelt und die Privatisierung eines Unternehmens mit 4.000 MitarbeiterInnen erfolgreich koordiniert. Im Redline Verlag sind von ihm bereits *11 Managementsünden, die Sie vermeiden sollten, Keinen Bock mehr, Wenn Manager Mist bauen, Manager-Krankheiten* und *Der freche Vogel fängt den Wurm* erschienen.

www.klausschuster.eu

Chef-Hacks-Verzeichnis